生态环境产教融合系列教材

污水处理综合实训

楼　静　冀广鹏　田　蓉　主编

中国环境出版集团·北京

图书在版编目（CIP）数据

污水处理综合实训 / 楼静，冀广鹏，田蓉主编.
北京：中国环境出版集团，2025. 6. --（生态环境产教
融合系列教材）. -- ISBN 978-7-5111-6227-4

Ⅰ. X703

中国国家版本馆 CIP 数据核字第 2025JG2022 号

内容简介

　　本书内容较为全面，涵盖了污水处理厂运行管理的各个方面，从污水处理综合知识、工艺运行管理、设备管理、水质化验管理到安全管理与应急处置都进行了详细阐述。此外，本书紧跟行业发展趋势，所有涉及的标准规范均采用最新版本，保证了知识的时效性和准确性。在内容编排上，注重理论与实践相结合，具有较强的实用性，无论是对于课堂教学还是实际工作中的操作指导，都具有重要的参考价值。

AI水污染防治专家
习　题　答　案
专　业　课　程
案　例　分　析

扫码解锁

责任编辑　　曹　玮
封面设计　　宋　瑞

出版发行　　**中国环境出版集团**
　　　　　　（100062　北京市东城区广渠门内大街 16 号）
　　　　　　网　　址：http://www.cesp.com.cn
　　　　　　电子邮箱：bjgl@cesp.com.cn
　　　　　　联系电话：010-67113412（第二分社）
　　　　　　发行热线：010-67125803，010-67113405（传真）
印　　刷　　北京鑫益晖印刷有限公司
经　　销　　各地新华书店
版　　次　　2025 年 6 月第 1 版
印　　次　　2025 年 6 月第 1 次印刷
开　　本　　787×1092　1/16
印　　张　　17.75
字　　数　　406 千字
定　　价　　62.00 元

生态环境产教融合系列教材编委会

本书编委会

主　编：楼　静（河北环境工程学院）

　　　　冀广鹏（北控水务集团有限公司）

　　　　田　蓉（北控水务集团有限公司）

副主编：李淑萍（北控水务集团有限公司）

　　　　左婉璐（北控水务集团有限公司）

　　　　陈福坤（广西生态工程职业技术学院）

编　委：（按姓氏汉语拼音排序）

　　　　毕学军（青岛理工大学）

　　　　冯　峰（黄河水利职业技术学院）

　　　　耿　悦（黄河水利职业技术学院）

　　　　顾升波（湖南工商大学）

　　　　郭青芳（山东水利职业学院）

　　　　李彬愉（北控水务集团有限公司）

　　　　李　欢（湖南工商大学）

　　　　李金成（青岛理工大学）

　　　　路长远（黄河水利职业技术学院）

　　　　潘凯玲（青岛理工大学）

　　　　乔　鹏（山东水利职业学院）

　　　　乔　森（河北工业职业技术大学）

　　　　王　兵（河北工业职业技术大学）

　　　　夏志新（广东环境保护工程职业学院）

　　　　晏　丽（北控水务集团有限公司）

　　　　姚新鼎（黄河水利职业技术学院）

　　　　张丽微（广西生态工程职业技术学院）

　　　　张素青（河北工业职业技术大学）

　　　　赵　崇（山东水利职业学院）

生态环境产教融合系列教材

总　序

　　培养大批应用型人才是贯彻落实党中央、国务院关于教育综合改革决策部署的必要之举，产教融合是高等学校培养应用型人才的必由之路。2017 年，国务院办公厅印发《关于深化产教融合的若干意见》（国办发〔2017〕95 号），明确要求深化职业教育、高等教育等改革，发挥企业重要主体作用，促进人才培养供给侧和产业需求侧结构与要素全方位融合，培养大批高素质创新人才和技术技能人才。深入推进产教融合在解决教育链与产业链脱节问题，将最新理论和技术落实落地，打破产业发展瓶颈，提升高校应用型人才培养质量等方面具有重要意义。

　　教材作为知识的载体，体现了人才培养目标的要求，是开展教学的基本工具，更是人才培养质量的重要保证。面对应用型人才培养的要求，教材改革迫在眉睫。目前在应用型人才培养过程中普遍缺乏合适的教材，往往借用原有的普通本科教材，其教学要求、教学内容和教学模式，都不适用于强调实践能力的应用型人才培养，难以实现应用型人才的培养目标；有些应用型教材地域性过于明显，或不成体系，限制了学生对行业整体性的了解。因此，面对行业产业需求，将专业教育链与对应的产业链有机衔接，编写兼具适用性和实用性的应用型系列教材非常迫切，并具有重要的现实意义。

　　党的二十大提出建设人与自然和谐共生的现代化。2023 年 12 月中共中央、国务院印发《关于全面推进美丽中国建设的意见》，明确了要加快形成以实现人与自然和谐共生现代化为导向的美丽中国建设新格局。贯彻落实习近平生态文明思想，加快形成绿色低碳生产生活方式，把建设美丽中国转化为社会行为自觉，已成为新时代发展的必然趋势。高等学校是人才培养、文化传承的重要阵地，在美丽中国建设中，要承担起培养生态文明建设人才、传播习近平生态文明思想、提高全民生态文明素质的重任。面对生态文明建设的新形势和美丽中国建设的明确要求，培养适应生态文明建设需要的应用型、复合型、创新型人才非常迫切。因为生态环境问题的交叉性、系统性和复杂性，在各行各业、生产生活各领域都存在生态环境问题，所以生态环境问题的解决不是某一个行业的事情。这样就使生态环境人才的培养具有两方面特点：一方面具有鲜明的应用型特点，要能够解决各行各业、各个领域的环境问题，另一方面具有交叉复合型特点，培养生态环境人才不仅仅是生态环境类专业独有的任务。因此，高等学校要站在将生态文明建设纳入"五位一体"总体布局的高度，将专业人才培养链与行业产业的生态环境需求有机衔接，培养生态文明建设需要的应用型人才。所以，开发针对各行各业生态环境问题的产教融合系列教材迫在眉睫。

河北环境工程学院前身是中国环境管理干部学院，由中国环保事业的奠基者曲格平先生创建，是中国最早开展环境教育的高校之一。建校 40 余年来，学校历经环保干部轮训、环保局长岗位培训、成人高等教育、高职教育、本科教育，为环保事业源源不断地输送了大批中坚和骨干力量。学校在我国环保事业发展的各个阶段都发挥了重要作用，其发展历程见证了中国环境保护事业的发展历程，长期以来被誉为环保系统的"黄埔军校"。近几年，学校坚持应用型办学定位，以绿色低碳高质量发展需求为导向，优化学科专业结构，建设与行业产业需求有机衔接的专业集群，以产教融合为人才培养主要路径，建立产教融合协同育人的有效机制，以培养高素质应用型人才为根本目标，建立"跨学科交叉、校政企共育共管、多元协同促教"的应用型人才培养模式，改革课程体系和教育教学方法。其中，以课程建设为突破口，以产教融合应用型教材开发为抓手，针对生态环境类专业，梳理生态环保行业的需求，校企合作编写应用型教材；针对非生态环境类专业，梳理其对应的行业产业相应的绿色低碳发展需求，跨学科、跨行业校企合作开发相关教材。通过几年的实践探索，校企合作开发了这套生态环境产教融合系列教材，以期解决高等学校生态环境应用型人才培养缺乏适用教材的问题。

　　本系列教材以习近平生态文明思想为指导，坚持绿色低碳发展理念，覆盖多学科门类和行业产业领域，具有鲜明的生态环境特色。系列教材中的环境类专业课程教材，直接与生态环境保护产业链相关领域结合，培养服务生态环保行业的应用型人才；系列教材中的非环境类专业课程教材，针对其行业产业链中存在的生态环境相关问题，有针对性地将绿色低碳理念融入教材教学内容，奠定学生坚实的生态文明职业素养。在具体的教材建设环节，成立了由高校"双师型"教师及行业企业一线具有丰富生产经验的专家组成的教材编写组，充分发挥校企合作双主体优势，立足于企业现实岗位中的具体工作过程，采取案例式、任务式、项目式教学设计模式，将企业先进的生产技术、管理理念和课程思政等教育元素融入教材，真正实现教材内容与企业具体岗位的需要全面融合，全方位保证了教材的适应性。本系列教材填补了全国生态环境产教融合应用型系列教材的空白，可供各普通本科院校、职业院校的生态环境类专业学生使用；同时，对非生态环境类专业但开设与生态环境相关课程的，也可选取系列教材中相关的教材使用。

前　言

随着我国城市化和工业化进程的加快，以及环保政策对污水处理要求的提高，污水处理厂如雨后春笋般涌现，规模也持续扩大。污水处理行业的快速发展对污水处理专业人才的需求极为迫切。高校依托行业企业，开展校企合作、产教融合，培养既具有扎实理论基础、又拥有丰富实践技能的高素质人才是职业教育的大势所趋。《污水处理综合实训》顺应这一趋势，为相关专业学生和从业者量身打造实用指南。

本书共5章，各章主要内容及编写人员分工如下：

第1章为污水处理综合知识（参编人员：广东环境保护工程职业学院夏志新，河北工业职业技术大学王兵、张素青、乔森，北控水务集团有限公司田蓉，青岛理工大学李金成、毕学军、潘凯玲，黄河水利职业技术学院冯峰、路长远），深入剖析水体污染物的类别，详细解读水质指标与水质标准，完整呈现污水收集与处理流程，深度阐释污水处理工艺与污水处理仪表及自动控制系统，为后续深入学习奠定坚实基础。

第2章为工艺运行管理（参编人员：河北环境工程学院楼静，北控水务集团有限公司李彬愉，湖南工商大学李欢、顾升波，山东水利职业学院乔鹏，黄河水利职业技术学院姚新鼎、耿悦），全面介绍污水处理厂工艺参数及计算、工艺运行巡视及操作、工艺调控方法、进出水在线运维管理、运行数据统计及分析、运行风险识别与管控，助力读者掌握污水处理工艺运行管理的核心环节。

第3章为设备管理（参编人员：北控水务集团有限公司冀广鹏、田蓉、左婉璐、晏丽），涵盖内容从设备设施的运行操作、巡检，到维护保养、维修，再到事故管理和档案信息管理，帮助读者熟悉污水处理设备设施全生命周期管理要点。

第 4 章为水质化验管理（参编人员：广西生态工程职业技术学院陈福坤、张丽微，北控水务集团有限公司李淑萍，河北环境工程学院楼静），详细讲述污水污泥样品的采集、保存、预处理和检测，生产药剂质检，化验仪器设备维护，化验数据处理与质量控制，化验室危险废物管理以及化验报表填写等，强调水质化验在污水处理中的关键作用。

第 5 章为安全管理与应急处置（参编人员：山东水利职业学院乔鹏、赵崇、郭青芳，河北环境工程学院楼静），着重介绍污水处理必备安全知识和污水处理厂突发事件应急处置，提升读者安全意识与应急处理能力。

本书由河北环境工程学院楼静负责统稿、定稿。在本书编写过程中得到了河北环境工程学院环境工程系全玉莲教授的帮助和支持，在此表示衷心的感谢。

本书的编撰承载着我们对污水处理领域知识传承的一份期望。若能为您的学习与工作提供帮助，便是我们的荣幸。由于编者水平有限，书中难免存在不足之处，恳请广大读者批评指正。

编　者

2025 年 2 月

目 录

第1章 污水处理综合知识

【本章学习目标】

1. 掌握常用水质指标及其含义。
2. 掌握常用水质标准及其执行原则。
3. 了解污水收集与处理流程。
4. 了解常见污水处理工艺、设备原理。
5. 了解常见污水处理仪表原理。
6. 熟悉污水处理厂自动控制逻辑。

1.1 水体污染物与水质指标

水体污染是指污染物进入水体，导致水体质量下降的过程。水体质量下降的直观现象是垃圾漂浮、有异味、透明度下降、浑浊、水色异常、起泡、发黑、发臭等。

污染物进入水体的方式有：生活污水、工业废水排入水体，农田径流水、地表浑浊雨水流入水体等。

生活污水主要是指人们日常活动产生的污水，如：厨房污水，盥洗、冲凉、洗衣排水，卫生间污水，其他生活杂用污水等。生活污水中的主要污染物有块状或纤维状固体、砂、进入厨房下水的食料残渣（汁）、油、盐、洗涤剂、粪尿等；按物质组成又分为有机物（糖、油脂、蛋白质及其代谢中间产物、表面活性剂等）、无机物（砂、盐）等；生活污水还含有一定量的微生物，微生物是有机物和无机物的复合有机体。

工业废水主要是指工业生产或辅助生产过程产生的废水。不同行业排放的废水水质特征差别很大，即使同一行业，采用不同生产工艺排放的废水也有较大的差别。

水质（water quality）是水体质量的简称。水质标志着水体的物理（如色度、浊度、臭味等）、化学（无机物和有机物）、生物（细菌、微生物、浮游生物、底栖生物）和放射性物质特性及其组成状况。水质指标表示水中杂质的种类和数量，是判断水污染程度的具体衡量尺度。水质指标按性质可分为物理性指标、化学性指标、生物性指标3类。物理性指标主要有水温、色度、臭味、固体物质、放射性污染物等。化学性指标主要有化学需氧量（COD）、生化需氧量（BOD）、溶解氧、氮、磷、油、阴离子表面活性剂（LAS）、pH、重金属、硫化物、氟化物、氰化物、挥发酚、苯胺类化合物等。生物性指标主要有粪大肠菌群数、蛔虫卵、菌落总数、病毒等。

1.1.1 物理性指标

1.1.1.1 水温

向水体中排入高温热水，会导致受纳水体温度上升，水中溶解氧减少，从而影响水生生物的生存和水资源的利用。在污水处理领域，水温会直接影响污水处理效果，在污水生物处理过程中，水温过高，会抑制微生物的活性；水温过低，生化系统中的微生物代谢缓慢，生化处理效果变差。水温对混凝效果影响也很大，水温降低，水的黏度增大，使废水和药剂混合变差，混凝剂水解不好，导致混凝效果变差。

水温不是排放指标。《地表水环境质量标准》（GB 3838—2002）对人为造成的环境水温的变化进行了限制：周平均最大温升≤1℃，周平均最大温降≤2℃。

1.1.1.2 色度

由于污染物的排入和微生物对有机物的分解，生活污水中产生具有发色基团的物质，使污水显示有颜色。描述水质颜色的指标为色度。色度是一项感官性指标。纯净的水是无色透明的，若含无机物和有机物等有色污染物的水则会呈现各种颜色。生活污水和部分工业废水净化排放时对色度有要求。

1.1.1.3 臭味

生活污水的臭味主要是由有机物腐败产生的气体造成的，工业废水的臭味主要是由挥发性物质造成的。臭味使人感觉不适，严重时会导致胸闷、呕吐，甚至呼吸困难，有些物质还有一定的毒性，危害人体健康，造成中毒。臭味不是生活污水排放指标，但城镇污水处理厂的粗格栅、进水泵房、沉砂池、污泥脱水机房等单元会产生臭气。臭气的主要指标是氨、硫化氢和臭气浓度。

1.1.1.4 固体物质

排入水中的污染物以固体、胶体、溶解态等形态存在。描述水中固体物质的指标有总固体（total solids，TS）、悬浮固体（suspended solids，SS）、溶解性固体（dissolved solids，DS）、挥发性悬浮固体（volatile suspended solids，VSS）、非挥发性悬浮固体（non-volatile suspended solids，NVSS）、混合液悬浮固体（mixed liquid suspended solids，MLSS）、混合液挥发性悬浮固体（mixed liquid volatile suspended solids，MLVSS）等。

把定量水样在103～105℃烘箱中烘干至恒重，所得固体重量即TS。TS包括DS、SS和胶体。水样经过滤后，滤液蒸干所得的固体即胶体和DS，滤渣脱水烘干后即SS。SS由无机物和有机物组成，又可分为VSS和NVSS。固体根据可燃性可分为挥发性固体（VS）和非挥发性固体（NVS）（又称灼烧残渣或固定固体）。将固体在600℃的温度下灼烧，灼烧掉的量即 VS，灼烧残渣则是 NVS。生物池混合液中的固体，包括 MLSS 和 MLVSS。DS 表示盐类的含量，SS 表示水中非溶解性固体物质的量，VS 反映固体中有机成分的含量。

SS 是悬浮在水中的固体物质，包括不溶于水的无机物、有机物、泥沙、黏土、微生物等。水中悬浮物含量是衡量水污染程度的指标之一，是造成水浑浊的主要原因。由于 COD、总氮、总磷等指标测定的水样为摇匀后水样，包含悬浮固体中的含量，如果处理单元出水 SS 过高，则上述指标也会偏高。

污水处理中常用的指标有 SS、VSS、MLSS 和 MLVSS。

1.1.1.5　放射性污染物

放射性废水主要是指涉放射性金属生产、核工业、医院同位素治疗和诊断等产生的废水。放射性污染物的指标有总 α 放射性和总 β 放射性。

1.1.2　化学性指标

1.1.2.1　耗氧有机污染物

有机物排入水中，被水中的微生物分解。微生物在分解有机物的过程中会消耗水中的氧气，导致水体溶解氧含量降低。当水体中溶解氧降低到一定程度时，厌氧菌繁殖，进行厌氧分解，产生甲烷、硫化氢等有毒有害气体，导致水体发黑、发臭。水中溶解氧降低对水生生物的生存和繁殖不利。因此，排入水体中的耗氧有机物越多，微生物分解时需要消耗的氧气就越多，水中溶解氧下降就越快，水质就会越来越差，水体污染就越严重。

有机物种类繁多，难以一一定量分析。耗氧有机物对水体的污染主要表现在对水体溶解氧的消耗，可用这一特性描述水中耗氧有机物对水体污染的程度。主要指标有化学需氧量（chemical oxygen demand，COD_{Cr}）、高锰酸盐指数（COD_{Mn}）、生化需氧量（bio-chemical oxygen demand，BOD）、总需氧量（total oxygen demand，TOD）、溶解氧（dissolved oxygen，DO）、总有机碳（total organic carbon，TOC）等。污水处理中常用的指标有 COD_{Cr} 和 BOD_5。

（1）COD_{Cr} 和 COD_{Mn}

COD_{Cr} 是在强酸、一定温度条件下，重铬酸钾作为氧化剂、硫酸银作为催化剂、硫酸汞作为掩蔽剂，将水样中的还原性物质氧化所消耗的氧化剂的量换算为氧的量，以 mg/L 表示。COD_{Cr} 反映了水体受还原性物质污染的程度。水中还原性物质包括有机物、亚硝酸盐、亚铁盐、硫化物等。对生活污水而言，当用重铬酸钾作氧化剂时，水中 90%～95% 的有机物可以被氧化。

COD_{Cr} 指标的优点：能较精确地反映污水中有机物的含量，测试时间仅需 2～3 h，受水样影响较小。缺点：不能反映有机物被微生物分解所需要的氧量；有些有机物不能被氧化，如多环芳烃、多氯联苯、嘧啶、二噁英等；水中还原性无机物也可被氧化，如亚硝酸盐、亚铁盐、硫化物等；实验室废液含有的重金属铬，属于危险废物，要严格管控。该指标是衡量污水中有机物排放的主要指标。COD_{Cr} 越大，表示水中的耗氧有机物越多，污染就越严重。

COD_{Mn} 是用高锰酸钾作为氧化剂，氧化水中的部分有机物和无机还原性物质，将消耗的高锰酸钾的量换算为氧的量。高锰酸盐指数法主要用于饮用水、水源水和地表水的测定。

（2）BOD

BOD 一般情况下是指水样充满完全密闭的溶解氧瓶中，在（20±1）℃的生化培养箱中暗处培养 5 d，分别测定培养前后水样中溶解氧的质量浓度，由培养前后溶解氧的质量浓度之差，计算出每升水中消耗的溶解氧量，以 BOD_5 表示，单位为 mg/L。也有培养 10 d 或 20 d 的，分别表示为 BOD_{10} 和 BOD_{20}。生活污水的 BOD_5 约为总 BOD 的 70%。BOD 越大，表示水中的有机物越多，污染就越严重。

（3）TOD

TOD 是指将水中有机物质完全燃烧变为稳定的氧化物所需要的氧的量，结果以 mg/L 表示。TOD 值可以反映水中几乎全部有机物（包括 C、H、O、N、P、S 等成分）经燃烧后变成 CO_2、H_2O、NO_x、SO_2 等时所消耗的氧的量。TOD 值一般大于 COD_{Cr} 值。目前我国尚未将 TOD 纳入水质标准，只是在污水处理的理论研究中应用。

（4）TOC

TOC 是指在高温加热燃烧或催化氧化条件下，将水样中的碳转化为 CO_2，通过测量生成的 CO_2 量计算出水样中的 TOC（mg/L）。TOC 是一个快速检定的综合指标，它以碳的数量表示水中含有机物的总量。由于 TOC 的测定采用燃烧法，能将有机物全部氧化，它比 COD_{Cr} 或 BOD_5 更能直接表示有机物的总量。TOC 通常作为评价水体有机物污染程度的重要依据。但由于 TOC 不能反映水中有机物的种类和组成，所以不能反映总量相同的 TOC 所造成的不同污染后果。

（5）DO

DO 即溶解在水中的分子态氧的量，单位为 mg/L。水中的 DO 主要由空气中的氧气经液面传递溶解到水中，其含量与空气中氧的分压、水的温度、液面传质阻力等有关。水温越低，水中溶解氧的含量越高；大气压力越小，水中溶解氧的含量越低。按 DO 浓度划分，DO≥0.5 mg/L 为好氧状态；0.2≤DO<0.5 mg/L 为缺氧状态；DO<0.2 mg/L 为厌氧状态；DO=0 mg/L 为绝氧状态。在不同氛围的 DO 下，相应的微生物生存占优势。DO 是污水处理运营的重要指标。

1.1.2.2 含氮污染物

生活污水中的氮主要来自餐饮废水、尿和粪，主要成分是蛋白质、多肽、胨、核酸、氨基酸、尿素等。氮是植物性营养物质，排入水体会导致水体富营养化。

含氮污染物在水中存在形态有 4 种，即有机氮、氨氮、亚硝酸盐氮、硝酸盐氮，这 4 种形态会根据条件发生转化。描述水中含氮污染物的指标有总氮（total nitrogen，TN）、总凯氏氮（total kjeldahl nitrogen，TKN）、氨氮、亚硝酸盐氮、硝酸盐氮。水中含氮物质中氮的总量即 TN。TKN 是有机氮和氨氮之和，可以作为污水生化处理氮营养物是否充分的指标。氨氮在污水中有两种存在形式：NH_3 和 NH_4^+。水中的氨氮为两者之和。氨氮为微生物的氮营养物质，也是水体酸碱缓冲物。

1.1.2.3　含磷污染物

污水中含磷化合物分为有机磷和无机磷两类，有机磷有葡萄糖-6-磷酸、2-磷酸-甘油酸、磷肌酸等。无机磷有正磷酸盐、磷酸氢盐、磷酸二氢盐、偏磷酸盐、亚磷酸盐、次磷酸盐、焦磷酸盐、聚合磷酸盐等。描述水中磷污染物的指标为总磷（total phosphorus，TP）。将水中各种形态的磷消解，转化为正磷酸盐，然后与钼酸铵反应，测出磷的含量（mg/L）。

氮、磷是植物营养性物质，工业废水好氧生化处理对碳、氮、磷的要求是 BOD_5：TN：TP=100：5：1。

1.1.2.4　含油污染物

生活污水的油类污染物主要是动物油和植物油，统称动植物油。油类污染物进入水体后会影响水生生物的生长，降低水体的资源价值；油膜覆盖水面后会阻碍空气中的氧气进入水体，导致水中消耗的 DO 不能及时补充，从而降低水体的自净能力。

描述水中油类污染物的指标有动植物油和石油类。石油类指标一般表征为烷烃类矿物油，如汽油、柴油、煤油、润滑油等。

1.1.2.5　表面活性剂类污染物

洗衣用品（洗衣液、洗衣粉、肥皂等）、洗发用品（香波、洗发膏等）、沐浴液、洗洁精等日常用品一般都含有表面活性剂成分，随人们使用的过程进入水中，成为水中的污染物。描述水中表面活性剂类污染物的指标为直链烷基苯磺酸钠盐（linear alkylbenzene sulfonates，LAS），LAS 是一种常用的阴离子表面活性剂。

1.1.2.6　酸碱污染物

生活污水排入下水道时，一般呈中性或弱碱性。随着微生物对有机物的厌氧分解，释放有机酸、CO_2 等酸性物质，逐渐转为酸性。

描述水质酸碱性的指标是：pH 和碱度。pH 是运行指标和排放指标，碱度是运行指标。

pH 是衡量水体酸碱度的指标，pH 等于水中氢离子浓度的负对数，是一个量纲为一的数值。pH=7 时，水质为中性；pH<7 时，水质为酸性，数值越小，酸性越强；pH>7 时，水质为碱性，数值越大，碱性越强。当 pH>9 或<6，会对人、动物和水生生态产生不利影响。另外，pH<6 的污水排入下水道，会腐蚀管道和后续的设备，缩短其使用寿命。一般情况下，水污染物排放标准规定 pH=6~9。

运营过程中常用的另一个酸碱指标是碱度。碱度是指水中能与强酸发生中和作用的物质的总量。该类物质包括强碱、弱碱、强碱弱酸盐，如氢氧化物、碳酸盐、碳酸氢盐、磷酸盐、硅酸盐、亚硫酸盐等，单位为 mmol/L。常用的碱度指标有氢氧化物碱度、碳酸盐碱度、重碳酸盐碱度。碱度是评价水质酸碱缓冲能力的指标。

1.1.2.7 金属污染物

金属废水主要来自采选、金属冶炼、电镀、电子（包括线路板）、电池、无机化工、陶瓷、制革、稀土工业等生产过程排放的废水。废水中含有金属离子（或络合离子）、有机物、酸、碱、氮、磷等。汞、铬、镉、铅、砷（类金属）及其化合物对生物毒性较大，称为"金属五毒"。金属废水可通过化学氧化还原及混凝沉淀转变为化学污泥，得以从水中去除。金属污泥属于危险废物，应严格按照危险废物管理要求进行转移和处置。

水质的金属指标有总汞、烷基汞、总铬、六价铬、总镉、总铅、总砷、总镍、总铍、总银、总铜、总锌、总锰、总铁、总铝、总钴、总铊、总钡、总锶、总钼、总锡、总锑等。重金属对人和动物有一定毒性，且会沿着食物链富集进入人体，因此应严格控制。

1.1.2.8 硫化物

硫化物在水中存在形式有硫化氢（H_2S）、硫氢化物（HS^-）和硫化物（S^{2-}）。在厌氧状态下，硫酸盐还原菌可将硫酸根转化为 H_2S。硫化物为还原性物质，会消耗水中的 DO，也能与金属离子作用，生成黑色的金属硫化物沉淀。由于金属硫化物溶度积非常小，硫化物是很好的重金属沉淀剂。

1.1.2.9 氟化物

无机化学工业、化学制药、金属冶炼、电镀等会排放氟污染物废水。氟广泛存在于自然水体中，人体各组织中都含有氟，但主要积聚在牙齿和骨骼中。适量的氟是人体所必需的，过量的氟对人体有危害。

1.1.2.10 氰化物

氰化物剧毒。氰法电镀和炼焦工业等会排放含氰废水。氰在水中以 3 种状态存在：氰根（CN^-）、金属氰络合物、有机氰化物（如腈等）。CN^-在酸性条件下会生成 HCN，从水中逸出，导致操作人员中毒。

1.1.2.11 有毒有害有机物

化学工业、合成制药、炼焦、合成树脂、合成纤维等生产过程排放的废水中含有的有毒有害有机物。主要污染指标有挥发酚、硝基苯类、苯胺类、可吸附有机卤素（AOX）、二噁英等。杂环类农药生产还排放多菌灵、氟虫腈等抑菌污染物。有毒有害有机物对生物有较大的毒性，难以降解。

（1）挥发酚

挥发酚是指沸点在 230℃以下，能与水蒸气一起挥发的酚类，主要包括苯酚、甲酚、二甲酚、对硝基苯酚、对氨基苯酚等。挥发酚属于高毒性物质，主要来自煤气洗涤、炼焦、合成氨、造纸、木材防腐和化工行业。

（2）苯胺类化合物

苯胺类化合物常作为染料制造、印染、化学制药、农药、油墨和油漆等的原料，主要有苯胺、对硝基苯胺、邻硝基苯胺、对甲氧基苯胺等。

（3）可吸附有机卤素

造纸工业中，氯漂工艺中产生的大量有机氯化物即可吸附有机卤素（AOX）。陶瓷废水、印染废水、杂环类农药废水也含有 AOX。AOX 具有致毒、致畸、致癌作用。

1.1.3 生物性指标

污水中的有机物是微生物的食物。有机物排入水中，导致水中微生物大量繁殖。水中的微生物分为致病微生物和非致病微生物两种。致病微生物主要有肠道病原菌、寄生虫卵、炭疽杆菌、病毒等。反映水中致病微生物的指标为粪大肠菌群数。《畜禽养殖业污染物排放标准》（GB 18596—2001）增加了蛔虫卵指标，《医疗机构水污染物排放标准》（GB 18466—2005）增加了肠道致病菌、肠道病毒、结核杆菌指标。菌落总数并不是污水处理排放指标。在污水处理运营过程中，也会通过光学显微镜观察生物池微生物相，掌握活性污泥运行状况。主要观察的活性污泥运行指示性微生物有钟虫、轮虫、盾纤虫、盖纤虫、累枝虫、斜口虫、红斑颗体虫、线虫、聚缩虫、吸管虫、独缩虫、波豆虫、豆形虫、草履虫、变形虫、游仆虫、尾棘虫等。

1.1.3.1 粪大肠菌群数

粪大肠菌群是生长于人和温血动物肠道中的一组肠道细菌，随粪便排出体外，占粪便干重的 1/3，故称为粪大肠菌群。受粪便污染的水和土壤等均含有大量的这类菌群。若检出粪大肠菌群即表明排水已被粪便污染。粪大肠菌群数的高低表征粪便污染的程度，也反映对人体健康危害性的大小。因此，在水质参数中用粪大肠菌群数来判断水样的污染程度。粪大肠菌群数的单位为个/L。

1.1.3.2 蛔虫卵

蛔虫卵是养殖废水排放的指标。蛔虫属于肠道寄生虫。蛔虫卵可经过不卫生饮食等途径进入人体，导致腹胀、腹痛、发热、阑尾穿孔等。

1.1.3.3 菌落总数

菌落总数为饮用水水质指标，是总大肠菌群数、病原菌、其他细菌以及病毒的总和。菌落总数越多，表示病原菌与病毒存在的可能性越大。

1.1.3.4 病毒

病毒是由一个核酸分子（DNA 或 RNA）与蛋白质构成的非细胞形态，介于生命体及非生命体之间的有机物种。病毒靠寄生生活，利用宿主的细胞系统进行自我复制。病毒可以感染几乎所有具有细胞结构的生命体。医疗废水规定外排废水不得检出肠道病毒。

表 1-1 列出了几种工业废水的主要污染物及水质指标。

表 1-1 几种工业废水的主要污染物及水质指标

工业废水	主要污染物	污染物指标
电镀废水	酸、碱、氰化物、游离金属离子和络合金属、添加剂、光亮剂等	pH、总铬、六价铬、总镍、总镉、总银、总铅、总汞、总铜、总锌、总氰化物、COD_{Cr}、SS、氨氮、总氮、总磷、石油类、氟化物
线路板废水	碱、氰化物、游离铜离子和络合铜、镍、油墨	pH、总镍、总银、总铅、总铜、总氰化物、COD_{Cr}、TOC、SS、氨氮、总氮、总磷、LAS、石油类、氟化物、硫化物
印染废水	酸、碱、染料、助剂、整理剂、短纤维	pH、COD_{Cr}、SS、色度、氨氮、总氮、总磷、AOX、硫化物、苯胺类
制革废水	酸、碱、鞣剂、酶、油、染料	pH、COD_{Cr}、SS、色度、氨氮、总氮、总磷、动植物油、总铬、六价铬、硫化物、氯离子
焦化废水	氮化物、氰化物、硫氰化物、氟化物、酚类、吡啶、喹啉、多环芳烃	pH、COD_{Cr}、SS、氨氮、总氮、总磷、石油类、硫化物、挥发酚、苯、氰化物、多环芳烃、苯并[a]芘
制浆造纸废水	碱、短纤维、蒽醌、四氢蒽醌、乙醇胺、毛布清洗剂	pH、COD_{Cr}、SS、色度、氨氮、总氮、总磷、AOX、二噁英

1.2 水质标准

水质标准是国家、部门或地区规定的各种用水或排放水在物理、化学、生物学性质方面所应达到的要求。水质标准分为水环境质量标准、水污染物排放标准、供水水质标准等。

1.2.1 水环境质量标准

主要有《地表水环境质量标准》（GB 3838—2002）、《地下水质量标准》（GB/T 14848—2017）、《农田灌溉水质标准》（GB 5084—2021）、《海水水质标准》（GB 3097—1997）、《渔业水质标准》（GB 11607—1989）等。

依据地表水水域环境功能和保护目标，《地表水环境质量标准》（GB 3838—2002）将地表水分为五类：

Ⅰ类：主要适用于源头水、国家自然保护区。

Ⅱ类：主要适用于集中式生活饮用水地表水水源地一级保护区、珍稀水生生物栖息地、鱼虾类产卵场、仔稚幼鱼的索饵场等。

Ⅲ类：主要适用于集中式生活饮用水地表水水源地二级保护区、鱼虾类越冬场、洄游通道、水产养殖区等渔业水域及游泳区。

Ⅳ类：主要适用于一般工业用水区及人体非直接接触的娱乐用水区。

Ⅴ类：主要适用于农业用水区及一般景观要求水域。

对应地表水上述五类水域功能，《地表水环境质量标准》基本项目标准值分为五类，不同功能类别分别执行相应类别的标准值。水域功能类别高的标准值严于水域功能类别低的标准值。同一水域兼有多类使用功能的，执行最高功能类别对应的标准值。

有些地方将《地表水环境质量标准》（GB 3838—2002）的Ⅳ类和Ⅲ类部分或全部指标作为污水处理排放标准限值，也就是行业常说的准Ⅳ类和准Ⅲ类排放要求，具体指标如表 1-2 所示。

表 1-2　《地表水环境质量标准》（GB 3838—2002）部分指标　　　　单位：mg/L

项目	Ⅲ类	Ⅳ类
化学需氧量（COD_{Cr}）	20	30
氨氮（$NH_3\text{-}N$）	1.0	1.5
总磷（以 P 计）	0.2	0.3

1.2.2　水污染物排放标准

水污染物排放标准是国家、部门或地方为实现水环境质量标准的要求，结合技术、经济条件和环境特点对污染源排入水环境的污染物浓度、数量所作的限量规定。

水污染物排放标准实行浓度控制与总量控制相结合的原则：根据《中华人民共和国水污染防治法》，国家水污染物排放标准由国务院生态环境主管部门根据国家水环境质量标准和国家经济、技术条件制定。省、自治区、直辖市人民政府对国家水污染物排放标准中未作规定的项目，可以制定地方水污染物排放标准；对国家水污染物排放标准中已作规定的项目，可以制定严于国家水污染物排放标准的地方水污染物排放标准。地方水污染物排放标准须报国务院生态环境主管部门备案。表 1-3 列出了部分水污染物排放标准。

表 1-3　部分水污染物排放标准

序号	标准名	标准号	说明
1	《污水综合排放标准》	GB 8978—1996	适用于单位水污染物的排放管理
2	《城镇污水处理厂污染物排放标准》	GB 18918—2002	城镇污水处理厂水污染物、大气污染物的排放和污泥的控制一律执行本标准。居民小区和工业企业内独立的生活污水处理设施污染物的排放管理，也按本标准执行
3	《电镀污染物排放标准》	GB 21900—2008	本标准规定了电镀企业和拥有电镀设施的企业的电镀水污染物和大气污染物排放限值
4	《纺织染整工业水污染物排放标准》	GB 4287—2012	本标准规定了纺织染整工业企业或生产设施水污染物排放限值

序号	标准名	标准号	说明
5	《畜禽养殖业污染物排放标准》	GB 18596—2001	本标准适用于全国集约化畜禽养殖场和养殖区污染物排放的管理
6	《电子工业水污染物排放标准》	GB 39731—2020	本标准规定了电子工业的水污染物控制排放要求
7	《生活垃圾填埋场污染控制标准》	GB 16889—2024	本标准规定了生活垃圾填埋场渗滤液的排放控制
8	《医疗机构水污染物排放标准》	GB 18466—2005	本标准规定了医疗机构污水、污水处理站产生的废气、污泥等污染物控制项目及其排放和控制限值
9	《污水排入城镇下水道水质标准》	GB/T 31962—2015	本标准规定了污水排入城镇下水道的水质要求
10	《水污染物排放限值》	DB 44/26—2001	广东省地方标准。本标准适用于广东省内现有单位水污染物的排放管理
11	《农村生活污水处理排放标准》	DB 44/2208—2019	广东省地方标准。本标准规定了农村生活污水处理设施的水污染物排放控制
12	《水污染物综合排放标准》	DB 11/307—2013	北京市地方标准。本标准规定了水污染物排放的控制要求、监测要求和实施与监督
13	《城镇污水处理厂主要水污染物排放限值》	DB 5301/T 43—2020	昆明市地方标准。本标准对城镇污水处理厂主要水污染物排放控制及监测要求等作出了相关规定
14	《城镇污水处理厂污染物排放标准》	DB 32/4440—2022	江苏省地方标准。本标准规定了城镇污水处理厂污染物的控制要求、监测要求、达标判定以及实施与监督

建设项目具体执行哪个或哪几个标准，应以该项目的环评文件及生态环境主管部门对该项目的环评文件批复为准。其中，《污水综合排放标准》（GB 8978—1996）经常使用的指标是第一类污染物及其相应指标，如表 1-4 所示。

表 1-4　《污水综合排放标准》（GB 8978—1996）第一类污染物及其相应指标　　单位：mg/L

序号	污染物	最高允许排放浓度
1	总汞	0.05
2	烷基汞	不得检出
3	总镉	0.1
4	总铬	1.5
5	六价铬	0.5
6	总砷	0.5
7	总铅	1.0
8	总镍	1.0
9	苯并[a]芘	0.000 03
10	总铍	0.005
11	总银	0.5
12	总 α 放射性	1 Bq/L
13	总 β 放射性	10 Bq/L

由于第一类污染物毒性过大，应严加管理。采样要求是：不分行业和污水排放方式，也不分受纳水体的功能类别，一律在车间或车间处理设施排放口采样。

《城镇污水处理厂污染物排放标准》（GB 18918—2002）重点关注基本控制项目 12 个指标，如表 1-5 所示。

表 1-5　《城镇污水处理厂污染物排放标准》（GB 18918—2002）
基本控制项目最高允许排放浓度（日均值）　　　　　　　　　　单位：mg/L

序号	基本控制项目		一级标准	
			A 标准	B 标准
1	化学需氧量（COD）		50	60
2	生化需氧量（BOD_5）		10	20
3	悬浮物（SS）		10	20
4	动植物油		1	3
5	石油类		1	3
6	阴离子表面活性剂		0.5	1
7	总氮（以 N 计）		15	20
8	氨氮（以 N 计）		5（8）	8（15）
9	总磷（以 P 计）	2005 年 12 月 31 日前建设的	1	1.5
		2006 年 1 月 1 日起建设的	0.5	1
10	色度（稀释倍数）		30	30
11	pH		6～9	6～9
12	粪大肠菌群数/（个/L）		10^3	10^4

注：氨氮指标，括号外数值为水温＞12℃时的控制指标，括号内数值为水温≤12℃时的控制指标。

2015 年以前，许多区域执行一级标准 B 标准。经过提标改造后，开始执行一级标准 A 标准。有些要求严格的区域，部分指标执行《地表水环境质量标准》（GB 3838—2002）的 Ⅳ 类和 Ⅲ 类指标，或制定地方标准。表 1-6 为江苏省地方标准《城镇污水处理厂污染物排放标准》（DB 32/4440—2022）的基本控制项目（常规污染物）日均排放限值。

表 1-6　《城镇污水处理厂污染物排放标准》（DB 32/4440—2022）
基本控制项目（常规污染物）日均排放限值

序号	项目	单位	A 标准	B 标准	C 标准	D 标准
1	化学需氧量（COD_{Cr}）	mg/L	30	40	50	50
2	氨氮	mg/L	1.5（3）	3（5）	4（6）	5（8）
3	总氮（以 N 计）	mg/L	10（12）	10（12）	12（15）	15
4	总磷（以 P 计）	mg/L	0.3	0.3	0.5	0.5
5	悬浮物（SS）	mg/L	10			
6	生化需氧量（BOD_5）	mg/L	10			
7	动植物油	mg/L	1			

序号	项目	单位	A 标准	B 标准	C 标准	D 标准
8	石油类	mg/L	1			
9	阴离子表面活性剂	mg/L	0.5			
10	色度（稀释倍数）	倍	30			
11	pH	—	6～9			
12	粪大肠菌群数	MPN/L 或 CFU/L	1 000			

注：每年 11 月 1 日至次年 3 月 31 日执行括号内排放限值。

对比表 1-5 和表 1-6 可知，江苏省地方标准中的化学需氧量、氨氮、总氮和总磷 4 个指标比《城镇污水处理厂污染物排放标准》（GB 18918—2002）更为严格。

不同行业产生的废水性质差异很大，为了防治污染，促进行业生产工艺和污染治理技术的进步，制定相应排放标准。如《电镀污染物排放标准》（GB 21900—2008）、《制浆造纸工业水污染物排放标准》（GB 3544—2008）、《纺织染整工业水污染物排放标准》（GB 4287—2012）、《电子工业水污染物排放标准》（GB 39731—2020）等。表 1-7 为《电镀污染物排放标准》（GB 21900—2008）中的新建企业水污染物排放浓度限值，规定了 2008 年 8 月 1 日之后的新建企业执行该标准。

表 1-7 《电镀污染物排放标准》（GB 21900—2008）新建企业水污染物排放浓度限值

单位：mg/L（pH 除外）

序号	污染物项目	限值	污染物排放监控位置
1	总铬	1.0	车间或生产设施废水排放口
2	六价铬	0.2	
3	总镍	0.5	
4	总镉	0.05	
5	总银	0.3	
6	总铅	0.2	
7	总汞	0.01	
8	总铜	0.5	企业废水总排放口
9	总锌	1.5	
10	总铁	3.0	
11	总铝	3.0	
12	pH	6～9	
13	悬浮物	50	
14	化学需氧量（COD_{Cr}）	80	
15	氨氮	15	
16	总氮	20	
17	总磷	1.0	
18	石油类	3.0	
19	氟化物	10	
20	总氰化物（以 CN⁻计）	0.3	

1.2.3 供水水质标准

供水，主要是供给工业企业生产和人们生活用水。供水水质标准包括生活饮用水卫生标准、工业用水水质标准、再生水水质回用标准等。由于工业所涉及的行业较多，不同的行业对其生产用水水质要求差异较大。目前我国各行业尚未制定统一的工业用水水质标准。此处主要介绍生活饮用水卫生标准和再生水水质回用标准。

1.2.3.1 生活饮用水卫生标准

《生活饮用水卫生标准》（GB 5749—2022）规定了生活饮用水水质要求、生活饮用水水源水质卫生要求、集中式供水单位卫生要求、二次供水卫生要求、涉及生活饮用水卫生安全产品卫生要求、水质检验方法。该标准适用于各类生活饮用水。其中，该标准中的表 1 生活饮用水水质常规指标及限值共 39 项，包括微生物指标 3 项、毒理指标 18 项、感官性状和一般化学指标 16 项、放射性指标 2 项（表 1-8）；表 2 消毒剂常规指标及要求 4 项；表 3 生活饮用水扩展指标及限值 54 项；合计 97 个指标。

表 1-8　《生活饮用水卫生标准》（GB 5749—2022）生活饮用水水质常规指标及限值

序号	指标	限值
一、微生物指标		
1	总大肠菌群/（MPN/100 mL 或 CFU/100 mL）	不应检出
2	大肠埃希氏菌/（MPN/100 mL 或 CFU/100 mL）	不应检出
3	菌落总数/（MPN/mL 或 CFU/mL）	100
二、毒理指标		
4	砷/（mg/L）	0.01
5	镉/（mg/L）	0.005
6	铬（六价）/（mg/L）	0.05
7	铅/（mg/L）	0.01
8	汞/（mg/L）	0.001
9	氰化物/（mg/L）	0.05
10	氟化物/（mg/L）	1.0
11	硝酸盐（以 N 计）/（mg/L）	10
12	三氯甲烷/（mg/L）	0.06
13	一氯二溴甲烷/（mg/L）	0.1
14	二氯一溴甲烷/（mg/L）	0.06
15	三溴甲烷/（mg/L）	0.1
16	三卤甲烷（三氯甲烷、一氯二溴甲烷、二氯一溴甲烷、三溴甲烷的总和）	该类化合物中各种化合物的实测值与其各自限值的比值之和不超过 1
17	二氯乙酸/（mg/L）	0.05
18	三氯乙酸/（mg/L）	0.1
19	溴酸盐/（mg/L）	0.01
20	亚氯酸盐/（mg/L）	0.7

序号	指标	限值
21	氯酸盐/（mg/L）	0.7
三、感官性状和一般化学指标		
22	色度（铂钴色度单位）/度	15
23	浑浊度（散射浑浊度单位）/NTU	1
24	臭和味	无异臭、异味
25	肉眼可见物	无
26	pH	不小于6.5且不大于8.5
27	铝/（mg/L）	0.2
28	铁/（mg/L）	0.3
29	锰/（mg/L）	0.1
30	铜/（mg/L）	1.0
31	锌/（mg/L）	1.0
32	氯化物/（mg/L）	250
33	硫酸盐/（mg/L）	250
34	溶解性总固体/（mg/L）	1 000
35	总硬度（以 $CaCO_3$ 计）/（mg/L）	450
36	高锰酸盐指数（以 O_2 计）/（mg/L）	3
37	氨（以 N 计）/（mg/L）	0.5
四、放射性指标		
38	总 α 放射性/（Bq/L）	0.5（指导值）
39	总 β 放射性/（Bq/L）	1（指导值）

注：MPN 表示最可能数；CFU 表示菌落形成单位。当水样检出总大肠菌群时，应进一步检测大肠埃希氏菌；当水样未检出总大肠菌群时，不必检测大肠埃希氏菌。

1.2.3.2 再生水水质回用标准

为了缓解水资源短缺，充分开发污水处理厂净化水的潜在价值，实现水资源可持续利用，不少城市将再生水作为水资源，实现水的良性循环。城市再生水利用主要有城市杂用水和景观用水。有些行业也有水回用率的要求。

再生水回用标准有《水回用导则 再生水分级》（GB/T 41018—2021）、《城市污水再生利用 城市杂用水水质》（GB/T 18920—2020）、《城市污水再生利用 景观环境用水水质》（GB/T 18921—2019）、《城市污水再生利用 工业用水水质》（GB/T 19923—2024）、《城市污水再生利用 地下水回灌水质》（GB/T 19772—2005）、《城市污水再生利用 农田灌溉用水水质》（GB 20922—2007）、《城市污水再生利用 绿地灌溉水质》（GB/T 25499—2010）等。

（1）再生水分级标准

《水回用导则 再生水分级》（GB/T 41018—2021）规定了以城镇污水为水源的再生水分级，根据污水再生处理工艺，将再生水分为 A、B、C 3 个级别；根据再生水水质基本要求，进一步细分为 10 个级别，并列出了各级别再生水的水质基本控制项目。

（2）城市杂用水水质标准

城市杂用水主要是指用于冲厕、车辆清洗、城市绿化、道路清扫、消防、建筑施工等非饮用的再生水。《城市污水再生利用　城市杂用水水质》（GB/T 18920—2020）规定了城市污水再生利用城市杂用水水质的术语和定义、水质指标、采样与监测、安全利用。该标准规定了城市杂用水水质基本控制项目 13 项，选择性控制项目 2 项，部分指标和《城镇污水处理厂污染物排放标准》（GB 18918—2002）一级 A 标准一致。表 1-9 为城市杂用水水质基本控制项目及限值。

表 1-9　城市杂用水水质基本控制项目及限值

序号	项目	冲厕、车辆冲洗	城市绿化、道路清扫、消防、建筑施工
1	pH	6.0～9.0	6.0～9.0
2	色度，铂钴色度单位	≤15	≤30
3	嗅	无不快感	无不快感
4	浊度/NTU	≤5	≤10
5	BOD_5/（mg/L）	≤10	≤10
6	氨氮/（mg/L）	≤5	≤8
7	阴离子表面活性剂/（mg/L）	≤0.5	≤0.5
8	铁/（mg/L）	≤0.3	—
9	锰/（mg/L）	≤0.1	—
10	溶解性总固体	≤1 000（2 000）*	≤1 000（2 000）*
11	溶解氧/（mg/L）	≥2.0	≥2.0
12	总氯/（mg/L）	≥1.0（出厂），≥0.2（管网末端）	≥1.0（出厂），≥0.2（管网末端）
13	大肠埃希式菌/（MPN/100 mL 或 CFU/100 mL）	无	无

注：* 括号内指标值为沿海及本地水源中溶解性固体含量较高的区域的指标。

（3）景观环境用水标准

景观环境用水是指用于营造和维持景观水体、湿地环境和各种水景构筑物的水的总称，包括观赏性景观环境用水、娱乐性景观环境用水和景观湿地环境用水。许多城市将城市污水处理作为河道、湖泊、湿地补水，较少用于人造瀑布、喷泉用水。《城市污水再生利用　景观环境用水水质》（GB/T 18921—2019）规定了景观环境用水水质基本控制项目 10 项，部分指标等同或高于《城镇污水处理厂污染物排放标准》（GB 18918—2002）一级 A 标准限值要求。表 1-10 为景观环境用水的再生水水质要求。

表 1-10　景观环境用水的再生水水质要求

序号	项目	观赏性景观环境用水			娱乐性景观环境用水			景观湿地环境用水
		河道类	湖泊类	水景类	河道类	湖泊类	水景类	
1	基本要求	无漂浮物，无令人不愉快的嗅和味						
2	pH	6.0～9.0						
3	BOD_5/（mg/L）	≤10	≤6		≤10	≤6		≤10
4	浊度/NTU	≤10	≤5		≤10	≤5		≤10

序号	项目	观赏性景观环境用水			娱乐性景观环境用水			景观湿地环境用水
		河道类	湖泊类	水景类	河道类	湖泊类	水景类	
5	总磷（以 P 计）/（mg/L）	≤0.5	≤0.3	≤0.5		≤0.3		≤0.5
6	总氮（以 N 计）/（mg/L）	≤15	≤10	≤15		≤10		≤15
7	氨氮（以 N 计）/（mg/L）	≤5	≤3	≤5		≤3		≤5
8	粪大肠菌群数/（个/L）	≤1 000			≤1 000		≤3	≤1 000
9	余氯/（mg/L）	—					0.05～0.1	—
10	色度/度	≤20						

注：未采用加氯消毒方式的再生水，其补水点无余氯要求。

1.3 污水收集与处理流程

1.3.1 污水收集流程

1.3.1.1 污水收集与排放

污水按照来源不同主要分为生活污水、工业废水及初期雨水。

生活污水是人类日常生活中使用过的水，包括卫生间、浴室、厨房、洗衣房等排出的水，这类水主要是通过室内设施（马桶、洗手盆、水槽等）和室内污水管道收集排放到室外污水管道中。工业废水是在工业生产过程中被使用过的水，分为无污染工业废水和有污染工业废水两种。无污染工业废水可直接或经过简单处理后排放到管道和水体中去；有污染工业废水则必须经过内部处理净化，去除有毒有害物质，处理的水必须达到相关的规范标准方可排入市政污水管道内。

各类污水通过支管汇入公共地带埋设的输送管道运行到终点站——污水处理厂。污水进入污水处理厂后经过一系列污水处理设施的处理，使污水达到允许的排放水质标准后排出。雨水通过地表径流、房屋建筑的天沟竖管、路边雨水箅支管和明渠的收集进入雨水干管，汇集的水流运输至出水口排放到自然水体中。

1.3.1.2 排水体制类型

城市排水系统通常处理以下 3 种形式的排水：生活污水、工业废水和雨水。在排水系统中，污水和雨水的输送方式复杂，很少有简单理想的系统。城市和工业企业中的生活污水、工业废水和降水的收集与排除方式称为排水系统的体制。常规排水系统主要有合流制和分流制两种体制。合流制排水系统是将污水和雨水混合在同一个管渠内排除的系统；分流制排水系统是将污水和雨水分别在两个或两个以上各自独立的管渠内排除的系统。

我国大多数城市采用混合排水系统，即既有合流制排水系统又有分流制排水系统。混合排水系统通常是在具有合流制排水系统的城市中，扩建部分采用分流制。在大城市中，因各区域的自然条件以及修建情况可能相差较大，因地制宜地在各区域采用不同的排水体制也是合理的。可持续排水系统的趋势是利用近自然方式排除雨水，而不是仅仅依靠管渠排除，以此缓解雨天时过大的地表径流量和洪峰流量。

（1）合流制排水系统

合流制排水系统有两种类型：①污水不经处理直接排入水体，称为直流式合流制排水系统；②临河岸边具有截流管道，在截流管道上设溢流井，当水量超过截流能力时，超出水量通过溢流井排入水体，被截流的水给予处理，称为截流式合流制排水系统。

截流式合流制排水系统是在直流式合流制排水系统的基础上发展而成的。由于城市的发展通常是逐步形成的，开始时城市人口与工业规模不大，合流管道收集各种雨污水，直接排入就近水体，这时水体还能承担一部分污染负荷。随着城市人口的增多和工业生产的扩大，污染负荷随之增加，超出了水体自净能力。人们开始认识到应对污水进行适当处理，于是修建截流管道，把晴天时的污水（旱流流量）全部截流，送入污水处理厂集中处理；暴雨时，雨水流量可达旱流流量的 50～100 倍，一般只能截流部分雨污混合水送入污水处理厂处理，超量混合污水由溢流井溢流入水体。截流式合流制排水系统因与城市的逐步发展密切相关，所以它是迄今国内外现有排水体制中用得最多的一种。

合流制管渠系统因在同一管渠内排除所有污水，管线单一，管渠的总长度较短，不存在雨水管道与污水管道混接的问题。但合流制截流管、提升泵站及污水处理厂的规模都较分流制大；截流管的埋深也因同时排除生活污水和工业废水而比单独敷设雨水管渠的埋深大；通常在大部分无雨期，只使用了管道输水能力的一小部分输送污水。

暴雨径流之初，原沉积在合流管渠内的污泥被大量冲走，经溢流井排入水体；此外，暴雨中绝大部分混合污水进入水体而非污水处理厂。实践证明，采用截流式合流制的城市，水体仍然遭受严重污染。因此，溢流会对受纳水体产生污染，是合流制排水系统的缺陷。

由于截流式合流制对水体可能造成污染，危害环境，《室外排水设计标准》（GB 50014—2021）规定，除降水量少的干旱地区外，新建地区的排水系统应采用分流制。同时规定现有合流制排水系统应通过截流、调蓄和处理等措施，控制溢流污染，还应按城镇排水规划的要求，经方案比较后实施雨污分流改造。

（2）分流制排水系统

一般新建的排水系统均应考虑采用分流制排水系统，其中收集和输送生活污水与工业废水的系统称为污水排水系统；收集和输送雨水和融雪水的系统称为雨水排水系统；只排除工业废水的系统称为工业废水排水系统。分流制排水系统按照排除雨水方式的不同又分为不完全分流制排水系统、完全分流制排水系统和改进分流制排水系统 3 种排水系统。

1）不完全分流制排水系统

不完全分流制排水系统，只建有污水排水系统，未建雨水排水系统，雨水沿天然地面、街道边沟、水渠等原有渠道系统排泄，或者为了补充原有渠道系统输水能力的不足而修建的部分雨水管道，待城市进一步发展再修建雨水排水系统，转变为完全分流制排水系统。

2）完全分流制排水系统

完全分流制排水系统，既有污水排水系统，又有雨水排水系统，故环保效益较好。新建的城市及重要工矿企业一般采用完全分流制排水系统。工厂的排水系统一般采用完全分流制，性质特殊的生产废水，还应在车间单独处理达标后再排入市政污水管道。

3）改进分流制排水系统

改进分流制排水系统，既有污水排水系统，又有雨水排水系统，且为了防止污染较严重的初期雨水直接排放到环境，采取适当工程措施，将这部分雨水引入污水截流干管，与污水一起输送到污水处理厂进行处理。

1.3.1.3 我国排水体制现状

我国城市早期均采用直排式合流制排水系统，而后有些城市改造成为截流式合流制排水系统，有些城市则逐渐（或计划）将合流制改为分流制。我国多数城市旧城区目前仍存在合流制，例如，北京、上海、武汉、济南、厦门、杭州、徐州、吉林等城市在老城区基本上或多或少地保留原有的合流管道，并将其改为截流式合流制排水系统，我国各城市在新建区域多采用分流制排水系统，这样多数城市则形成了混合排水体制。

也有些城市采用完全分流制排水系统。如深圳市，但其管网的雨污水混流严重，按分流制规划建设的雨水系统实际上成为合流系统，难以有效控制水体污染。因此，根据国内外经验，深圳市又采用对市区内作为受纳水体的多条河流和湖区进行截流的办法，取得了一定的成效。深圳市在建设分流制排水系统中出现的问题和经验教训很值得反思和总结。

目前，从国家或区域层面正逐渐厘清排水体制的优劣并规划战略思路，多数城市已认识到雨水径流污染和管道混接的严重后果，合理选用排水体制，并且逐渐重视对合流制溢流污染的控制。

我国在城市排水方面一直偏重对污水处理技术的研究，而对城市排水体制方面的关注较少。在对待城市排水体制和雨水径流污染问题上，以"单纯排放"为主，倾向靠分流制来解决点源污染的控制，忽视了雨水资源的保护利用与城市生态的关系，同时忽视了雨水的排放和非点源污染的关系。我国在有关城市排水管道的污染规律及雨水径流、合流制溢流污染控制的基础理论、工程规划与设计、管理与法规等方面正加大力度进行研究与实践。城市点源污染的控制若仅靠分流制排水系统来解决存在较多的隐患。深圳、上海浦东、大连开发区等都采用分流制排水系统，然而由于设计、施工和管理等方面的原因，这些新建城市（区）并没有真正实现完全分流制所期望的目标，服务流域内的污水并没有全部收集到污水处理厂，而且分流制排水系统使污染严重的初期雨水和部分小雨都直接排入水体，在降低合流制溢流污染的同时增加了非点源污染。从多年的排水管理实践来看，由于规划、管理等原因（如污水处理厂设计规模偏小、排渍、排涝与截污矛盾、"散乱"排污许可难以实现等），造成了目前排水系统混乱的情况。

1.3.1.4 排水运营模式转变

近年来，我国出台相关文件，加大对地下管网检查的力度，保障人民群众安全。政府对地下管网建设制定了明确的计划。城市内涝治理、城市黑臭水体治理、"城市双修"等从国家层面提出的城市排水防涝能力建设，是补齐民生短板、保护生态的重要举措。

污水处理厂及管网的建设将成为"硬性指标"，污水处理项目从单体的 BOT 转变为"厂网一体化"运营，或整合于海绵城市、黑臭水体项目中，运营效果考核将成为重点，地方政府与水务重资产集团的合作模式发生改变。

污水处理"厂网一体化"运营，是指对城镇排水系统中的污水处理厂和排水管网进行统筹建设和协调运行，保证整个排水系统的安全和高效运行。在"厂网一体化"运营中，统筹建设是前提和基础，协调运行是核心。污水处理厂进水的水质、水量和水位是影响其运行工艺以及污水处理厂和管网运行安全的重要因素，"厂网一体化"运营可考核污水进水水质、水量和水位的预报预警和调度控制指标。"厂网一体化"运营能够充分发挥排水管网"排入水质源头监控、水质水量预报预警、超标排水追溯管控、无机杂质厂前去除"的水质保障作用，保证进厂污水符合污水处理厂的设计要求，保障其运行安全。同时，可充分利用排水管网的内部空间，充分发挥其"均衡进厂污水流量、调整各厂运行负荷"的水量均衡作用，保障污水处理厂的高效、稳定运行。

目前，我国大多数城市的污水处理厂与排水管网系统仍由不同单位负责运营管理，由于二者的运营目标和管理考核机制不同，在厂网统筹建设和协调运行方面存在诸多问题。统筹建设方面，排水管网的污水收集运输能力和污水处理厂的处理受纳能力不匹配。一方面，排水管网的建设与城市的发展同步进行，但污水处理厂并未同步改（扩）建，使得大量未能处理的污水直接排入水体；另一方面，污水处理厂按照规划建成，但是城市排水管网尚未完全接通，使得未收集进入处理厂的污水直接排入水体。协调运行方面，主要矛盾是污水处理厂只能被动接受管网输送来的污水，并且排水管网没有向污水处理厂发出污水水量和水质的预报、预警，造成污水处理厂的应对较为滞后，这可能造成高峰流量时厂前污水直接溢流排放，或者部分出水水质不达标。因此，实现污水处理厂和排水管网系统的一体化运营管理符合城镇排水系统的内在要求，更有利于充分发挥其城市水环境保障功能。

1.3.2 污水处理流程

污水处理是一个综合性的处理过程，通过预处理、生化处理和深度处理 3 个阶段，有效去除污水中的悬浮物质、溶解性有机物、氮、磷等污染物质，最终达到环境排放标准。

1.3.2.1 预处理

预处理作为污水处理的起始环节，是确保整个处理系统稳定高效运行的关键步骤。它涵盖格栅、沉砂池、沉淀池等核心工艺单元，旨在有效去除污水中的悬浮固体、砂石、油脂等大颗粒物质，为后续处理流程奠定坚实的基础。

格栅除渣是预处理的核心环节，通过粗格栅与细格栅的协同工作，实现对污水中大型漂浮物、固体颗粒、纤维及塑料等杂物的精确拦截。粗格栅主要拦截大型漂浮物和固体颗粒，而细格栅进一步捕捉细小的纤维和塑料等细微杂物。这种精细过滤确保了大部分杂质被有效拦截，为后续设备的正常运行提供了有力保障。随后，污水进入沉砂池，利用流速降低和重力沉降原理，高效去除无机颗粒（如砂粒、石屑等）。在沉砂池中，流速的显著降低使得无机颗粒在重力作用下自然沉降，并在池底积累，定期通过排砂装置清除。这一过程有效去除了污水中的无机颗粒，为后续生物处理过程减轻了负担。

初沉池作为预处理的重要组成部分，通过降低流速和延长停留时间，使悬浮物和胶体物质在重力作用下自然沉降。初沉池的合理设计确保了悬浮物和胶体物质的充分沉降，为后续生物处理提供了高质量的进水。同时，调节池等辅助设施的应用，平衡了水量和水质波动，确保了后续处理过程的稳定进行。

预处理的设计和操作对于污水处理厂的稳定运行至关重要。在实际应用中，需根据污水特性和处理要求，灵活调整和优化预处理流程。例如，针对油脂和浮渣含量高的污水，可增设隔油池和浮渣池，以有针对性地去除这些污染物。随着技术的不断进步，预处理阶段也在不断引入新技术和新方法。例如，微砂沉淀技术、高效沉淀池等新型物理处理方法的应用，有效提高了悬浮物和胶体物质的去除率，为污水处理的提质增效提供了有力支持。这些新技术的应用不仅提升了预处理的效果，也为后续生物处理过程提供了更加优质的进水条件。

在实际操作中，预处理的运行管理同样关键。需定期对格栅、沉砂池、初沉池等预处理设施进行维护和管理，确保其正常运行和高效除污。同时，需与其他处理单元协同工作，实现整体处理效果的最大化。通过科学的设计、灵活的操作和先进技术的应用，预处理环节在污水处理中发挥着越来越重要的作用，为整个处理系统的稳定运行和高效处理提供了有力保障。

1.3.2.2　生化处理

生化处理是污水处理流程中的核心环节，它通过微生物的代谢作用，有效去除污水中的溶解性有机物，使水质得到显著改善。在这一阶段，活性污泥法和生物膜法作为主流的生物处理方法，因其各自的技术特点和适用场景而备受关注。

活性污泥法作为污水处理领域应用广泛的生物处理技术，其核心理念在于构建一个适宜微生物生长和代谢的优质环境。在这一处理技术的核心环节中，曝气池扮演着至关重要的角色。曝气池不仅是一个简单的容器，更是整个处理流程中的"心脏"，其多重关键作用确保了污水处理的顺利进行。首先，曝气池为微生物提供了生长所必需的氧气。微生物在代谢过程中需要消耗氧气，而曝气池通过适当的曝气设备和方法，向池中注入新鲜空气，使池中的溶解氧含量维持在适宜的范围内。这样，微生物就能获得足够的氧气，进行正常的代谢活动，从而有效地降解污水中的有机物。其次，曝气池通过其内部强力的混合机制，确保污水与活性污泥能够全面、深入地接触。在曝气过程中，曝气设备产生的气流和搅拌作用使池中的污水和活性污泥形成强烈的涡流和混合流，从而充分混合接触。这样，污水中的有机物就能更好地被活性污泥中的微生物吸附和降解，提高处理效果。

在曝气过程中，活性污泥中的微生物群体发挥着至关重要的作用。这些微生物以污水中的有机物为食物来源，通过自身的代谢作用，将有机物转化为无害的物质，从而实现了对污水的净化。但这一过程并非易事，需要对曝气量、污泥浓度以及营养物质比例进行精确的调控。曝气量的多少直接影响微生物获取氧气的程度，进而影响其代谢活动的强弱。如果曝气量不足，微生物将因缺氧而无法正常代谢；如果曝气量过大，则会造成能源浪费和处理成本增加。因此，需要根据污水的水质、处理要求以及曝气设备的性能，合理确定曝气量，确保微生物获得适宜的氧气供应。污泥浓度的适宜与否，关系到微生物群体的数量和活性，直接决定处理效果的好坏。如果污泥浓度过低，微生物数量不足，处理效果将受到影响；如果污泥浓度过高，则会导致处理系统负荷过大，甚至引发污泥膨胀等问题。因此，需要通过定期测定污泥浓度，并根据实际情况进行调整，保持污泥浓度的稳定和优化。此外，营养物质的比例也是影响微生物生长和代谢的重要因素。微生物在代谢过程中需要消耗碳源、氮源和磷源等营养物质。如果营养物质比例不当，将影响微生物的生长速度和代谢效率，进而影响处理效果。因此，需要根据微生物的代谢特点和污水的水质特点，合理调整营养物质的比例，确保微生物获得充足的营养供应。

生物膜法作为污水处理领域的一项重要技术，以其独特的处理机制和卓越的处理效果，在污水处理中占据了重要的地位。它不仅提高了处理效率，减少了占地面积，而且操作简单、管理方便，显示出其在实际应用中的巨大潜力。在生物膜法的运行过程中，微生物在载体表面形成一层致密的生物膜，这个生物膜具有丰富的生物多样性和强大的吸附能力。当污水流经这些载体时，污水中的有机物被生物膜迅速吸附，随后被膜上的微生物逐步降解。这种吸附和降解的过程是连续的，从而实现了对污水的高效处理。与传统的活性污泥法相比，生物膜法在处理复杂水质时具有显著的优势。由于微生物附着在载体上，生物膜法对污水中的冲击负荷和有毒物质具有较强的抵抗能力。即使在水质波动较大或含有有毒物质的情况下，生物膜法仍能保持稳定的处理效果，避免因水质变化而导致的处理效率下降或处理失败的问题。此外，生物膜法还具有较好的适应性和灵活性。通过调整载体材料、微生物种类和运行参数等方式，生物膜法可以适应不同的水质和处理要求。这使得生物膜法能够广泛应用于各种规模和类型的污水处理设施，满足不同场合和需求。

生物膜法在实际应用中仍存在一些挑战和限制。例如，生物膜的生长和更新需要一定的时间，这可能导致处理系统在启动阶段需要较长的适应期。此外，生物膜法的运行管理也需要一定的专业知识和经验，以确保其稳定运行和高效处理。为了克服这些挑战和限制，可以采取一些措施来优化生物膜法的运行。例如，通过合理设计和选择载体材料，提高生物膜的附着力和生长速度；加强对微生物的培养和调控，提高其活性和处理能力；建立完善的运行管理体系，定期对生物膜法进行监测和维护，确保其稳定运行和高效处理。在实际应用中，除选择合适的生物处理方法外，对处理系统的优化和调控同样重要。这包括调整曝气方式以提高氧气利用效率，优化污泥回流系统以保持活性污泥的活性，以及引入智能化控制手段实现处理过程的自动化和精确控制。通过这些措施，可以进一步提高处理效率、降低能耗和减少运营成本。

随着科技的迅猛发展和持续创新，生化处理阶段在污水处理过程中正不断融入前沿技术和方法，从而实现处理效果与效率的双重提升。这些新技术的应用不仅优化了传统工艺，还为污水处理行业的可持续发展注入新的活力。在曝气技术方面，通过引入先进的曝气设备和优化曝气方式，显著提高了氧气的传递效率和利用率。这不仅有助于提升微生物的活性，加速有机物的降解过程，还降低了能源消耗和运行成本。污泥处理与回流系统也是生化处理中的关键环节。借助现代传感器和自动化技术，可以精准控制污泥的回流量和处理过程，减少污泥的浪费和二次污染的风险。同时，通过优化污泥的处置方式，如厌氧消化、热干化等，可以实现污泥的资源化利用，降低处理成本。

智能化控制系统的引入，也为生化处理带来了革命性的变革。通过集成物联网、大数据和人工智能等技术，可以实现对处理过程的实时监控、智能调控和远程管理。这不仅提高了处理系统的稳定性和可靠性，还降低了人工干预的需求，提升了运营效率。除了对传统工艺的优化，针对特定水质和处理要求，科研人员还在不断探索和开发新型的生物处理技术和工艺。例如，针对高浓度或难降解有机废水，可以开发具有高效降解能力的微生物菌株和生物反应器。此外，生化处理还可以与其他处理工艺相结合，形成综合处理系统。例如，与初级处理中的物理法和化学法相结合，可以实现对污水中各种污染物的全面去除；与深度处理中的高级氧化、膜分离等技术相结合，可以进一步提升出水水质，满足更严格的排放标准或回用要求。

1.3.2.3　深度处理

深度处理阶段作为污水处理厂处理的最后一道工序，主要目标是进一步净化生化处理后的水，以满足更为严格的排放标准或特定的回用要求（如工业用水、农业灌溉或城市景观用水等）。

在深度处理阶段中，混凝沉淀环节扮演着举足轻重的角色，是确保水质进一步净化的关键步骤。混凝剂的选择与投加量，作为影响混凝效果的核心要素，需经过精心挑选与精确计算。常用的混凝剂种类繁多，包括无机混凝剂（如聚合氯化铝、硫酸铁等）和有机混凝剂（如聚丙烯酰胺等）。这些混凝剂各自具有独特的优势与适用性，它们通过吸附、电中和及桥联等多种机制，使水中的悬浮物和胶体颗粒发生凝聚，形成较大的颗粒，进而通过重力作用实现固液的有效分离。混凝沉淀过程的优势在于其高效去除悬浮物和胶体物质的能力，这些物质往往难以通过其他方式去除。同时，混凝沉淀还能显著降低水的浊度和色度，使得处理后的水更为清澈透明，为后续的处理步骤奠定良好基础。此外，通过混凝沉淀，水中的部分有害物质也能得到一定程度的去除，为后续深度处理提供更有利的条件。

过滤环节在深度处理阶段中扮演着举足轻重的角色，是对混凝沉淀后的水进行进一步净化的关键步骤。在这一环节中，砂滤池和活性炭过滤器是两种常用的过滤设备，它们各自具有独特的过滤机制,共同确保水质的显著提升。砂滤池利用不同粒径的砂粒组成的多层过滤介质,这些砂粒能够有效截留水中的悬浮物和微小颗粒。当水流经砂滤池时,悬浮物和颗粒被砂粒层层拦截,从而实现固液分离。这一过程不仅提高了水的清澈度,还为后续处理步骤创造了更好的条件。活性炭具有多孔结构,能够吸附并固定水中的各种污染物,从而确保出水水质的纯净与安全。活性炭过滤器则利用活性炭的强大吸附能力,进一步去除水中的有机物、异味和部分重金属离子。经过过滤环节处理后的水,其清澈度和透明度得到了显著提升,同时大部分有害物质也得到了有效去除。这不仅为后续消毒环节提供了更好的水质基础,也确保了出水水质的稳定与可靠。

然而,仅依靠过滤环节还不足以确保出水的绝对安全。因此,消毒环节成为确保出水安全无害的最后一道防线。在这一环节中,加氯、臭氧和紫外线照射是 3 种常用的消毒方法。加氯消毒利用氯气或次氯酸钠的强氧化性破坏微生物的细胞结构,使其失去活性。这种方法具有快速、高效的特点,能够迅速杀灭水中的病原微生物。臭氧消毒则利用臭氧的强氧化性杀灭微生物。臭氧在水中能够迅速分解并释放出大量的氧原子,这些氧原子能够破坏微生物的细胞壁和细胞膜,从而达到消毒的目的。紫外线消毒则是通过紫外线照射破坏微生物的 DNA 结构,使其无法进行正常的生命活动。这种方法具有无化学残留、环保的优点,逐渐在消毒领域得到广泛应用。这些消毒方法都能有效杀灭水中的病原微生物,防止疾病的传播,确保出水安全无害。在实际应用中,通常会根据水质特点和处理要求选择合适的消毒方法,或者采用多种消毒方法联合使用,以确保出水水质达到最高的安全标准。除上述关键处理环节外,深度处理阶段还可能采用其他高级处理技术,如膜分离技术(如反渗透、超滤等)、高级氧化技术(如臭氧氧化、芬顿反应等)等。膜分离技术通过特定的膜材料将水中的杂质和有害物质分离出来,进一步提高出水质量;高级氧化技术则利用强氧化剂或特定反应条件,将水中的微量有机物和重金属离子进行深度处理,使其达到更高的排放标准或回用要求。

在实际运行中,深度处理阶段的运行管理也至关重要。需要定期对处理设备进行维护和保养,以确保其正常运行并保证高效处理性能。同时,还需要根据水质变化和处理效果调整处理参数和操作方式,以实现最佳的处理效果。此外,随着科技的不断进步和创新,深度处理阶段也在不断引入新的技术和方法,如智能化控制系统、新型过滤材料和消毒技术等,以进一步提高处理效率和处理质量。

1.3.3 污泥处理流程

污泥处理是污水处理过程中至关重要的一环,旨在通过一系列的技术和方法,实现污泥的减量化、稳定化和无害化,从而保护环境、促进资源的循环利用。下面将详细介绍污泥处理的各个阶段及其重要性。

(1)污泥浓缩阶段

污泥浓缩是污泥处理的初始阶段,其核心目标是通过物理手段,使污泥中的水分和固体有效分离,从而实现污泥的初步减量。常见的浓缩方法有:①重力浓缩,通过利用重力作用下污泥颗粒的沉降特性，使水分与固体颗粒分离；②气浮浓缩，利用气泡的浮力，使污泥颗粒附着在气泡上并浮至水面，进而实现固液分离。通过浓缩处理，污泥的体积大幅减少，为后续处理工艺提供了更为高效的物料基础。

（2）污泥稳定阶段

污泥稳定化处理是确保污泥安全、无害化的关键步骤。通过生物方法或化学方法，使污泥中的有机物质得以分解或转化，从而降低污泥的恶臭、病原体含量及生物活性。厌氧消化和好氧消化是两种主要的稳定化方法。厌氧消化在缺氧条件下进行，通过厌氧微生物的作用，将有机物转化为甲烷等气体，实现污泥的稳定化和减量化；好氧消化在有氧条件下进行，通过好氧微生物的氧化作用，进一步降解污泥中的有机物。稳定化处理不仅减小了污泥的体积，更重要的是降低了污泥对环境的潜在威胁，为后续处置提供了安全可靠的物料。

（3）污泥脱水阶段

脱水是污泥处理过程中至关重要的一环，它直接影响污泥的最终处置方式及效果。通过机械或自然方法，进一步去除污泥中的水分，使其含水率降低到适宜的水平。机械脱水常用的设备有带式压滤机、离心机等，这些设备利用物理挤压或离心力，快速有效地去除污泥中的水分；自然脱水则依赖自然蒸发和重力作用，虽然耗时较长，但成本较低，适用于一些小型或临时性处理设施。脱水后的污泥含水率大幅降低，体积减小，更便于运输和后续处置。

（4）污泥处置阶段

污泥处置是污泥处理流程的终末环节，也是实现污泥无害化和资源化的关键环节。根据污泥的性质、成分以及当地的环保要求和资源利用情况，选择适合的处置方式至关重要。常见的处置方式包括卫生填埋、焚烧和资源化利用等。卫生填埋需要选择合适的场地，并进行严格的防渗处理，以防止污染地下水和周边环境；焚烧可以快速有效地减少污泥体积，杀灭病原体，但需严格控制排放的烟气，避免造成二次污染；资源化利用则是将污泥转化为肥料、建材等有用产品，不仅减少了环境污染，还促进了资源的循环利用，具有良好的经济效益和环境效益。

综上所述，污泥处理是一个多阶段、复杂且至关重要的过程。通过浓缩、稳定、脱水和处置等环节的连续作用，实现了污泥的减量化、稳定化和无害化，为环境保护和可持续发展做出了积极贡献。随着技术的不断进步和环保要求的提高，污泥处理将更加注重高效、环保和资源化利用，为构建绿色、循环、低碳的社会奠定坚实基础。

1.4 污水处理工艺

1.4.1 预处理工艺与设备

污水预处理的去除对象主要是污水中的漂浮物和悬浮物，采用的处理方法主要有：
①筛滤截留法——筛网、格栅、过滤等。

②重力分离法——沉砂池、沉淀池、隔油池、气浮池等。

③离心分离法——旋流分离器、离心机等。

本小节主要介绍污水处理过程中常用的格栅、沉砂池和沉淀池。

1.4.1.1　格栅

格栅是由一组平行的栅条或筛网或齿钩制成，倾斜安装在污水渠道、泵房集水井的进水处或污水处理厂的前端，用以拦截污水中较大的漂浮物或悬浮物，如塑料制品、毛发、纤维、果皮等，防止堵塞和缠绕后续处理构筑物和设备，保证污水处理设施的正常运行。被截留的物质称为栅渣。

根据格栅形状，可分为平面格栅和曲面格栅。根据栅条间隙大小，可分为粗格栅（50～100 mm）、中格栅（10～40 mm）、细格栅（1.5～10 mm）和超细格栅（0.5～1.0 mm）。根据清渣方式，可分为人工清渣和机械清渣。

大多数污水处理厂设置两道格栅，第一道格栅设置在提升泵前面，栅条间隙较大，一般采用 16～40 mm，特殊情况下，最大间隙可为 100 mm。第二道格栅设置在污水处理构筑物前，如沉砂池，栅条间隙较小，一般采用 10～15 mm。有时甚至采用粗、中、细 3 道格栅。

平面格栅见图 1-1。

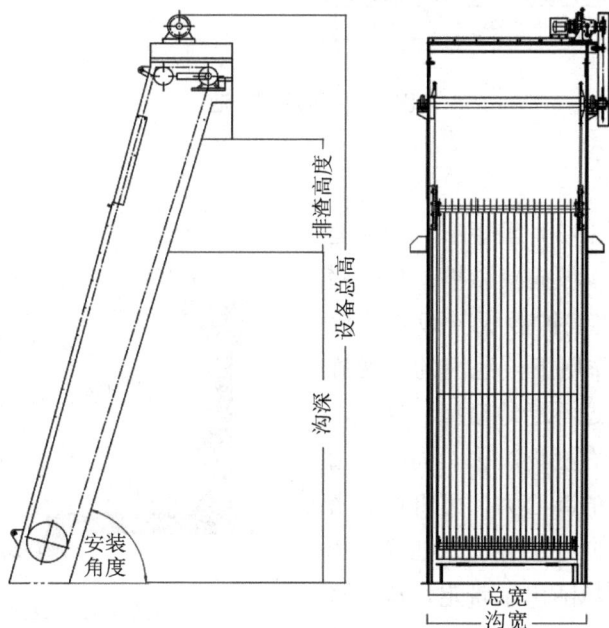

图 1-1　平面格栅

1.4.1.2 沉砂池

沉砂池的主要作用是去除密度较大的无机颗粒。常用的沉砂池有平流沉砂池、曝气沉砂池和旋流沉砂池等。

（1）平流沉砂池

平流沉砂池（图 1-2）具有截留无机颗粒效果好、池体构造简单等特点，是早期污水处理系统常用的除砂形式，但存在流速不易控制、沉砂中有机颗粒含量高、排砂需要洗砂处理等缺点。沉砂池的主体包括入流渠、沉砂区、出流渠、沉砂斗等，两端设有闸板控制水流，池底设有 1～2 个贮砂斗，下接排砂管。

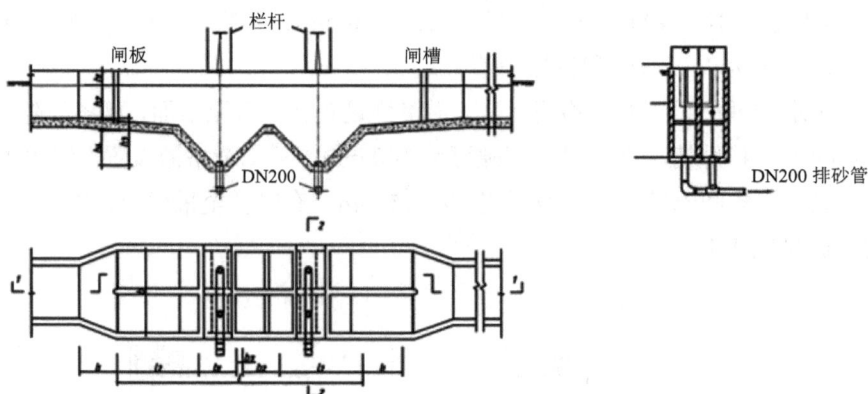

图 1-2 平流沉砂池

（2）曝气沉砂池

曝气沉砂池（图 1-3）呈矩形，一侧池底的坡度 $i=0.1\sim0.5$，坡向集砂槽。集砂槽侧设有曝气装置，空气扩散板一般距池底 $0.6\sim0.9$ m。在曝气作用下，池内的水做旋流运动，使砂粒间经过不断地碰撞、摩擦，将附着于砂粒表面的有机物磨去。同时，由于水的旋流作用产生的离心力，可将相对密度较大的无机颗粒甩向外层并沉入池底，相对密度较小的有机颗粒随出水带走，从而降低沉砂中有机物含量。

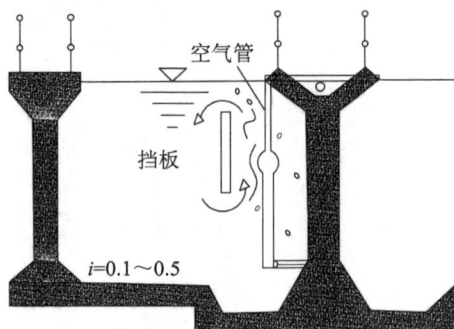

图 1-3 曝气沉砂池

（3）旋流沉砂池

旋流沉砂池利用机械力控制水流流态和流速，加速砂粒沉淀并使有机颗粒随水流流出的沉砂装置。旋流沉砂池有多种类型，某些形式还属于专利产品。

旋流沉砂池（图 1-4）一般由流入口、沉砂区、涡轮驱动装置、砂斗、流出口和排砂系统组成。污水由流入口切向方向流入沉砂区，在旋转的涡轮叶片推力作用下，砂粒随水流做螺旋流动。由于所受离心力的不同，相对密度较大的无机颗粒被甩向池壁，在重力作用下沉入池底；而相对密度较小的有机颗粒则随出水旋流带出池外。砂斗内的沉砂可经排砂泵抽吸、空气提升等方式排出池外，经过砂水分离达到清洁排砂标准。

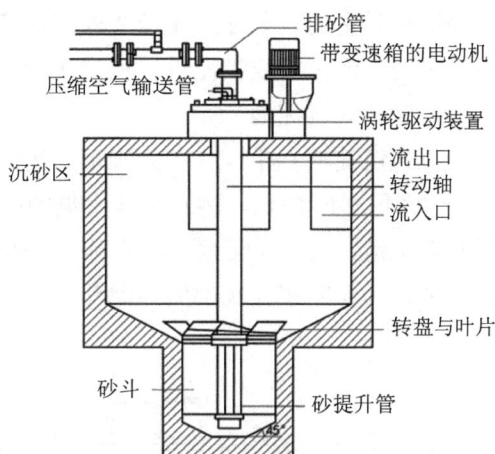

图 1-4　旋流沉砂池

1.4.1.3　沉淀池

沉淀池按工艺布置的不同，可分为初沉池和二沉池。初沉池是一级污水处理系统的主要处理构筑物，或作为二级污水处理系统的预处理构筑物。初沉池的主要处理对象是悬浮物，同时可去除部分 BOD_5，进而降低后续生物处理构筑物的有机负荷。初沉池中的沉淀物质称为初次沉淀污泥。二沉池设在生物处理构筑物（活性污泥法或生物膜法）的后面，用以沉淀分离活性污泥或生物膜法中脱落的生物膜，是生物处理工艺中的重要组成部分。

沉淀池按池内水流方向的不同，可分为平流式沉淀池、辐流式沉淀池和竖流式沉淀池。

（1）平流式沉淀池

平流式沉淀池（图 1-5）呈长方形，污水从池的一端流入，水平方向流过池子，从池的另一端流出。在池的进水口底部设有贮泥斗，池底其他部位设有坡度，坡向贮泥斗，也可将池底设置成多个贮泥斗的形式。

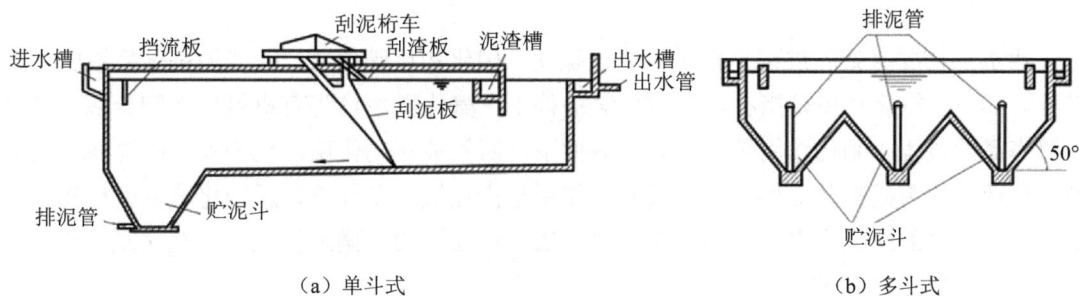

（a）单斗式　　　　　　　　　（b）多斗式

图 1-5　平流式沉淀池

（2）辐流式沉淀池

辐流式沉淀池（图 1-6）呈圆形或正方形，一般采用中间进水、周边出水的形式。污水从池底经中心管进入池内，在中心管周围设置穿孔挡板围成入流区，使污水在沉淀池内均匀地向四周辐射流动。由于过水断面不断增大，水流速度由池中心向池四周逐渐减缓。

污水经池周设置的三角堰或淹没式溢流孔流出池外。池底向中心倾斜，池中央设置底泥。污泥通常用刮泥机（或吸泥机）机械排除。

（3）竖流式沉淀池

竖流式沉淀池（图 1-7）多为圆形。为使池内水流分布均匀，池径不宜过大，多采用 4～7 m，一般不大于 10 m。污水从池中央的中心管自上而下流入池中，经中心管下端的反射板后折向上流，均匀缓慢地分布在池的横断面上，之后从设置在池面或池壁四周的溢流堰流出池体，污泥贮积在底部的污泥斗中。

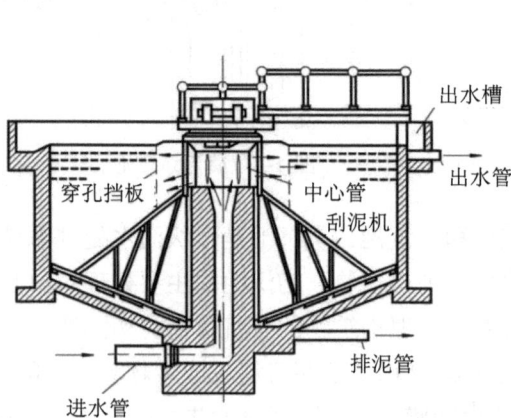

图 1-6 辐流式沉淀池   图 1-7 竖流式沉淀池

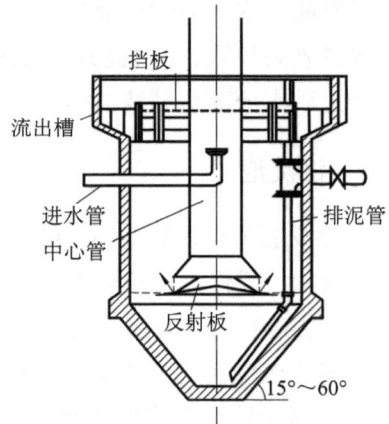

1.4.2 生化处理工艺与设备

1.4.2.1 脱氮除磷基础理论

（1）生物脱氮

污水生物脱氮处理过程是指氮素经过氨化、硝化和反硝化后，转变为氮气而被去除的过程。其中，氨化作用是指在好氧或厌氧条件下，氨化微生物将有机氮化合物分解、转化为氨态氮的过程。硝化作用是指在好氧条件下，氨氮被亚硝化菌转化为亚硝酸盐氮，进而被硝化菌转化为硝酸盐氮的过程。反硝化作用是指在缺氧条件下，反硝化菌以有机物为电子供体，以硝酸盐氮为电子受体，将硝酸盐氮逐步还原为亚硝酸盐氮、一氧化氮、氧化亚氮，最终生成氮气的过程。

（2）生物除磷

污水生物除磷过程通常需要在厌氧—好氧或厌氧—缺氧交替运行的系统中进行。在厌氧条件下，聚磷菌把细胞中的聚磷水解为正磷酸盐（PO_4^{3-}-P）释放到细胞外，并从中获取能量，利用污水中易降解的有机物如挥发性脂肪酸（VFA）合成贮能物质聚β-羟基丁酸（PHB）等贮于胞内；在好氧条件下，聚磷菌以游离氧为电子受体氧化胞内贮存的 PHB，利用该反应产生的能量，过量地从污水中摄取磷酸盐合成高能物质——三磷酸腺苷（ATP），其中一部分又转化为聚磷，作为能量贮存于细胞内。好氧吸磷量大于厌氧释磷量，故通过剩余污泥排除可实现高效除磷目的。

1.4.2.2　脱氮除磷工艺

污水生物脱氮除磷工艺是以生物法脱氮、除磷原理为基础，其工艺形式的设计需保证好氧—缺氧脱氮过程及厌氧—好氧除磷过程的顺利进行。随着对生物脱氮除磷机理的不断深入研究，以及对新材料、新设备的不断创新和应用，许多新的生物脱氮除磷工艺衍生出来，其中典型的几种处理工艺如下。

（1）A^2/O 工艺

A^2/O（Anaerobic-Anoxic-Oxic）工艺也称 A-A-O 工艺，在一个系统中同时具有厌氧反应区、缺氧反应区和好氧反应区，能够同时做到有机物降解、脱氮和除磷，其工艺流程如图 1-8 所示。

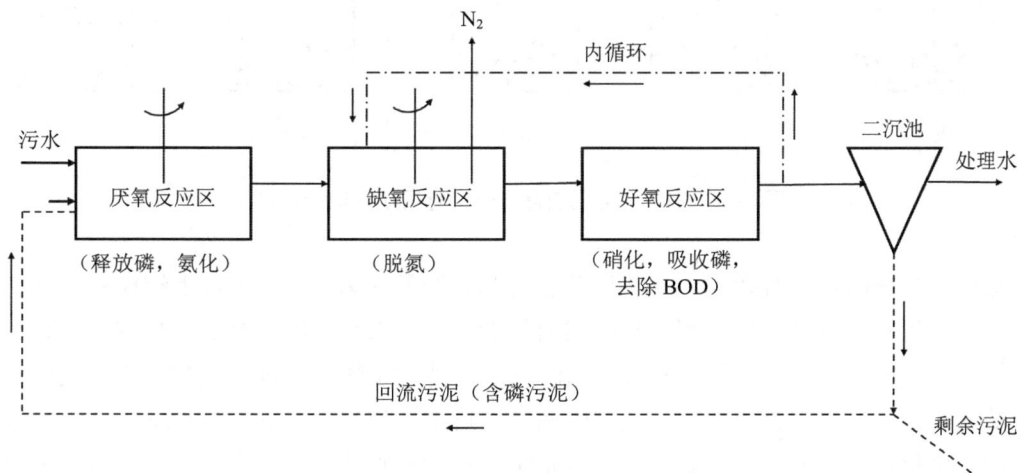

图 1-8　A^2/O 生物脱氮除磷工艺流程

污水和二沉池回流的活性污泥一同进入厌氧反应区。首先，聚磷菌在厌氧环境下释放磷，同时转化易降解的有机物，对部分含氮有机物进行氨化。其次，混合液由厌氧反应区进入缺氧反应区，同时进入的还有从好氧反应区回流的污泥硝化液。缺氧反应区的首要功能是进行脱氮。反硝化微生物利用原水碳源，对污泥硝化液中的硝态氮进行反硝化脱氮。再次，混合液由缺氧反应区进入好氧反应区，此时混合液中的有机物浓度已基本接近排放标准。在好氧反应区中，除进一步降低有机物浓度外，主要进行氨氮的好氧硝化反应和磷的过量吸收反应。最后，混合液中的硝态氮回流至缺氧反应区，污泥中过量吸收的磷通过剩余污泥排出。

（2）序批式活性污泥工艺

序批式活性污泥工艺（Sequencing Batch Reactor Activated Suldge Process，SBR）比连续流活性污泥工艺出现得更早，但由于当时运行管理技术发展不足而被连续流系统所取代。随着自动控制水平的提高，人们对 SBR 工艺重新引起重视，并对其进行了更加深入的研究与改进。

SBR 工艺属于"注水—反应—排水"类型的反应器，在流态上属于完全混合，但有机污染物却是随着反应时间的推移而被降解的。SBR 工艺的操作流程由进水、反应、沉淀、排水和闲置 5 个基本过程组成（图 1-9）。所有的反应过程都在同一个设有曝气系统或搅拌装置的反应池内依次进行，混合液始终留在反应池内，待反应结束、沉淀完成之后，上清液经滗水器排出池外。因此，SBR 工艺不需另设沉淀池。

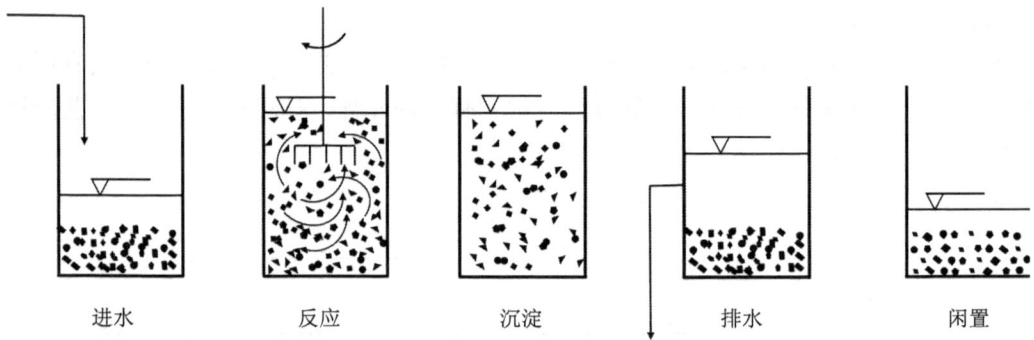

| 进水 | 反应 | 沉淀 | 排水 | 闲置 |

图 1-9　SBR 工艺反应器一个运行周期的运行操作

通过对反应阶段进行控制，SBR 工艺也可具有脱氮除磷功能。如进水结束后进行一定时间的缺氧搅拌，好氧微生物利用水中残留的 DO 对进水有机物进行好氧分解，此时反应池内的 DO 浓度迅速降低甚至达到零。这时厌氧发酵微生物进行厌氧发酵，反硝化微生物进行缺氧反硝化脱氮，聚磷菌进行厌氧释磷；之后进行曝气，在好氧条件下，有机物进一步降解，硝化菌将氨氮氧化为硝态氮，聚磷菌进行过量吸磷。经一定反应时间后，停止曝气，静止沉淀，排出上清液，然后再进原污水进行下一个周期循环，如此周而复始。

（3）氧化沟

氧化沟工艺因其池体呈环状沟渠而得名，一般采用圆形或椭圆形廊道，池体狭长，池深较浅。在沟槽中设有机械曝气和推流装置。被处理的污水与活性污泥形成的混合液在连续曝气的环状沟渠内不停地循环流动，因此氧化沟又被称为循环曝气池。

图 1-10 为氧化沟处理系统。氧化沟工艺系统的主体反应器为氧化沟，系统内不设初沉池，作为预处理技术，需设置格栅及沉砂池。经格栅和沉砂池处理后的原污水与从二沉池回流的污泥一同进入氧化沟，形成混合液，以 0.25~0.35 m/s 的流速在氧化沟内向前水平流动。混合液在 5~15 min 内完成一次循环，而廊道中大量的混合液可将进水稀释 20~30 倍。封闭环流式反应池在短时间内呈推流式特征，而在长时间内则呈完全混合特征。污水离开曝气区之后，DO 浓度降低，可发生反硝化反应。

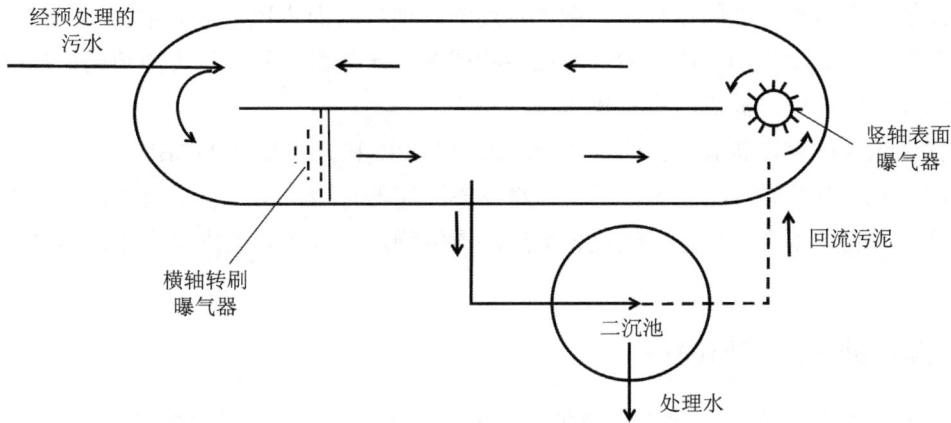

图 1-10 氧化沟处理系统

（4）膜生物反应器

膜生物反应器（Membrane Biotractor，MBR）是一种将传统污水生物处理工艺与膜分离相结合的新型污水处理工艺，其最大的特点是利用膜分离来代替传统活性污泥法中的二沉池，可同时实现泥水分离和污泥浓缩。

MBR 工艺可在一个处理构筑物内实现污染物的生物降解和泥水分离功能（图 1-11）。由于 MBR 工艺不用考虑污泥的沉淀性能，可大幅提升池体内的污泥浓度，提高污泥龄。生物反应区的混合液悬浮固体浓度可以比普通活性污泥法高数倍，大幅提升污染物去除速率，并可降低剩余污泥产量和提高出水水质。但 MBR 工艺存在造价较高、膜组件易受污染、膜使用寿命有限、运行费用高等缺点。

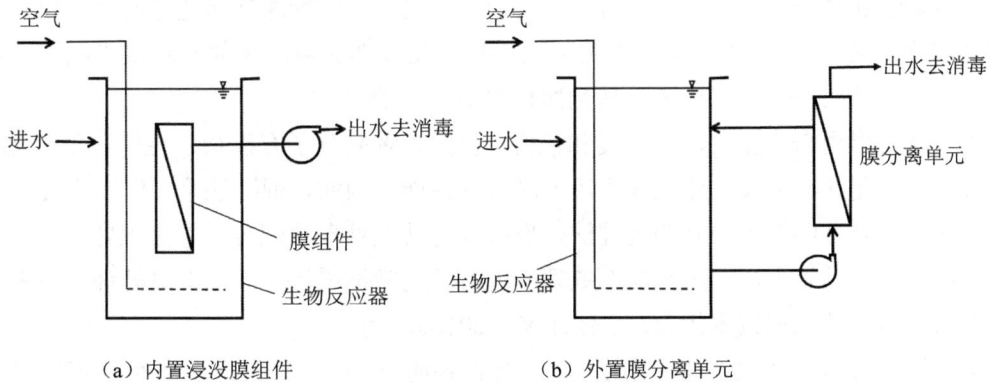

（a）内置浸没膜组件　　　　　　（b）外置膜分离单元

图 1-11 膜生物反应器示意图

（5）移动床生物膜反应器

移动床生物膜反应器（moving bed biofilm reactor，MBBR）工艺是一种将活性污泥法与生物膜法结合起来的新型污水处理工艺。该工艺的原理为向反应池中投加与水密度相近的悬浮载体填料作为微生物生长载体，通过曝气、搅拌等作用使填料处于流化状态，与污水充分接触。在污水处理的过程中，微生物逐渐在填料表面定殖，形成生物膜。在填料生物膜表面多为好氧微生物，内部为厌氧微生物或兼性厌氧微生物，可为同步硝化反硝化反应提供合理的微环境，提高污水处理效率。

根据微生物的存在状态，MBBR 分为纯膜 MBBR 和泥膜复合 MBBR。一般来说，纯膜 MBBR 系统不设置污泥回流，不进行悬浮态污泥的持留，微生物主要以附着态存在于悬浮载体上。泥膜复合 MBBR 既包含悬浮态微生物，又包含附着态微生物，需要污泥回流系统。

1.4.3　深度处理工艺与设备

为了向多种回用途径提供高质量的回用水，需对二级处理后的城市污水进行深度处理，去除污水处理厂出水中剩余的污染成分，达到回用水水质要求。这些污染物主要是氮、磷、胶体物质、细菌、病毒、微量有机物、重金属及影响回用的溶解性矿物质等。去除这些污染物的技术有的是从给水处理技术"借鉴引用"过来的，有的是单独针对某项污染物的。由于使用对象、水质控制要求与给水处理有所不同，不能简单地套用给水处理的工艺方法和参数，而应根据回用水处理的特殊要求采用相应的深度处理技术及其组合。

1.4.3.1　混凝处理及设备

（1）混凝处理的基本概念

天然水及各种废水中的悬浮物质大多可以通过自然沉淀的方法去除，而粒径在 1～100 nm 的细小颗粒及胶体颗粒则难以用自然沉淀方法去除，它们能在水中长期保持分散悬浮状态，这是由于胶体微粒及细微悬浮颗粒具有"稳定性"。这些颗粒能引起水的浑浊，有时还有颜色和臭味。这些污染物可以通过混凝法去除。混凝法就是通过向水中投加一些药剂（常称混凝剂），使水中难以沉淀的细小颗粒及胶体颗粒脱稳并互相聚集成大的絮状颗粒而沉淀，从而实现与水分离，达到净化水质的目的。

混凝法可以用来降低废水的浊度和色度，去除多种高分子有机物、某些重金属物质和放射性物质。此外，混凝法还能改善污泥的脱水性能。因此，混凝法是工业废水处理中常用的方法。它既可以作为独立的处理法，也可以与其他处理法配合，作为预处理、中间处理或最终处理。近年来，在污水深度处理中混凝法也常被采用。污水混凝处理可参考《污水混凝与絮凝处理工程技术规范》（HJ 2006—2010）。

混凝法与废水的其他处理法比较，优点是设备简单，维护操作易于掌握，处理效果好，可以间歇或连续运行；缺点是由于不断向废水中投加药剂，运行费用较高，沉渣量大，且脱水较困难。

（2）混凝剂溶液的配置及设备

混凝剂溶液的配制过程包括溶解与调制两步。溶解一般在溶解池（溶药池）中进行，其作用是把块状或粒状的药剂溶解成浓溶液。调制则在溶液池中进行，其作用是把浓溶液配成一定浓度的溶液。

配制时需要搅拌，通常采用水力搅拌、机械搅拌或压缩空气搅拌等。药剂量小时采用水力搅拌，如图 1-12 所示，也可以在溶药桶、溶药池内直接进行人工配制。药剂量大时采用机械搅拌，如图 1-13 所示，或采用压缩空气搅拌。从药剂的溶解性看，对易溶解药剂可采用水力搅拌和人工直接配制，而机械搅拌和压缩空气搅拌则适用于各种药剂的配制。但压缩空气搅拌不宜做长时间的石灰乳液连续搅拌。无机盐类混凝剂的溶解池、溶液池、搅拌装置和管配件等都应考虑防腐措施或用防腐材料，尤其在使用 $FeCl_3$ 时，必须采用防腐材料。

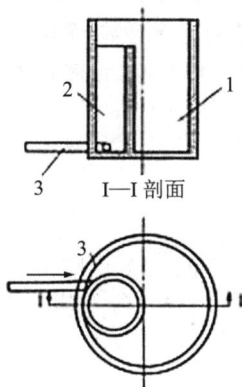

1. 溶药池；2. 溶液池；3. 进水管

图 1-12　水力搅拌溶解池

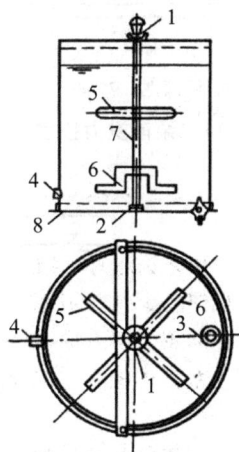

1、2. 轴承；3. 异径管箍；4. 出液管；
5. 桨叶；6. 锯齿角钢桨叶；7. 立轴；8. 底板

图 1-13　机械搅拌溶药池

（3）混凝剂的投加

混凝剂的投加有重力投加和压力投加两种方式。

1）重力投加

当采用水泵进行混合时，药剂加在泵前吸水井或吸水管处，一般采用重力投加，即所谓的泵前重力投加，如图 1-14 所示。为了防止空气进入水泵吸水管内，需设一个装有浮球阀的水封箱。当采用混合设备或管道混合时，若允许提高溶液池位置，也可采用重力投加，如图 1-15 所示。

2）压力投加

压力投加又分为两种形式，一是泵投加，采用耐酸泵配以转子或电磁流量计，这是广泛采用的方法，或者直接用计量泵，将药液送到投药点；二是水射器投加，水射器利用高压水通过喷嘴和喉管之间的真空抽吸作用将药液吸入，同时随水的余压注入原水管中，如图 1-16 所示。各种投加方式的比较见表 1-11。混凝剂投加时，要求计量准确，而且能随时调节。计量方法多种多样，常用的计量设备有浮杯计量设备、孔口计量设备及转子计量设备，其中转子流量计是计量设备中应用最多的一种。混凝剂也可直接用计量泵投加。

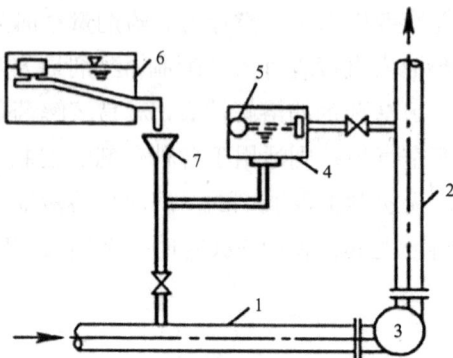

1. 吸水管；2. 出水管；3. 水泵；4. 水封箱；
5. 浮球阀；6. 溶液池；7. 漏斗

图 1-14 泵前重力投加

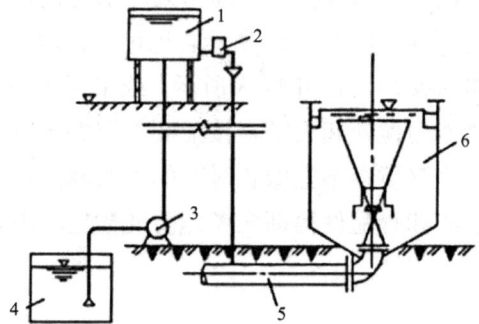

1. 溶液池；2. 投药箱；3. 提升泵；
4. 溶液池；5. 原进水管；6. 澄清池

图 1-15 高架溶液池重力投加

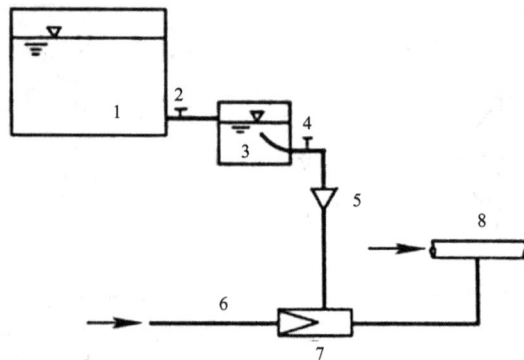

1. 溶液池；2. 阀门；3. 投药箱；4. 阀门；5. 漏斗；6. 高压水管；7. 水射器；8. 原水管

图 1-16 水射器投加

表 1-11 投加方式的比较

	投加方式	设备	适用范围	特点
重力投加	重力投加	溶液池，提升泵，高位溶液池，投药箱，计量设备	①投入水池、水井或水泵出水管路；②适用于中小型水厂	操作简单，投加安全可靠
	泵前重力投加	投配设备同上，浮球阀，水封箱	①投入废水泵前管路中；②适用于中小型水厂	①操作简单；②借助水泵叶轮使药剂与水均匀混合
压力投加	泵投加	计量加药泵，溶液池	①药液投入压力管路中；②适用于大中型水厂	不用计量设备
		耐酸水泵，溶液池，转子流量计		设备易得，使用方便，工作可靠
	水射器投加	溶液池，投药箱，水射器，高压水管	①药液投入压力管路中；②各种水厂规模均可适用	设备简单，使用方便，工作可靠，效率低

（4）混合过程及设备

混合的作用是将药剂迅速、均匀地扩散到废水中，达到充分混合，以确保混凝剂的水解与聚合，使胶体颗粒脱稳，并互相聚集成细小的矾花。混合阶段需要剧烈短促的搅拌，混合时间要短，搅拌速度梯度（G）一般为 $500\sim1\,000\ s^{-1}$，在 $10\sim30\ s$ 内完成，一般不得超过 2 min。混合有两种基本形式：一种是借助水泵的吸水管或压力管混合；另一种是在混合设备中进行混合。

1）借助水泵的吸水管或压力管混合

当泵站与絮凝反应设备距离很近时，将药液加入泵吸水管或吸水井中，通过水泵叶轮高速转动达到快速而剧烈的混合目的。其优点是混凝效果好，设备简单，节省投资，不另外消耗动力；缺点是当吸水管多时，投资设备要增多，安装管理复杂，对水泵叶轮有轻微腐蚀，同时应避免空气进入水泵。

当泵站距离反应池较远时，可将药液投入距离反应池前一定距离（应不小于 50 倍管道直径）的进水管中，使药剂与水在管道内混合，也有较好的凝聚效果。管道混合的优点是设备简单，不占地，节省投资，压头损失小；缺点是当流量减小时，可能在管中反应沉淀，堵塞管道。

2）在混合设备中进行混合

在专用混合设备中进行混合，有机械混合和水力混合两种方式。

机械混合。这是用电动机带动桨板或螺旋桨进行强烈搅拌的一种有效的混合方法。机械混合池构造如图 1-17 所示。桨板外缘的线速度一般为 2 m/s 左右，混合时间为 $10\sim30\ s$。其优点是机械搅拌的强度可以调节，比较机动，混合效果较好；缺点是增加了机械设备，增加了维修保养工作和动力消耗。机械混合池适用于各种规模的水厂。机械混合池的桨板有多种形式，如桨式、推进式、涡流式等，采用较多的为桨式。

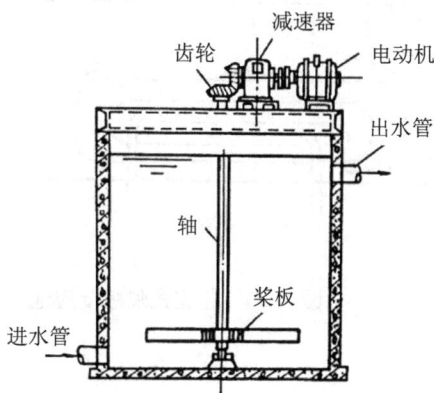

图 1-17 机械混合池

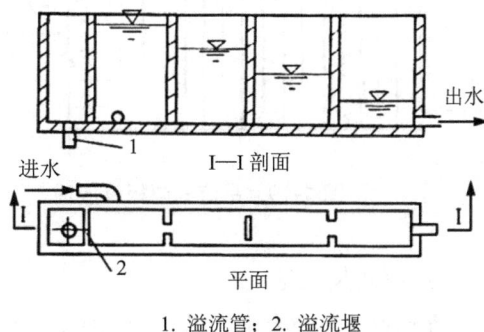

1. 溢流管；2. 溢流堰

图 1-18 隔板混合池

水力混合。通过水的流动以达到药剂与水的混合。水力混合槽有多种形式，常见的有隔板混合池、穿孔板式混合池、涡流式混合池等。图 1-18 为隔板混合池。池为钢筋混凝土或钢制，池内设隔板，药剂于隔板前投入，水在隔板通道间流动过程中与药剂充分混合。混合时间一般为 10～30 s。水力混合池主要优点是混合效果较好，某些池型能调节水头高低、适应流量变化，操作简单，广泛用于大中型水处理厂；缺点是占地面积较大，某些进水方式要裹进大量气体，对后续处理带来一些不利影响。

（5）混凝反应过程及设备

水与药剂混合后即进入反应池进行反应。反应阶段的作用是促使小混合阶段所形成的细小矾花在一定时间内继续形成大的、具有良好沉淀性能的絮凝体（可见的矾花），以使其在后续的沉淀池内下沉。所以反应阶段需要有适当的紊流程度及较长的时间，通常反应时间需 15～30 min，反应池的平均速度梯度（G）一般取 20～70 s^{-1}，GT 值[①]应为 10^4～10^5，平均速度梯度（G）及反应流速应逐渐由大到小。

反应池的形式有机械搅拌和水力搅拌两类。水力搅拌反应池在我国应用广泛，类型也较多，主要有隔板反应池、涡流式反应池等，其中比较常用的是隔板反应池。

1）隔板反应池

隔板反应池有平流式、竖流式和回转式 3 种。①平流式隔板反应池。其结构见图 1-19。多为矩形钢筋混凝土池子，池内设木质或水泥隔板，水流沿廊道回转流动，可形成很好的絮凝体。一般进口流速为 0.5～0.6 m/s，出口流速为 0.15～0.2 m/s，反应时间一般为 20～30 min。其优点是反应效果好，构造简单，施工方便。但池容大，水头损失大。②竖流式隔板反应池。此类反应池的原理与平流式隔板反应池相同，如图 1-20 所示。③回转式隔板反应池。它是平流式隔板反应池的一种改进形式，常与平流式沉淀池合建，如图 1-21 所示。其优点是反应效果好，压头损失小。隔板反应池适用于处理水量大且水量变化小的情况。

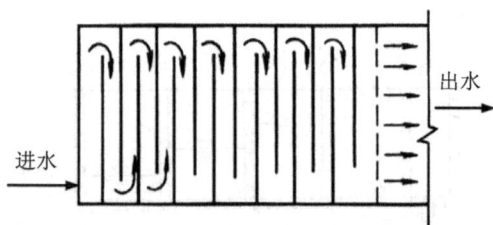

图 1-19　平流式隔板反应池

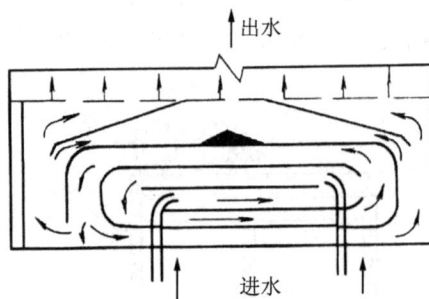

图 1-20　竖流式隔板反应池

2）涡流式反应池

涡流式反应池的结构如图 1-22 所示。涡流式反应池的下半部为圆锥形，水从锥底部流入，形成涡流扩散后缓慢上升，随锥体面积变大，反应液流速由大变小，流速变化的结果有利于絮凝体形成。涡流式反应池的优点是反应时间短、容积小、好布置。

---

① 见本书第 92 页。

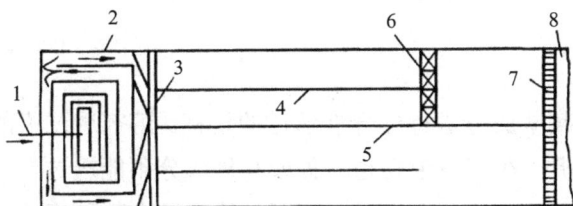

1. 进水管；2. 回转式隔板反应池；3. 穿孔配水墙；4. 导流墙；
5. 隔墙；6. 吸泥机；7. 出水堰；8. 出水槽

图 1-21 回转式隔板反应池的平流沉淀池

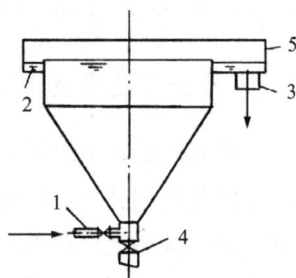

1. 进水管；2. 圆周集水槽；
3. 出水管；4. 放水阀；5. 格栅

图 1-22 涡流式反应池

3）机械搅拌式反应池

机械搅拌式反应池的结构如图 1-23 所示。反应池用隔板分为 3 格以上，每格装一搅拌叶轮，叶轮有水平轴和垂直轴两种。水力停留时间一般为 15～30 min，叶轮半径中点线速度由进水格的 0.5～0.6 m/s 依次降至出水格的 0.1～0.2 m/s。

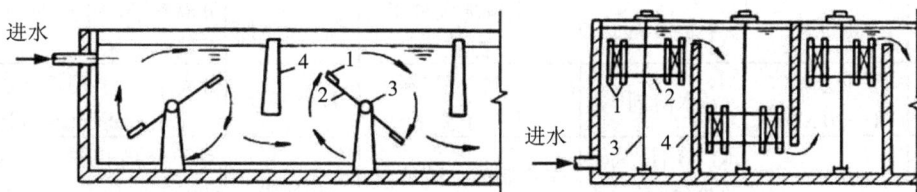

1. 桨板；2. 叶轮；3. 转轴；4. 隔板

图 1-23 机械搅拌式反应池的结构

（6）分离过程及设备

进行混凝处理的污水经过投药混合反应生成絮凝体后，要进入沉淀池使生成的絮凝体沉淀与水分离，也可采用气浮、过滤等方式进行分离，最终达到净化的目的。

（7）高效沉淀池

高效沉淀池是一种高效、紧凑的污水处理设施，主要用于去除污水中的 SS 和部分溶解性污染物。它结合了物理沉淀、化学沉淀和生物沉淀 3 种沉淀方式，具有处理效率高、占地面积小、运行成本低等优点。

高效沉淀池的主要组成部分包括混合区、反应区、沉淀区和出水区。在混合区，污水与药剂充分混合形成较大的絮体；在反应区，絮体逐渐长大，形成密实的矾花；在沉淀区，矾花依靠重力沉降，实现固液分离；在出水区，清水通过溢流堰流出，而沉淀物则通过刮泥机排出。

高效沉淀池广泛应用于城市污水处理厂、工业废水处理厂等，特别适用于对悬浮物去除要求较高的场合。在实际应用中，可以根据进水水质和处理要求选择合适的沉淀池类型和参数，以实现最佳的处理效果。

1.4.3.2 膜分离技术及设备

（1）膜分离技术的基本概念

膜分离是利用特殊的薄膜对液体中某些成分进行选择性透过的统称。溶剂透过膜的过程称为渗透，溶质透过膜的过程称为渗析。在溶液中凡是一种或几种成分不能透过，而其他成分能透过的膜叫作半透膜。膜分离法是将溶液用半透膜隔开，使溶液中某种溶质或者溶剂（水）渗透出来，从而达到分离溶质的目的。

常用的膜分离方法有电渗析、反渗透、超滤、微滤等。近年来，膜分离技术发展速度极快，在城市污水处理、工业废水处理、化工、生化、医药、造纸等领域广泛应用，膜分离法污水处理可参考《膜分离法污水处理工程技术规范》（HJ 579—2010）。膜分离法的类型及区别见表 1-12。

表 1-12　膜分离法的类型及区别

项目方法	推动力	透过物	截留物	膜类型	用途
电渗析	电位差	电解质离子	非电解质大分子物质	离子交换膜	分离离子，用于回收酸、碱，苦咸水淡化
反渗透	压力差 1~10 MPa	水溶剂	溶质、盐、悬浮物、大分子离子	反渗透膜	分离水溶剂，用于海水淡化，去除无机离子或有机物
超滤	压力差 0.1~1.0 MPa	水，溶剂，离子及小分子（分子量<1 000）	生物制品、胶体、大分子	超滤膜	用于分离相对分子量大于 500 的大分子，去除细菌、蛋白质等
微滤	压力差约 100 MPa	水，溶剂，溶解物	悬浮物、颗粒纤维	微孔膜	用于分离微粒、亚微粒、细微粒（组分直径为 0.03~15 μm）
液膜	化学反应和浓度差	溶质（电解质离子）	溶剂（非电解质离子）	液膜	用于医药、生物、环境保护

膜分离法的优点是膜分离过程不发生相变；操作在常温下进行；不仅适用于有机物，还适用于无机物；装置简单，操作容易且易控制，便于维修且分离效率高。缺点是处理能力较小，消耗能量。

膜的分类：按分离机理分类，分为反应膜、离子交换膜、渗透膜等；按膜性质分类，分为天然膜（生物膜）、合成膜（有机膜、无机膜）；按膜几何形状分类，分为平板式、管式、毛细管式、中空纤维式。

（2）反渗透

用一张半透膜将淡水和某种溶液隔开，如图 1-24 所示，该膜只让水分子通过，而不让溶质分子通过，淡水会自然地透过半透膜进入溶液，这种现象叫作渗透。

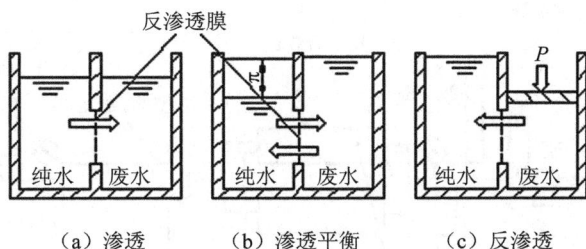

图 1-24　反渗透原理

由此可见，反渗透过程的实现必须具备两个条件：一是必须有一种高选择性和高透水性的半透膜；二是操作压力必须大于溶液的渗透压。

目前应用最广泛的是醋酸纤维素膜（简称 CA 膜），外观为乳白色，半透明，有一定的韧性，其厚度为 100~250 μm，表皮层的孔隙大小为（10~20）×10⁻¹⁰ m。如果膜的孔径过大，则溶质会从膜孔中通过，使分离效率下降。如果膜的孔径太小，虽然可以增加溶质脱除率，但透水性显著下降。

膜的透水量取决于膜的物理性质（如孔隙率、厚度等）及膜的化学组成，以及系统的操作条件，如水的温度、膜两侧的压力差、与膜接触的溶液浓度和流速等。实际操作过程中，膜的物理特性、水温、进出水浓度、流速等在特定的过程中是固定不变的，因此透水量仅为膜两侧压力差的函数。与透水量不同，正常的透盐量与工作压力无关。工作压力升高，可使透水量增加，但透盐量不变，结果得到了更多的净化水。

目前，在水处理领域广泛应用的有醋酸纤维膜和聚酰胺复合膜两种，其他的膜尚在研制中。为了使反渗透装置正常运行，必须对原水进行预处理。预处理的方法有物理法（如沉淀、过滤等）、化学法（如氧化、还原、pH 调节等）和光化学法。选择哪种方法进行预处理，不仅取决于原水物理、化学和生物学特性，还取决于膜和装置的构造。预处理包括去除悬浮固体、油，调节 pH，消毒，防止微溶性物质在膜的表面沉积。

反渗透的应用领域随着反渗透材料的发展、高效膜组件的出现，除海水淡化、苦咸水的脱盐之外，在锅炉给水、纯水制备、电镀污水、印染废水、造纸废水、照相洗印废水、酸性尾矿水、石油化工废水、医院污水、放射性废水、城市污水深度处理等得到了广泛应用。

美国已把反渗透法作为处理低水平放射性废水的一种典型方法加以推荐。低水平放射性废水处理工艺如图 1-25 所示。低水平裂变产物废液中的 ⁹⁰Sr、¹³⁷Cs、¹⁴⁴Ce 和 ¹⁴⁷Pm 等核素可以回收利用，浓缩后的废液埋入地下比较容易处置。

（3）超滤

超滤与反渗透相似，也是依靠压力和膜进行工作。超滤膜的孔径比反渗透膜大，能够在较小的压力（0.1~0.5 MPa）下工作，而且有较大的通水量。

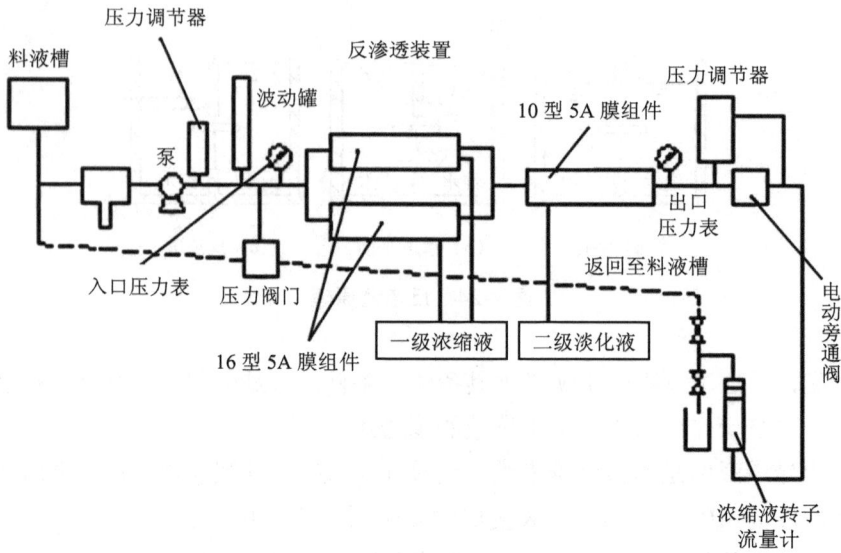

图 1-25 低水平放射性废水处理工艺

超滤的过程并不是单纯的机械截留、物理筛分，而是存在以下 3 种作用：溶质在膜表面和微孔孔壁上发生吸附；溶质的粒径大小与膜孔径相仿，溶质嵌在孔中，引起阻塞；溶质的粒径大于膜孔径，溶质在膜表面被机械截留，实现筛分。为了避免在孔壁上的吸附和膜孔的阻塞，应选用与被分离溶质之间相互作用弱和膜孔结构外密内疏的不对称构造的超滤膜。

超滤的过程是动态过滤，即在超滤膜的表面既受到垂直于膜表面的压力，使水分子得以透过膜表面并与被截留物质分离，同时又产生一个与膜表面平行的切向力，以将截留在膜表面的物质冲开。所以，超滤运行的周期可以较长。在运行方面，还可短时间地停止透水而增加切面流速，即可达到冲洗膜面的效果，使透水率得到恢复。这样的运行方式，使膜生物反应器这种新型的处理工艺得以实施和发展。超滤一般用来分离分子量大于 500 的物质，如细菌、蛋白质、颜料、油类等。

超滤设备与反渗透相似（图 1-26），是由多孔性支撑体和膜构成，装在坚固的壳内，有管式和板式两种。为防止溶质在膜表面产生沉积，应使沿膜表面平行流动的水的流速达 3～4 m/s，使溶质不断地从膜界面送回到主流层中，以减少界面层的厚度，保持一定的膜通量和截留率。

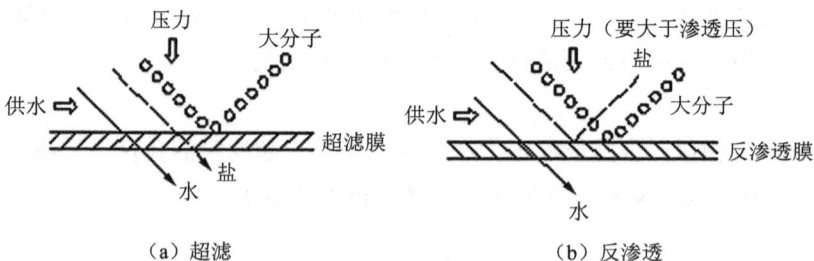

（a）超滤 （b）反渗透

图 1-26 超滤与反渗透

某厂用超滤技术分离电泳涂漆废液的工艺流程如图 1-27 所示。

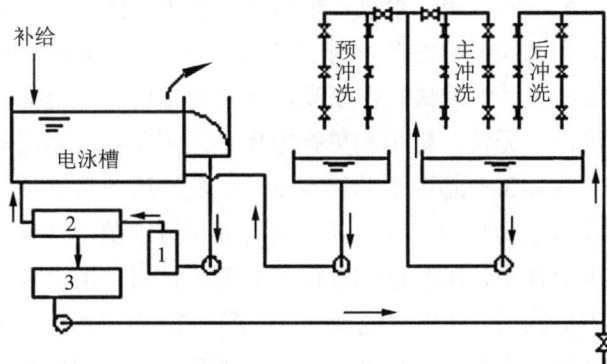

1. 预滤；2. 超滤；3. 过滤水存储槽

图 1-27　超滤处理电泳涂漆废液工艺流程

从电泳槽抽出一定流量的电泳槽液，先通过预滤器除去较粗粒子，然后送入超滤器。从超滤器出来的过滤水则送到冲洗区，用来冲洗工件表面的浮漆，同时稀释循环冲洗水，使循环冲洗水浓度保持在 1%以下。其中一小部分回流到预冲洗槽，余下的冲洗水送回电泳槽以调整浓度，这样就避免了废水的产生。超滤器的进口压力为 0.3 MPa，出口压力为 0.14 MPa，膜表面水流流速为 4.5 m/s，透水率为 25～35 L/（$m^2 \cdot h$），固态物质的去除率达到 98%。

在超滤运行中应注意防止霉菌繁殖，霉菌使溶液发臭并堵塞滤膜，使膜变质。因此在料液中宜定期投加适量的防霉剂。另外，超滤器中流速一般为 3～4 m/s，会引起摩擦发热，需要在电泳槽中采取降温措施。

（4）微滤

微滤又称微孔过滤，所分离的组分直径为 0.03～15 μm，主要去除微粒、亚微粒和细粒物质。微孔过滤是以静压力为推动力，利用筛网状过滤介质膜的"筛分"作用进行分离的膜过程，又称精密过滤。微孔滤膜的截留机理大致可分为以下几种：①机械截留作用；②吸附截留作用、架桥作用；③网络型膜的网络内部截留作用。图 1-28 为微孔滤膜各种截留作用示意图。

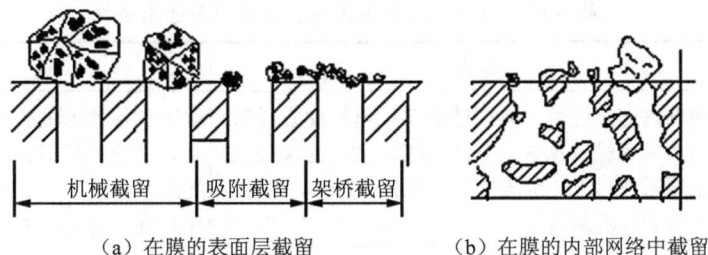

（a）在膜的表面层截留　　　　（b）在膜的内部网络中截留

图 1-28　微孔滤膜各种截留作用示意图

微孔滤膜材质不同，品种较多，膜体孔径各异，主要包括硝酸纤维素滤膜、醋酸纤维素膜、混合纤维素膜、聚酰胺滤膜、聚氯乙烯疏水性滤膜、再生纤维滤膜、聚四氟乙烯强憎水性滤膜。常见的微孔滤膜又称滤芯，长 245 mm、外径 70 mm、内径 25 mm；其体积小，孔隙率大，过滤面积大，滤速快，强度高，滤孔分布均匀，使用时间长；过滤时介质不会脱落，没有杂质溶出，无毒，使用和更换方便；适用于过滤悬浮的微粒和微生物。

微孔过滤多用于半导体工业超纯水的终端处理，反渗透的首端预处理，在啤酒与其他酒类的酿造中用以去除微生物与异味等，其过滤对象还有细菌、酵母、血细胞等微粒。

在城市污水的深度处理中，微孔过滤发挥了重要的作用。由于水资源紧缺，许多国家都积极将城镇污水处理后回用，即中水处理技术。图 1-29 为日本某中水处理工艺。在城市污水处理工艺中，微孔过滤作为深度处理技术，使处理水达到回用水标准。

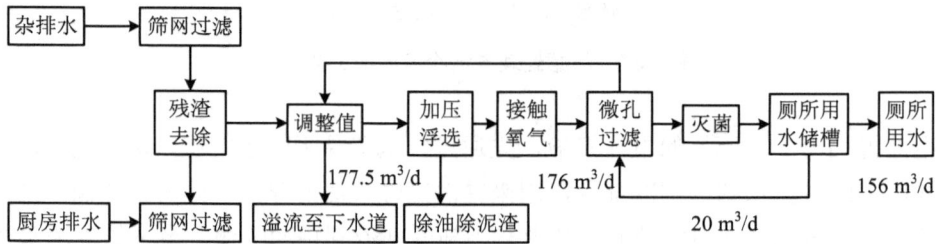

图 1-29　日本某中水处理工艺

1.4.3.3　过滤处理及设备

（1）过滤处理的基本概念

过滤是利用过滤材料分离污水中杂质的一种技术，有时用作污水的预处理，有时则作为最终处理，出水供循环使用或重复利用。在污水深度处理技术中，普遍采用过滤技术。根据过滤材料不同，过滤可分为多孔材料过滤和颗粒材料过滤两类。完成过滤工艺处理的构筑物称为滤池。污水过滤处理可参考《污水过滤处理工程技术规范》（HJ 2008—2010）。

用于给水处理工程的各种类型滤池，几乎都可用于污水的深度处理，其中最常用的就是快滤池。污水处理常用滤池工艺特点及适用条件见表 1-13。

表 1-13　污水处理常用滤池工艺特点及适用条件

型式	特点	适用条件
普通快滤池	有成熟的运行经验。采用砂滤料，材料便宜易得。采用大阻力配水系统，单池面积较大，池深较浅。可采用减速过滤，水质较好。但阀门较多，且必须设有全套冲洗装备	适用于各种水量的污水处理。产水率较高。单池面积不宜超过 50 m²，可与沉淀池组合使用。水冲洗效果较差，有条件时宜采用表面冲洗或空气助洗设备
双阀滤池	减少了阀门，相应降低了造价和检修工作量。但需设置全套冲洗设备，增加了形成虹吸的设备。其他特点同普通快滤池	与普通快滤池相同

型式	特点	适用条件
双层滤料滤池	滤层含污能力大，可采用较高的滤速。减速过滤，水质较好。可利用现有普通快滤池改建。滤料选择要求高，滤料易流失。冲洗困难，易积泥球	适用于大、中水量污水处理，允许进水悬浮物浓度高。单池面积一般不宜过大。宜采用大阻力配水系统和辅助冲洗设备
V形滤池	运行稳定可靠。采用砂滤料，滤床含污量大、周期长、滤速高、水质好、材料易得。滤料均匀级配，可适应不同悬浮物浓度的水质，自动化程度高。单池面积大，产水率高。具有气水反冲洗和水表面扫洗功能，冲洗效果好。但配套设备多，土建较复杂，池深较普通快滤池深	适用于大、中水量污水处理。要求进水SS＜15 mg/L，要求配置自控系统
压力滤池	钢制设备，可成套定型制作，采用大阻力配水系统，反冲洗均匀。可直接利用余压出水变水头等速过滤，水质不如减速过滤。单池面积小，只能用于小水量	适用于无高程利用的小水量污水处理，出水可直接回用或排放。单池面积应小于 10 m²
转盘滤池	耐冲击负荷，过滤效率高。错流过滤，水头损失小，滤速快。全自动连续运行，反冲洗水量少，运行费用低。单位池容过滤总面积大，占地面积小。滤布具有疏油特性，表面杂质不易黏附，滤布易清洗，系统功能恢复快，自动化程度高，可整机设备化	适用于各种水量污水处理。可适应不同悬浮物浓度的水质
活性砂滤池	集絮凝、澄清、过滤于一体的连续过滤，效率高、运行费用低、维护费用低、一次性投资低、水头损失小	适用于处理经过二级处理后的城市污水，进水水质要求 SS≤20 mg/L，总磷≤1 mg/L，出水水质要求 SS≤10 mg/L；总磷≤0.5 mg/L
深床反硝化滤池	工艺流程短、能耗低、操作管理便捷；去除悬浮物效果好；一池多用，灵活性高；气、水反冲技术使得滤池反冲洗效果好；适用于容积负荷较低的污水处理	适用于处理市政污水特别是二级处理出水。进水水质中总氮浓度较高，一般为 14～24 mg/L，出水总氮要求稳定在 5 mg/L 以下。此外，滤池还具有一定的除磷能力，进水总磷浓度较低，出水总磷要求控制在 5 mg/L 以下

（2）典型滤池

1）压力过滤器

压力过滤器（图 1-30）是一个承压的密闭过滤装置，内部构造与普通过滤池相似，其主要特点是承受压力，可利用过滤后的余压将出水送到用水地点或远距离输送。压力过滤器过滤能力强、容积小、设备定型、使用的机动性大。但是单个过滤器的过滤面积较小，只适用于污水量小的车间（或企业），或针对某些污水的局部处理。一般采用的压力过滤器是立式的，直径不大于 3 m。滤层以下为厚度 100 mm 的垫层（垫层材料粒径 d 为 1.0～2.0 mm），排水系统为过滤头。在一些污水处理系统中，排水系统处还安装压缩空气管，用以辅助反冲洗。反冲洗污水通过顶部的漏斗或设有挡板的进水管收集并排出。压力过滤器外部还安装有压力表、取样管，及时监控过滤器的压力损失和水质变化。过滤器顶部设有排气阀，排除过滤器内和水中析出的气体。

2）纤维转盘滤布滤池

纤维转盘滤布滤池的核心装置是中间的过滤转盘，它由多块扇形板组成，上面包裹着滤布，属于插拔式结构，运输、维修特别方便。由驱动电机带动转盘旋转；滤盘中间是中空的中心集水筒；反冲洗装置包括反抽吸吸盘、反抽吸水泵；排泥装置包括排泥泵（也是反抽吸水泵）、集泥槽，集泥槽上面排布多孔的排泥管；还包括自控系统（PLC 自动控制盘）。

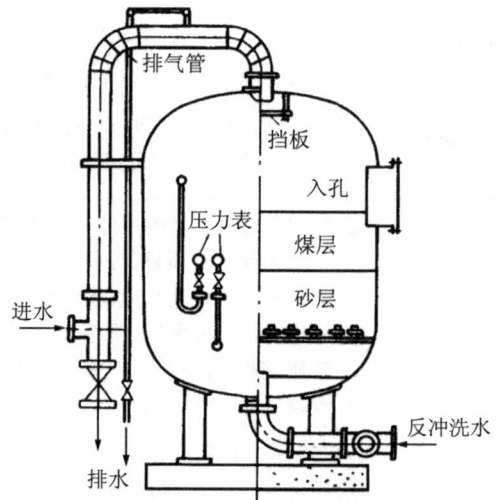

图 1-30　压力过滤器

纤维转盘滤布滤池的运行包括以下 3 个阶段：

①过滤：外进内出，污水重力流进入滤池，使滤盘全部浸没在污水中。在滤池中设布水堰，使滤池内布水均匀并且降低进水产生低扰动。污水通过滤布过滤，过滤液经中空管收集后，经过出水堰排出滤池。过滤期间，过滤转盘处于静止状态，有利于污泥在池底沉积。

②清洗：过滤中部分污泥吸附于纤维毛滤布中，逐渐形成污泥层。随着滤布上污泥的积聚，滤布过滤阻力增加，滤池水位逐渐升高。滤池内的压力传感器监测池内液位变化，当池内液位到达清洗设定值（高水位）时，PLC 即可启动反洗泵，开始清洗过程。反冲洗过程为间歇式。滤布上的污泥通过反抽吸装置，经由反洗水泵排出厂区排水系统。清洗时，滤池可连续过滤。清洗期间，过滤转盘以 0.5～1 r/min 的速度旋转。反洗水泵负压抽吸滤布表面，吸除滤布上积聚的污泥颗粒，过滤转盘内的水由里向外被同时抽吸，对滤布起清洗作用。在清洗过程中，过滤仍在进行。因此整个运行过程中过滤均为连续的。

③排泥：纤维滤布滤池的过滤转盘下设有斗形池底，有利于池底污泥的收集。污泥在池底沉积减少了滤布上的污泥量，可延长过滤时间，减少反洗水量。经过一设定的时间段，PLC 启动排泥泵，通过池底穿孔排泥管将污泥回流至厂区污水处理系统。其中，排泥间隔时间及排泥历时可予以调整。另外，滤池前的处理系统出现故障时，可启动排泥系统以发挥清空滤池的作用。

3）曝气生物滤池

曝气生物滤池（biological aerated filter，BAF），又称颗粒填料生物滤池，是 20 世纪 70 年代末 80 年代初出现于欧洲的一种生物膜法处理工艺。曝气生物滤池最初用于污水二级处理后的深度处理，由于其良好的处理性能，应用范围不断扩大。与传统的活性污泥法相比，曝气生物滤池中活性微生物的浓度要高得多，反应器体积小，且不需二沉池，占地面积小，还具有模块化结构、便于自动控制和臭气少等优点。

曝气生物滤池分为上向流式和下向流式，下面以下向流式为例介绍其工作原理。如

图 1-31 所示，曝气生物滤池由池体、布水系统、布气系统、承托层、滤料层、反冲洗系统等部分组成。池底设承托层，上部为滤料层。

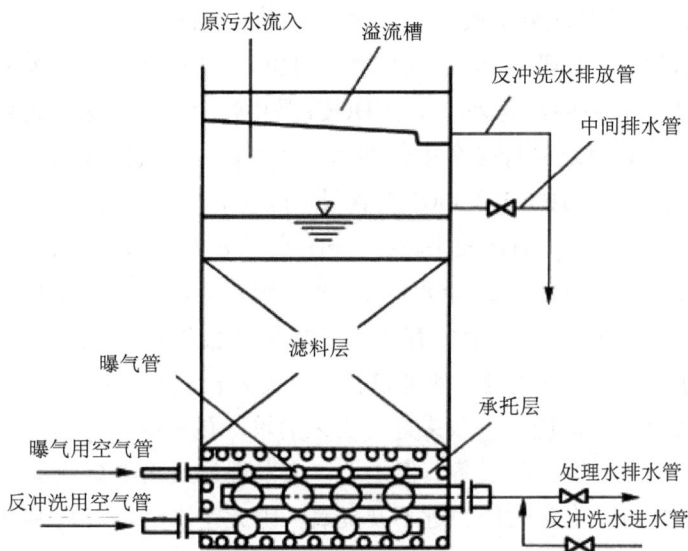

图 1-31 曝气生物滤池构造示意图

处理水集水管兼作反冲洗水管，可设置在承托层内。

污水从池上部进入滤池，并通过滤料层，在滤料表面形成有微生物栖息的生物膜。在污水滤过滤料层的同时，空气从滤料层底部通入，并由滤料的间隙上升，与下向流的污水相向接触。空气中的氧转移到污水中，为生物膜上的微生物提供充足的 DO。在微生物的代谢作用下，有机污染物被降解，污水得到净化。

运行时，污水中的悬浮物及由于生物膜脱落形成的生物污泥被滤料层所截留。因此，滤层具有二沉池的功能。运行一定时间后，因水头损失的增加，需对滤池进行反冲洗，以释放截留的悬浮物并更新生物膜，一般采用汽水联合反冲，反冲洗水通过反冲洗水排放管排出后，回流至初沉池。

滤料是生物膜的载体，同时兼有截留悬浮物质的作用，直接影响曝气生物滤池的效能。滤料费用在曝气生物滤池处理系统建设费用中占有较大的比例。所以，滤料的优劣直接关系到系统的合理与否。开发经济高效的滤料是曝气生物滤池技术发展的重要方面。

1.4.3.4 消毒处理及设备

（1）消毒处理的基本概念

在污水消毒处理中，常用的化学消毒方法包括加氯消毒、臭氧消毒等，常用的物理消毒方法包括紫外线消毒等。这些方法的选择取决于污水的性质、处理目标以及当地的法规要求。

（2）加氯消毒

加氯消毒是一种常用的污水消毒处理方法，其通过向污水中投加氯气或氯化合物（如次氯酸钠），生成次氯酸和次氯酸根，从而达到消毒的目的。

氯气溶解在水中后，水解为 HCl 和次氯酸（HOCl），HOCl 再离解为 H^+ 和 OCl^-，HOCl 比 OCl^- 的氧化能力要强得多。另外，由于 HOCl 是中性分子，容易接近细菌而予以氧化，而 OCl^- 带负电荷，难以靠近同样带负电的细菌，虽然有一定氧化作用，但在浓度较低时很难起到消毒作用。pH 影响 HOCl 和 OCl^- 的含量，因此对消毒效果影响较大。pH 小于 7 和温度较低时，HOCl 含量高，消毒效果较好；pH 小于 6 时，水中的氯几乎 100%以 HOCl 的形式存在；pH 为 7.5 时，HOCl 和 OCl^- 的含量大致相等，因此氯的杀菌作用在酸性水中比在碱性水中更有效。如果污水中含有氨氮，加氯时会生成一氯胺（NH_2Cl）和二氯胺（$NHCl_2$），此时消毒作用比较缓慢，效果较差，且需要较长的接触时间。

加氯消毒的优点是价格便宜，效果好，工艺简单，技术成熟，药剂易得，投量准确，有持续消毒作用，不需要庞大的设备。但是近年来发现加氯消毒会使水中产生致癌的氯仿等物质，且氯杀灭病毒、孢囊的能力远不及臭氧，因此在水消毒工艺中出现了臭氧代替氯进行消毒的趋向。

（3）臭氧消毒

污水的臭氧消毒是一种高效的消毒方法，其原理是利用臭氧的强氧化性来破坏细菌、病毒和其他微生物的细胞壁和细胞膜，从而达到消毒的目的。

臭氧消毒高效、安全、无残留，操作方便，适用于对水质要求较高的场合。

然而，臭氧消毒也存在一些局限性，如投资成本较高、运行能耗较大以及对操作条件的要求较高等。此外，臭氧对人体有一定的毒性，因此在操作过程中需要采取适当的安全措施。

（4）紫外线消毒

污水的紫外线消毒是一种利用紫外线光的辐射能量来破坏细菌、病毒和其他微生物DNA 结构，从而使其失去繁殖能力的消毒方法。

紫外线消毒具有高效性、广谱性，无残留，且无须添加化学品，是一种非常安全的消毒方法。

然而，紫外线消毒也存在一些局限性，如对水质要求较高（悬浮物和浊度会影响消毒效果）、对紫外线穿透力较强的有机物（如腐殖质）敏感以及投资成本较高等。在实际应用中，需要根据污水的特性和处理目标选择合适的消毒方法。

1.4.4 污泥处理与处置

1.4.4.1 污泥的基本概念

（1）污泥的分类

城市污水、给水以及工业废水处理中会不断地排出大量污泥，按污泥所含主要成分的不同，可分为有机污泥和无机污泥两大类。

1）有机污泥

常称为污泥，其主要成分为有机物，是处理有机废水（包括生活污水）的产物。有机污泥中常含有肥料成分。但必须注意某些工业废水污泥中可能含有有毒物质，而生活污水、肉类加工等废水污泥中又含有病原微生物和寄生虫卵等。

2）无机污泥

常称为沉渣，其主要成分为无机物，一般用自然沉淀和化学法处理无机废水或天然水的产物。无机污泥中有时也会含有有毒物质和一定量的有机污染物，所以也应进行适当处理。给水处理厂混凝沉淀所产生的污泥过去都直接排入水体，但这种污泥含有一定数量的有机物，所以近年来有些国家已禁止直接排放。

按污泥的来源不同，污泥可分为以下几类：

1）初沉池污泥

来自污水处理厂初沉池的污泥，其性质随废水水质的不同而不同。城市污水处理厂的初沉池污泥的主要成分为有机物（固体），还有大量病菌和寄生虫卵，其含水率一般为95%～97%。

2）剩余污泥

来自活性污泥法二沉池的排泥，其主要成分为微生物细胞，含水率一般为 99.2%～99.6%。

3）腐殖污泥

来自生物膜法二沉池的排泥，其主要成分为脱落的生物膜，其性质与剩余污泥相同，含水率一般为 97%左右。

4）厌氧污泥

上述 3 种污泥经厌氧消化后的污泥也称消化污泥或熟污泥。废水厌氧处理装置排出的污泥一般称为厌氧污泥，含水率一般为 97%左右。

5）化学污泥

用混凝沉淀法处理天然水或工业废水所排出的污泥。由于废水水质不同，成分较为复杂。

（2）污泥的性质参数

1）污泥固体的组分

污泥固体的组分与污泥的来源密切相关，例如，来自城镇污水处理厂的污泥固体组分主要为蛋白质、纤维素、油脂、氮、磷等；来自金属表面处理厂的污水处理厂的污泥固体组分则主要为各种金属氢氧化物或氧化物；来自石油化工企业污水处理厂的污泥固体则含有大量的油。污泥固体组分不同，污泥的性质也就不同，与此对应的处理及处置方法也就不同。

2）污泥的含水率 p

污泥中水的质量分数叫作含水率。与此对应，污泥中固体的质量分数叫作含固率。很显然，含固率和含水率之间存在以下关系：含固率+含水率=100%。由于多数污泥都由亲水性固体组成，因此含水率一般都很高。不同污泥含水率差异很大，对污泥特性有重要影响。

3）挥发性固体（VS）和灰分

挥发性固体能近似代表污泥中有机物的含量，又称灼烧减量。灰分则表示无机物含量，又称灼烧残渣。初沉池污泥的 VS 含量约占污泥总质量的 65%，活性污泥和生物膜的 VS 含量约占污泥总质量的 75%。

4）湿污泥比重

湿污泥比重等于湿污泥质量与同体积水质量的比值，而湿污泥质量等于其中所含水分质量与干固体质量之和。

当污泥的含水率大于95%时，湿污泥比重接近 1。对于初沉池污泥，当含水率为 95%、挥发性固体与悬浮固体之比为 0.65 时，湿污泥比重为 1.008。

1.4.4.2 污泥处理工艺及设备

（1）污泥浓缩

污泥浓缩的作用是去除污泥中大量的水分，从而缩小其体积，减轻其重量，以利于运输和进一步处置及利用。

当污泥中含有大量水分时，在进行厌氧消化处理前需要浓缩，如剩余污泥含水率一般在 99%以上，为了提高消化效果，在进入消化处理前必须先进行浓缩。在污泥进行脱水前，如果含水率过高，一般也要先进行浓缩。浓缩方法有重力浓缩法和气浮浓缩法两种。

1）重力浓缩法

利用重力将污泥中的固体与水分离从而使污泥的含水率降低的方法称为重力浓缩法，其处理构筑物为污泥浓缩池。一般常采用类似沉淀池的构造，如竖流式或辐流式污泥浓缩池。浓缩池可以间歇运行，也可以连续运行。重力浓缩池可以用于浓缩来自初沉池的污泥或其与来自二沉池的剩余污泥的混合污泥，或其与生物膜法二沉池污泥的混合污泥。重力浓缩池也可直接浓缩来自生物池的剩余污泥。

图 1-32 为间歇式污泥浓缩池，当浓缩二沉池污泥时，停留时间一般采用 9～12 h，池数两个以上轮换操作，不设搅拌。浓缩上清液可从不同高度排出。

图 1-33 为连续式污泥浓缩池。浓缩后的污泥从池中心通过排泥管排出。刮泥机附设竖向栅条，随刮泥机转动，起搅动作用，可加快污泥浓缩过程。浓缩上清液含悬浮物 $200～300\ mg/L$，BOD_5 也较高，应回流至污水处理系统重新处理。

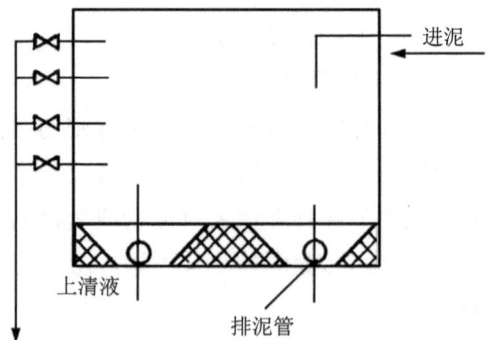

图 1-32 间歇式污泥浓缩池

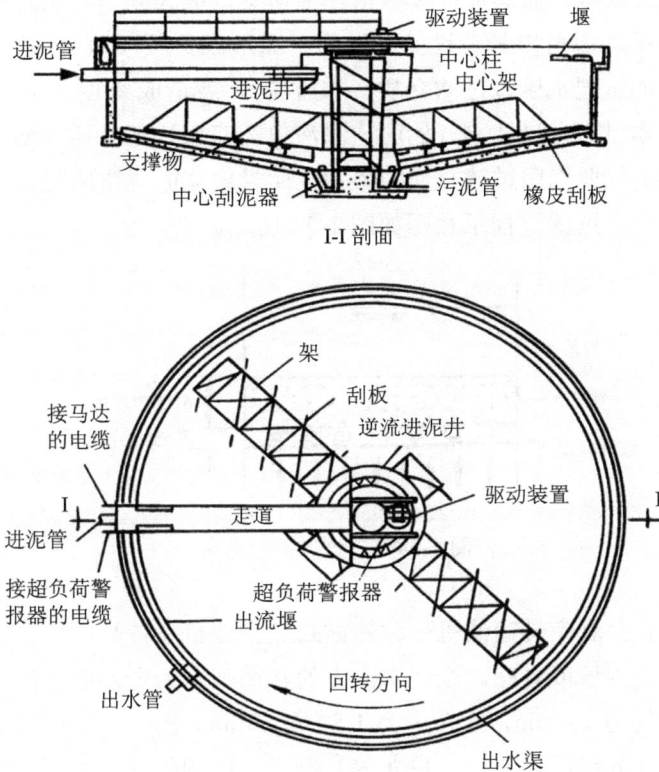

图 1-33　连续式污泥浓缩池

连续式污泥浓缩池污泥浓缩面积应按污泥沉淀曲线决定的固体负荷率计算。例如，将含水率为 95%～97% 的初沉池污泥浓缩至含水率为 90%～92%，一般采用固体负荷率为 80～120 kg/（m²·d）；若将含水率为 99.2%～99.6% 的活性污泥浓缩至含水率为 97.5% 左右，一般可采用固体负荷率为 20～30 kg/（m²·d）。浓缩池的有效水深一般为 4.0 m，当采用竖流式浓缩池时，上升流速一般不大于 0.1 mm/s。浓缩时间可采用 10～16 h。

2）气浮浓缩法

气浮一般用于浓缩活性污泥，也用于浓缩生物膜，能把含水率为 99.5% 的活性污泥浓缩到 94%～96%，其浓缩效果比重力浓缩法好，但是运行费用较高。

当投加化学混凝剂时，其负荷率可提高 50%～100%，浮渣浓度可提高 1%，化学混凝剂的投量为污泥干重的 2%～3%。

（2）污泥脱水

污泥脱水的目的是进一步降低浓缩后的污泥含水率，经机械脱水后的污泥含水率为 50%～70%。目前常采用的污泥脱水方法有过滤法和离心法。过滤法常用的设备有真空过滤机、板框压滤机和带式压滤机等。离心法的设备主要是离心机。

1）污泥机械脱水

污泥机械脱水是以过滤介质（如滤布）两面的压力差为推动力，使污泥中的水强制通过过滤介质，成为过滤液，而固体则被截留在介质上，成为滤饼，从而使污泥达到脱水的目的。机械脱水的推动力可以是在过滤介质的一面形成负压（如真空过滤机），或在过滤介质的一面对污泥加压把水压过过滤介质（如压滤），或造成离心力（如离心脱水）等。

机械脱水的基本过程：过滤刚开始时，滤液仅需克服过滤介质（滤布）的阻力。当滤饼层形成后，滤液不仅要克服过滤介质的阻力，而且要克服滤饼的阻力，这时的过滤层包括滤饼层与过滤介质。过滤过程示意图如图 1-34 所示。

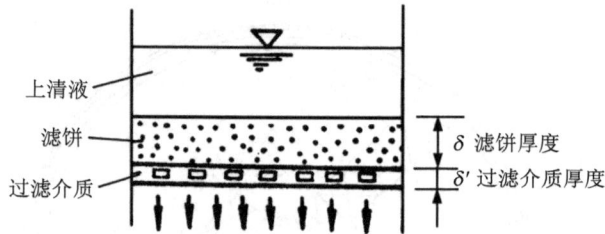

图 1-34 过滤过程示意图

①真空转筒滤机：真空转筒滤机也称转鼓式真空滤机。转筒内部分成很多扇区格，每格可按需要单独承受内压或真空。浸在水面下的转筒部分为全部面积的 15%～40%，平均为 25%。转筒转速约为 1 r/min，线速度为 1.5～5 m/min。真空度保持为 27～67 kPa。滤布目前常用合成纤维（如绵纶、涤纶、尼龙等）制成，经预处理的污泥过滤后，滤饼厚 5～10 mm。进入真空转筒滤机的污泥，其含水率宜小于 95%，最大不应大于 98%。脱水后泥饼的含水率一般在 80%左右。真空转筒滤机的缺点是能耗太大，在污泥脱水中，已基本被淘汰。

②板框压滤机：板框压滤机是一种较老式的脱水设备，但由于它使用了较高的压力和较长的加压时间，脱水效果比真空转筒滤机和离心机好，压滤后的污泥含水率可降至 50%～70%。图 1-35 是板框压滤机示意图，这种压滤机主要由一系列矩形的铸铁起脊的凹形板组成，以尼龙等材料为滤布。压滤机本身是封闭的，污泥通过压力（一般为 0.4 MPa 以上）压入滤布间的空隙中，水受压通过滤布，而固体则被截留形成滤渣。过滤液水质很差，应重新送至污水处理装置处理。目前国内已生产自动或半自动板框压滤机，使用较为方便，大幅降低了劳动强度，提高了处理能力。板框压滤机的过滤能力与污泥性质、泥饼厚度、过滤压力、过滤时间和滤布的种类等因素有关。处理城市污水处理厂污泥时，过滤能力按干泥计算一般为 2～10 kg/（m²·h）。当消化污泥投加 4%～7% FeCl₃、11%～22.5% CaO 时，过滤能力一般为 2～4 kg/（m²·h）。过滤周期一般只需 1.5～4 h。

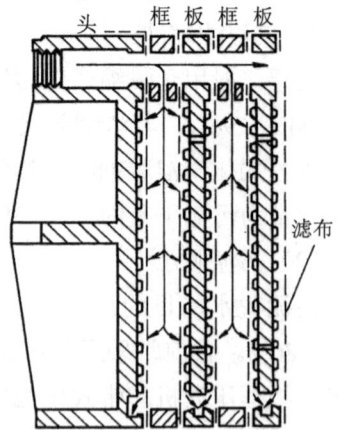

图 1-35 板框压滤机工作原理

③带式压滤机：带式压滤机是一种新型的污泥脱水装置，较常见的为滚压带式压滤机，其主要特点是不需要真空或加压设备，动力消耗较少，可连续运行。这种压滤机已在国内外被广泛用于污泥的机械脱水。滚压带式压滤机由滚压轴及滤带组成，压力施加在滤带上，污泥在两条压滤带间受挤压，通过滤布压力或张力得到脱水。其脱水过程为：污泥先经过浓缩段（主要依靠重力过滤），使污泥失去流动性，以免污泥在压榨段被挤出滤布，时间为 10～20 s，然后进入压榨段压榨脱水，依靠滚压轴的压力与滤布的张力去除污泥中的水分，压榨时间为 1～5 min。滚压的方式有两种，一种是滚压轴上下相对，见图 1-36（a），压榨的时间几乎是瞬时的，压力大；另一种是滚压轴上下错开，见图 1-36（b），依靠滚压轴施于滤布的张力压榨污泥，因此，压榨的压力受滤布的张力限制，压力较小，压榨时间较长，在滚压过程中，对污泥有一种剪切力的作用，可促进泥饼脱水。

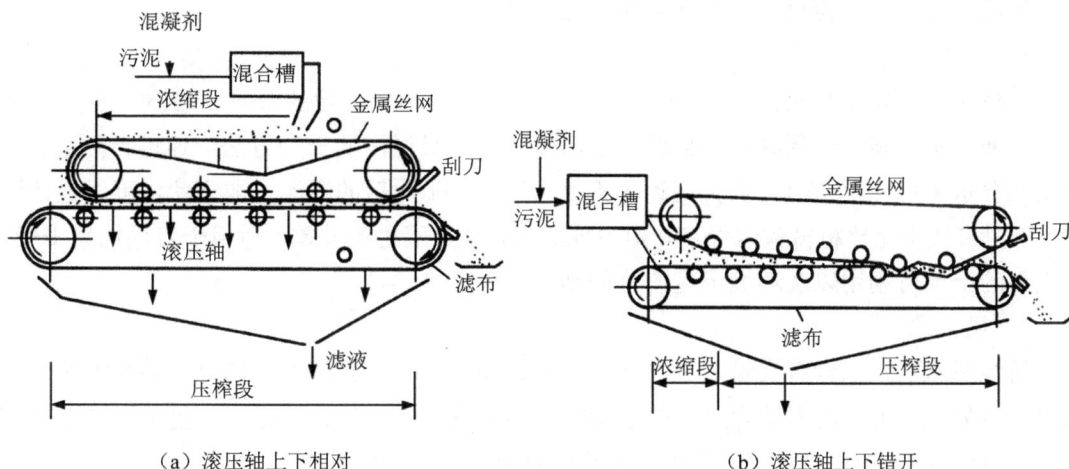

（a）滚压轴上下相对　　　　　　　　　　（b）滚压轴上下错开

图 1-36　带式压滤机

2）污泥离心脱水

利用离心力的作用将污泥脱水的过程称为离心脱水。

离心脱水设备主要是离心机，离心机的种类很多，适用于污泥脱水的一般为卧式螺旋卸料离心脱水机。离心机根据泥粒与水的比重不同而进行分离脱水。常速离心机是污泥脱水常用的设备，其转筒转速为 1 000～2 000 r/min。

图 1-37 为卧式螺旋离心机示意图。这种设备的内外两转筒是同向旋转的，内转筒转速稍大，比外转筒快 5～10 r/min。螺旋输送器上的螺旋刮刀与内转筒一起转动。

在离心分离前污泥也要进行混凝等预处理，以改善脱水效果，投加量一般为污泥干重的 0.1%～0.5%。通过离心机脱水后的泥渣含水率为 70%～85%。离心机动力以 1 m³ 污泥计约为 1.7 kW/（m³·h）。

离心机的优点是设备小、效率高、分离能力强、操作条件好（密封、无气味）；缺点是制造工艺要求高、设备易磨损、对污泥的预处理要求高，而且必须使用高分子聚合电解质作为调理剂。

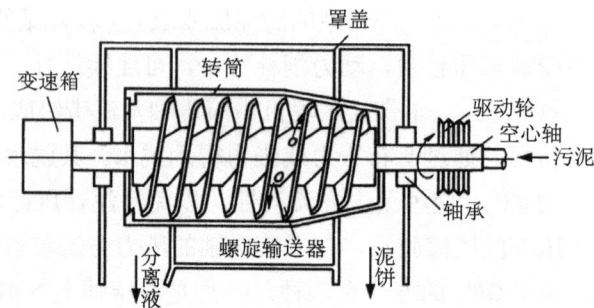

图 1-37　卧式螺旋离心机示意图

（3）污泥干化

污泥干化方法分为自然干化法和烘干法两种。

1）自然干化法

自然干化法常采用污泥干化场（或称晒泥场），是利用天然的蒸发、渗滤、重力分离等作用使泥水分离，达到脱水的目的，是污泥脱水中最经济的一种方法。通过自然干化，污泥的含水率可降至 75% 左右，污泥体积大大缩小。干化后的污泥压成饼状，可以直接运输。污泥自然干化比机械脱水经济，但占地面积很大，卫生条件差。适用于气候比较干燥、有废弃的土地可利用以及环境卫生容许的地区。

2）烘干法

污泥脱水后，仍含有大量水分，其质量与体积仍较大，并可继续腐化。如用加热烘干法进一步处理，可使污泥的含水率降至 10% 左右，这时污泥的体积很小，包装运转也很方便。加热至 300～400℃ 时，可杀死残留的病原菌且肥分损失甚少。

污泥烘干要消耗大量能源，费用较高，只有当干污泥作为肥料所回收的价值能补偿烘干处理运行费用或有特殊要求时，才有可能考虑此方法。

1.4.4.3　污泥处置

（1）综合利用

城市污水处理厂污泥（或性质相同的工业废水污泥）可用作农肥，污泥中有许多肥分，一般其中的含氮量为 2%～6%、含磷（以 P_2O_5 计）量为 1%～4%、含钾（以 K_2O 计）量为 0.2%～0.4%，并含有大量有机质，是一种优质的有机肥。根据国外的使用经验，污泥肥效较人的粪尿更持久，能促进作物生长，有助于发芽、返青、籽实，而且使用范围广，各种农作物均适用。污泥中含有约 14% 的腐殖质，可改善土壤性质，使土壤形成团粒结构，既能保水，又能保肥，通风情况也好，可提高土壤温度，有利于农作物生长发育。污泥中还有一些植物所需的微量元素，可促进农作物生长。

生污泥不宜直接用作农肥，必须经消化或堆肥后使用。利用污泥作农肥，要注意污泥中不能含有有害成分，如过量的重金属离子会危害生物生长。

当废水或沉渣中含有工业原料及产品时，应尽量设法予以回收利用。如酿酒废水中的酒糟，应尽可能利用。炼钢厂轧钢车间废水中的沉渣主要是氧化铁，其总量为轧钢重量的 3%～5%，回收利用价值很高。高炉煤气洗涤水的沉渣，含铁量也较高，均可加以综合利用。

（2）弃置

弃置有两种：一是填地，二是投海。污泥填地前必须脱水，使含水率小于 85%，填地必须采取相应的人工措施。若有废地（如废矿坑、荒山沟等）可利用，也可作为污泥弃置场地，进行掩埋。将污泥用船或压力管送入海洋进行处置，是较为方便和经济的，但必须注意防止对近海水域的污染，采用此方法要慎重。

（3）焚烧

当污泥含有大量的有害污染物（如含有大量重金属或有毒有机物）不能作为农肥利用时，任意堆放或填埋均可对自然环境造成很大的危害，这时往往考虑采用焚烧法处理。污泥焚烧前凡是能够进行脱水干化的，必须首先进行脱水干化，这样可节省焚烧所需的热量。干污泥焚烧所需的热量可以由干污泥自身所含的热量提供，若用干污泥所含的热量供燃烧有余，尚可回收一部分热量，只有当干污泥自身所含热值不能满足自身燃烧时才需要外界提供辅助燃料。

常用的污泥焚烧炉有回转焚烧炉、立式焚烧炉和流化床焚烧炉等。焚烧产生的气体应引入气体净化器，以免大气受到污染。

1.4.5　污水处理绿色低碳标杆厂案例

随着国家"双碳"目标的提出，污水处理绿色低碳发展成为大势所趋。2023 年 12 月 12 日，国家发展改革委、住房和城乡建设部、生态环境部印发《关于推进污水处理减污降碳协同增效的实施意见》，要求污水处理行业开展源头节水增效、处理过程节能降碳、污水污泥资源化利用，全面提高污水处理综合效能。该意见提出到 2025 年，污水处理行业减污降碳协同增效取得积极进展，能效水平和降碳能力持续提升。地级及以上缺水城市再生水利用率达 25%以上，建成 100 座能源资源高效循环利用的污水处理绿色低碳标杆厂。

2024 年 11 月 7 日，国家发展改革委环资司、住房和城乡建设部建设司公示了一批具有代表性的污水处理绿色低碳标杆厂名单及经验做法。该批污水处理绿色低碳标杆厂共 45 座，分四类：高效减污节能降耗类、资源能源循环利用类、技术管理协同创新类和综合示范类。下面以两座污水处理厂为例，介绍污水处理厂绿色低碳建设的经验做法。

1.4.5.1　杭州市余杭污水处理厂四期

2018 年 1 月，北控水务集团牵头的联合体中标"杭州余杭塘河流域水环境综合治理 PPP 项目"，项目总投资 23.5 亿元，包含 4 个子项。

余杭塘河河道整治工程：主要建设内容为余杭老城区排水系统改造、生态修复、活水和智慧水务工程。

余杭塘河南片水系综合整治工程：主要建设内容为驳岸改造、综合管线建设、桥梁建设、景观绿化及配套设施工程。

余杭污水处理厂四期工程：主要建设一座 15 万 m^3/d 的地下式污水处理厂。

余杭区凤凰山休闲公园景观工程：主要建设内容为公园基础设施、综合管线、景观建筑、园林绿化及其他配套附属工程等。

四大工程体系包括以截污控源为核心的零直排达标体系、活水循环与排蓄结合调度体系、内源治理与生态群落恢复体系、全面统筹与科学调度的智慧管理体系。15 项工程内容包括直排污水截留工程、溢流污染调蓄处理工程、污水处理提标改造工程、雨水管网建设工程、径流污染控制工程、闸站建设工程、闸站智能调度工程、引水活水工程、生态系统构建工程、富氧曝气工程、排口强化处理工程、智慧水务平台建设与在线监测设施工程。

项目统筹"厂、网、河、岸、人"的全部要素，整合城市管网提质、生态岸线打造、水体生态修复、邻利效应营造、山体步道建设、水系智慧调度、环保教育展示、人居空间拓展等多种措施。

余杭污水处理厂四期采用 $A^2/O+MBR$ 污水处理核心工艺及离心脱水污泥处理工艺，出水标准为准Ⅳ类标准，出水直排余杭塘河作为生态补水。"全地下双层加盖+地上绿地公园"建设形式，不仅解决传统污水处理厂占地大、环境不友好两大矛盾，同时解决了城市公共休闲空间少、零散不连片问题。"开放+生态+科普"地上景观公园，变"邻避"为"邻利"，增加公共绿地面积 52 000 m^2，为周边居民提供了优质休闲娱乐场地。结合步行环线布置植物认知园、教育指引牌、水现代工业艺术展示馆，充分展示地下水厂净水工艺，宣传水资源利用意识。

1.4.5.2 宜兴城市污水资源概念厂

宜兴城市污水资源概念厂是我国首座落地实践的、完整导入概念厂理念（水质永续、能量自给、资源循环、环境友好）的污水处理厂，建成于 2021 年，项目包括处理能力为 2 万 m^3/d 的水质净化中心、100 t/d 的有机质协同处理中心和生产型研发中心。

由于地处太湖流域敏感区域，为保证稳定达标，宜兴概念厂采用一体化多效澄清系统、活性自持深度脱氮系统和 $UV/H_2O_2/O_3$ 耦合联用高级氧化技术等工艺，实现极限脱氮除磷，处理后出水总氮浓度保持小于 3 mg/L、总磷浓度小于 0.1 mg/L，并实现了对部分新兴污染物的深度去除，达到国际领先水平。在运行模式上，通过系统管路、阀门和闸门的切换，可灵活调整工艺流程，满足不同运行目标要求，实现水质永续。

传统污水处理厂在保护城市水环境的同时会消耗大量能源。宜兴概念厂有机质协同处理中心将服务范围内的餐厨垃圾、秸秆、畜禽粪便、蓝藻等有机废物与经过预脱水的污水处理剩余污泥混合，进行高温干式厌氧发酵，发酵产生的沼气经增压脱硫后用于发电。水质净化中心能源自给率可达 100%，厂内总能源自给率可达 65%～85%。发电产生的余热用于厌氧供热和厂区冬季采暖，实现了"减有机废弃物的污、降污水处理厂的碳"。

让"污水中的资源"合理循环利用、减少对投加化学药剂的依赖与消耗，是概念厂的设计追求之一。宜兴概念厂水质净化中心采用初沉+水解系统实现碳源的有效回收：将水解发酵、污泥脱水滤液等上清液回流至厌氧区，其丰富的 VFA 大大改善厌氧释磷的效果，同时提供优质的碳源，提高活性污泥活性，加快实现反硝化、脱氮除磷的效果；采用多模式 A/O 工艺，运用同步硝化反硝化、短程硝化等工艺原理，实现深度生物脱氮除磷，减少外加碳源。在有机质协同处理中心，厌氧发酵后的沼渣经螺压脱水后进行好氧堆肥发酵和无害化处理，每年可生产约 6 100 t 营养土还田利用。通过以上途径，宜兴概念厂把污水处理厂从污染物削减的基本功能扩展到了"资源工厂、肥料工厂"的更大范围，重新诠释了污水处理厂和城市的关系。

宜兴概念厂探索了建设全地上环境友好水厂的新路径，对水处理构筑物加盖封闭，臭气收集处理；对产生臭气集中的生产车间进行高标准的除臭处理，保障了厂内空气清新、环境洁净。在厂区建筑景观设计方面，采用飘带造型的参观走廊，将水质净化中心、有机质协同处理中心和生产研发中心有机结合成"三叶草"造型，展现了 3 个功能系统"永续"和"循环"的理念，是一次工程与艺术的完美融合。

1.5 污水处理仪表及自动控制系统

1.5.1 常见在线仪表

污水处理厂常见的在线仪表主要有流量计、物位计、污泥浓度计、溶解氧仪、氧化还原电位计、在线氨氮检测仪、在线硝酸盐氮检测仪、在线正磷酸盐检测仪和浊度仪等。

本节主要介绍污水处理厂常用的仪器仪表及其工作原理。

1.5.1.1 流量计

（1）电磁流量计

电磁流量计（eletromagnetic flowmeters，EMF）是 20 世纪 50—60 年代随着电子技术的发展而迅速发展起来的新型流量测量仪表。电磁流量计是根据法拉第电磁感应定律制造的用来测量管内导电介质体积流量的感应式仪表。

电磁流量计结构及工作原理如图 1-38 所示。根据法拉第电磁感应定律，导体在磁场中运动时，会产生感应电压。在电磁测量原理中，流动的介质相当于运动的导体。感应电压与介质流速呈比例关系，通过两个测量电极加载在放大器上。基于管道横截面积计算体积流量。极性交替变化的开关直流电产生直流磁场。

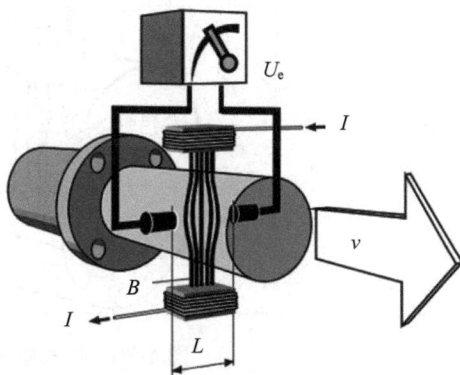

图 1-38 电磁流量计结构及工作原理

在电磁流量计中，测量管内的导电介质相当于法拉第试验中的导电金属杆，上下两端的两个电磁线圈产生恒定磁场。导电流体在磁场中做垂直方向流动而切割磁感应力线时，会在管道两边的电极上产生感应电势。在管道直径已定且磁感应强度保持不变时，被测体积流量与感应电势呈线性关系。此感应电势被两个检测电极检出，其数值大小与流速成正比。

$$U_e = B \cdot L \cdot v \tag{1-1}$$

式中：U_e——感应电压，V；

B——磁感应强度，T；

L——电极间距，m；

v——流速，m/s。

（2）热式质量流量计

热式质量流量计一般用来测量气体的质量流量，多用于生物池。其工作原理是基于气体流过流量计内加热元件时，热量的散失与气体流量之间存在一定比例关系。如图 1-39 所示，气体通过的测量段内有两个热电阻传感器，其中一个用于检测气体温度，另一个用于加热。加热传感器通过改变电流来保持其温度与被测气体的温度之间有一个恒定的温度差。气体流量越大，气流带走的热量越多，使需保持热电阻间恒温的电流也就越大。此热传递正比于气体质量流量，即供给电流与气体质量流量有一对应的函数关系。热式质量流量计结构及工作原理如图 1-39 所示。

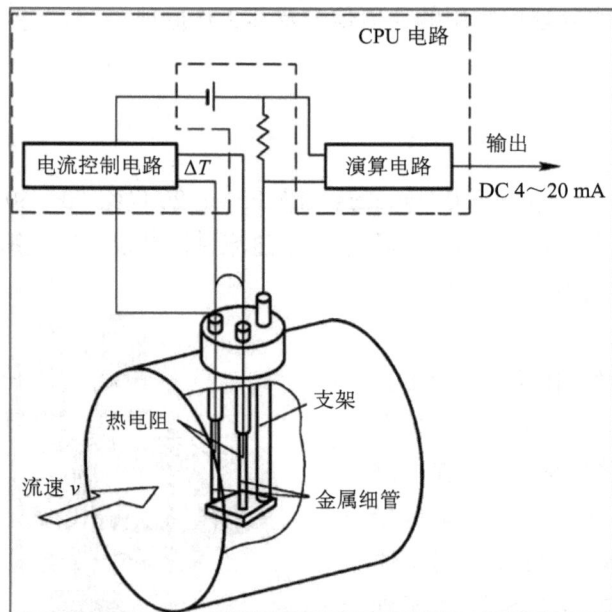

图 1-39　热式质量流量计结构及工作原理

1.5.1.2　雷达/超声波物位计

雷达/超声波物位计结构及工作原理如图 1-40 所示。

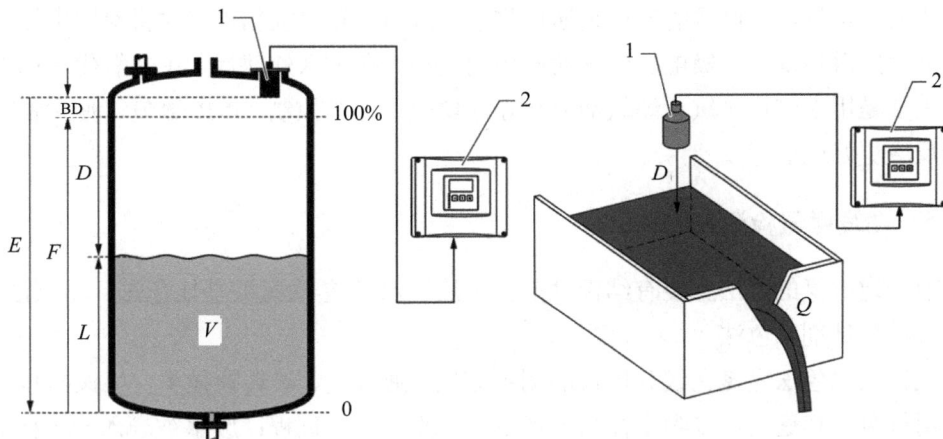

BD：盲区距离；D：传感器膜片至物料表面间的距离；E：空罐高度（零点）；F：满罐高度（满量程）；L：物位；V：体积（或质量）；Q：流量；1. 雷达/超声波物位计；2. 控制箱

图 1-40　雷达/超声波物位计结构及工作原理

雷达和超声波物位计都是利用回波测距原理。传感器向物料表面发射微波或超声波脉冲信号，脉冲信号在物料表面发生反射，反射信号被传感器接收。基于时间差 t 和声速 c，可计算出传感器膜片至物料表面的距离 D，从而可确定出物料的高度。污水处理厂使用的液位计、泥位计都属于物位计。

$$D = c \cdot t / 2 \qquad (1-2)$$

式中：D——传感器膜片至物料表面的距离，m；

　　　c——声速，m/s；

　　　t——时间差，s。

1.5.1.3　溶解氧测定仪

溶解氧仪测定原理：氧透过隔膜被工作电极还原，产生与氧浓度成正比的扩散电流，通过测量此电流，得到水中 DO 的浓度。根据浓度不同，隔膜电极分为极谱式和原电池式两种类型。极谱式隔膜电极以银-氯化银作对电极，电极内部电解液为钾，电极外部为厚度 25～50 µm 的聚乙烯和聚四氟乙烯薄膜，薄膜挡住了电极内外液体交流，使水中 DO 渗入电极内部，两电极间的电压控制在 0.5～0.8 V，通过外部电路测得扩散电流可知 DO 浓度。原电池式用银作阳电极，铅作阴电极。阳电极和阴电极浸入氢氧化钾电解池中，形成两个半电池，外层同样用薄膜封住。DO 在阳极被还原，产生扩散电流，通过测定扩散电流可得 DO 浓度。

1.5.1.4 氧化还原电位计

氧化还原电位计（oxidation-reduction potential，ORP）采用电化学原理来测定水溶液中的氧化还原电位。该仪器的原理是通过将水溶液与比较电极相连，并将参比电极提高到试液面上，然后测量对电极电压变化而产生的电势。在污水处理行业中，氧化还原电位计的作用主要是用来测量厌氧、缺氧池氧化还原电位，通过控制 ORP 数值，使生物除磷及反硝化反应更好地进行。

1.5.1.5 在线氨氮检测仪

目前测定氨氮的方法主要有纳氏试剂比色法、水杨酸-次氯酸盐比色法、电极法等。

（1）纳氏试剂比色法

纳氏试剂比色法氨氮在线分析仪的测定原理：通过气、液转换技术，将铵盐转化为氨气，并用气泵将其逐出，以测定样品中氨氮的含量。具体过程：废水被导入一个样品池，并且与定量的氢氧化钠混合。这样，样品中所有的铵盐转化为气态氨，并且扩散到一个装有定量指示剂的测量闭塞池中。氨气再被溶解，改变指示剂（纳氏剂）的颜色。内置比色计测量溶液颜色的改变，从而得到氨氮浓度，并显示在 LCD 液晶屏上。

（2）水杨酸-次氯酸盐比色法

水杨酸-次氯酸盐比色法氨氮在线分析仪的测定原理：样品水样被导入一个样品池，与定量的氢氧化钠混合，样品中所有的铵盐转换为气态氨，气态氨扩散到一个装有定量指示剂（水杨酸）的比色池中，氨气再被溶解，生成铵离子 NH_4^+。NH_4^+ 在强碱性介质中与水杨酸盐和次氯酸离子反应，在亚硝基五氰络铁（III）酸钠的催化下，生成水溶性的蓝色化合物，仪器内置双光束、双滤光片比色计，测量溶液颜色改变（测定波长为 670 nm），从而得到氨氮的浓度。加入酒石酸钾掩蔽可除去阳离子（特别是钙、镁离子）的干扰。

水杨酸-次氯酸盐比色法氨氮在线分析仪具有灵敏、稳定等优点，干扰情况和消除方法与纳氏试剂比色法相同。但试剂的稳定性较差，不能长期存放。

（3）电极法

电极法是基于氨电极与水中的氨发生化学反应，通过测量电极电势的变化来确定氨氮的含量。电极法一般不需要对水样进行预处理，具有测量范围宽、快速、灵敏等优点。但电极易被污染，重现性稍逊。国外品牌电极的使用寿命通常为半年到一年。超过使用年限电极就会出现灵敏度降低、数据不准确等现象，影响测定结果。氨气敏电极法准确度较高，抗干扰能力强，但由于使用了气体渗透膜，易使气孔堵塞，且设备维护工作量较大。氨气敏电极价格较贵，进口电极的价格，每支需要 1 万多元。

1.5.1.6 在线硝态氮仪表

在线硝态氮多选用电极法检测，采用离子选择性电极，电极上有可供离子渗透的膜片。这种选择性膜片与电解液组成的复合传感器可用于测定特定离子的氧化还原电位。当将这种离子选择性传感器与参比传感器组合时，可以测量毫伏电压，并通过特定的计算方案将毫伏电压信号转换成离子浓度信号。

1.5.1.7 在线正磷酸盐仪表

在线正磷酸盐仪表一般应用在污水处理厂生化段，以判断除磷效果，确保出水总磷能稳定达标。

在线正磷酸盐仪表的工作原理：对水样、催化剂溶液和强氧化剂消解溶液的混合液加热，水样中聚磷酸盐和其他含磷化合物在高温高压的酸性条件下被强氧化剂消解氧化生成磷酸根，在催化剂存在下，磷酸根离子在含钼酸盐的强酸溶液中，生成一种带色络合物，在测量范围内，该络合物色度与总磷含量成正比。分析仪检测络合物色度，并把色度换算成磷酸盐值输出。

1.5.1.8 污泥浓度计

污泥浓度计是为测量市政污水或工业废水处理过程中悬浮物浓度而设计的在线分析仪表。无论是评估活性污泥和整个生物处理过程、分析净化处理后排放的废水，还是检测不同阶段的污泥浓度，污泥浓度计都能给出连续、准确的测量结果。污泥浓度计的测量原理如图 1-41 所示。

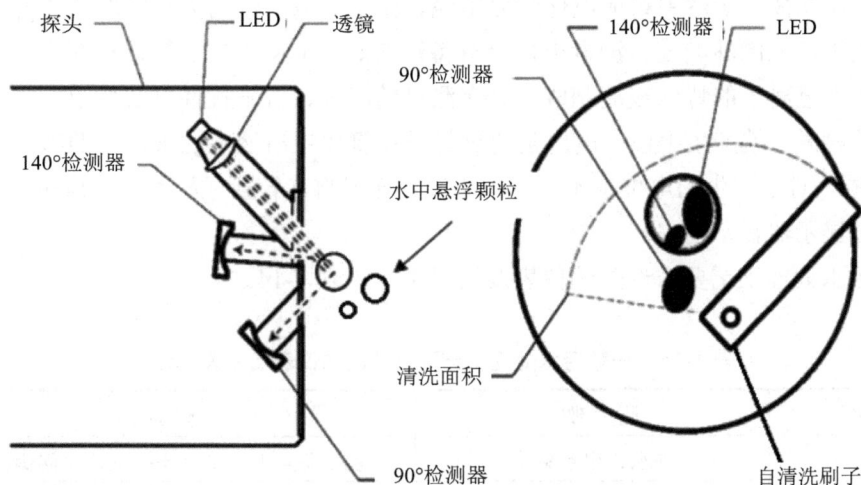

图 1-41 污泥浓度计测量原理

由传感器上的发射器发送的红外光在传输过程中经过被测物的吸收、反射和散射后，仅有一小部分光线能照射到检测器上，透射光的透射率与被测污水的污泥浓度有一定的关系，因此通过测量透射光的透射率就可以计算出污水的污泥浓度。

1.5.1.9 浊度仪

浊度仪适用于检测出水的浊度、活性污泥池和回流污泥中的悬浮固体浓度。

浊度仪的工作原理：通过把来自传感器头部总成的平行光的一束强光引导向下进入浊度仪本体中的试样。光线被试样中的悬浮颗粒散射，与入射光中心线呈 90°的方向散射的光线被浸没在水中的光电池检测出来。90 度角检测器如图 1-42 所示。

散射光的量正比于试样的浊度。如果试样的浊度可忽略不计，几乎没有多少光线被散射，光电池也检测不出多少散射光线，这样浊度读数将很低。反之，高浊度会造成很高程度的散射光线并产生一个高读数值。

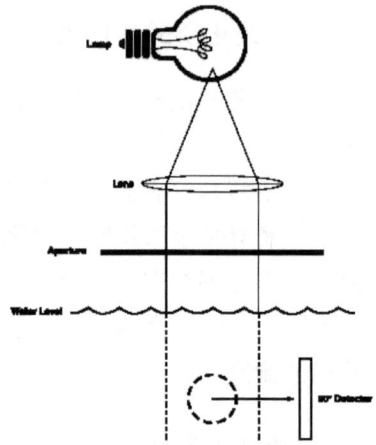

图 1-42 90 度角检测器

1.5.1.10 在线 pH 计

在线 pH 计通常用电位法来测量 pH。pH 计主要由参比电极（甘汞电极）、指示电极（玻璃电极）和精密电位计 3 部分组成。测量时用玻璃电极作指示电极，饱和甘汞电极（SCE）作参比电极，在被测溶液中组成电化学原电池。原电池电动势的大小既取决于氢离子的浓度，也取决于溶液的酸碱度。测量电极上有特殊的对 pH 反应灵敏的玻璃探头，它是由能导电、能渗透氢离子的特殊玻璃制成，具有测量精度高、抗干扰性好等优点。当玻璃探头和氢离子接触时，就产生电位。电位是通过悬吊在氯化银溶液中的银丝对照参比电极测到的。pH 不同，对应产生的电位也不一样，通过变送器将其转换成标准 4～20 mA 电信号输出，并通过显示器显示出来。

一般污水处理工艺要求选配的仪表及测量部位见表 1-14。

表 1-14   一般污水处理工艺要求选配的仪表及测量部位

工艺参数	测量部位	选用仪表
流量	进水、出水管道	电磁流量计、超声波流量计、涡街流量计
	明渠	超声波明渠流量计
	回流污泥管道	电磁流量计、超声波流量计、涡街流量计
	剩余污泥管道	电磁流量计
	消化污泥管道	电磁流量计
	消化池沼气管路	孔板流量计、标准喷嘴型流量计、质量流量计
	采用微孔曝气法的压缩空气主管路	孔板流量计、标准喷嘴型流量计、质量流量计

工艺参数	测量部位	选用仪表
温度	进水	PT100 热电阻温度计
	出水	PT100 热电阻温度计
	消化池	PT100 热电阻温度计
压力	污水提升泵出口管路	弹簧管式压力、压力变送器
	污泥提升泵出口管路	弹簧管式压力、压力变送器
	鼓风机出口管路	弹簧管式压力、压力变送器
	消化池	压力变送器（微压）
	沼气柜	压力变送器（微压）
液位/泥位	进水泵站集水池	超声波液位计
	格栅前、后	超声波液位计
	回流泵站集水池	超声波泥位计
	好氧池	超声波泥位计
	消化池	超声波泥位计
	浓缩池	超声波泥位计
pH	进水、出水管道	pH 计
	好氧池内	pH 计
氧化还原电位	厌氧池内	氧化还原电位计
	氧化沟厌氧段后侧	氧化还原电位计
浊度	进水浊度	穿透光浊度仪
	出水浊度	散射光浊度仪
污泥浓度	好氧池、回流污泥管路、剩余污泥管路	污泥浓度计
DO	好氧池	溶解氧测定仪
污泥界面	二沉池	污泥界面计（超声波式）
余氯	接触池出水	余氯测定仪
COD、BOD、氨氮、总氮、总磷	进水、出水管道	COD、BOD、氨氮、总氮、总磷测定仪表
水质水样	进水、出水管道	自动取样器

1.5.2　污水处理厂自控逻辑

1.5.2.1　格栅系统自动程序

（1）工艺控制要求

格栅系统一般由两套及以上的格栅机、共用的输送机及格栅前后的液位差计组成。自控系统根据时间间隔或液位差高低间歇控制格栅系统启停运行，启动时输送机先启动，格栅机随后启动；停止时格栅机先停止，输送机延时停止。多台格栅机同时使用时一般同时启动和停止，以减少输送设备的启动频次。

（2）相关仪表和设备

1）机械格栅机（或配套高压冲洗系统）；

2）输送机、压榨机；

3）液位差计。

（3）自动程序功能

1）格栅系统应具备多种可选的自动运行模式，包括时间、液位差以及两者的综合；

2）时间模式下根据设置的运行和停止时间间歇启动和停止格栅机；

3）液位差模式下根据设置的液位差高低限值启动和停止格栅机；

4）时间+液位差模式下任何一个启动条件满足均启动格栅系统，二者停止条件均满足时方可停止格栅机；

5）有配套输送机或压榨机时，输送机或压榨机与格栅机联动，比格栅机提前启动，延时停止；

6）应对液位差信号进行延时滤波处理，防止液位抖动造成误动作；

7）格栅机有配套冲洗系统的应可监测格栅堵塞状态，并根据冲洗工艺实现自动冲洗；

8）格栅机单次运行时长大于运行时间设置且液位差值仍保持高限值时应产生清污异常报警；

9）格栅机与压榨机应配置热继电器或其他形式的过载保护装置，当有较大异物堵塞或卡顿时可及时停机报警，防止设备损坏。

（4）自动程序上位机监控内容

1）自动程序启停与模式选择控制；

2）格栅机启停时间和液位差设置；

3）格栅机自动运行和停止时间显示；

4）自动程序运行状态和故障信息显示；

5）自动程序运行条件显示。

1.5.2.2　提升系统自动程序

（1）工艺控制要求

提升系统用于将污水从市政管网提升至污水处理厂内，或由厂内低构筑物提升至高构筑物，一般由多套提升泵组、吸水井液位计、提升流量计等组成。自控系统根据液位或流量反馈控制提升泵运行的数量和频率，实现闭环控制。特殊情况下还要兼顾水泵效率、目标提升量控制要求，实现提升系统的高效率控制。

（2）相关仪表和设备

1）提升泵组（全部配套变频器或部分配套变频器）；

2）提升泵进出口阀门（如果有）；

3）吸水井液位计、浮球开关；

4）提升流量计；

5）泵后水池液位或其他连锁参数（如果有）。

（3）自动程序功能

1）应具有多段的液位设置接口，包括但不限于高液位、中液位、低液位和停泵液位等；

2）应具有多段的流量设置接口，包括但不限于高流量、中流量和低流量等；

3）应根据吸水井液位和提升流量综合控制，并具有恒液位、阶梯液位、流量闭环、频率开环等多种可选控制模式，不同模式下的控制策略如表 1-15 所示；

表 1-15　不同模式下的控制策略

液位区间	恒液位控制	阶梯液位控制	
		流量闭环	液位闭环
高液位区 液位＞高液位	以最大提升能力运行	以高流量设置为控制目标闭环调节	根据设置的高液位运行台数和频率调节算法控制
中液位区 低液位＜液位＜高液位	以中液位设置为控制目标闭环调节	以中流量设置为控制目标闭环调节	根据设置的中液位运行台数和频率调节算法控制
低液位区 液位＜低液位	以最小提升能力运行	以低流量设置为控制目标闭环调节	根据设置的低液位运行台数和频率调节算法控制
保护液位区 液位＜停泵液位	停止运行	停止运行	停止运行

4）液位区间的判断应通过增加时间延时和液位死区的方式消除信号脉冲干扰和波动干扰；

5）应根据污水处理厂历史数据和工艺设计参数合理设置液位区间值，液位区间的切换不宜频繁；

6）恒液位或恒流量闭环控制模式下应根据控制偏差自动调节提升泵运行数量和运行频率，偏差长时间不满足控制要求时应发出警告报警；

7）在工艺控制要求满足的前提下应尽量减少提升泵的启停次数；

8）在硬件条件满足的情况下应采用两台变频提升泵同时调节的方式减少增减水泵带来的调节死区和波动；

9）变频控制的水泵应具有运行频率最高限和最低限的保护设置；配套进口或出口阀门的水泵应实现泵阀组合的连锁控制；

10）提升泵自动控制应具备无扰切换、均衡运行和依次启动等功能；

11）吸水井液位低于停泵液位或低液位浮球开关动作时应停止所有提升泵；

12）泵后水池液位超高限或其他影响水厂处理能力的连锁参数条件发生时，应减少提升量直至停止所有提升泵。

（4）自动程序上位机监控内容

1）自动程序启停与模式选择控制；

2）自动程序液位和流量等参数设置；

3）自动程序运行状态和故障信息显示；

4）自动程序运行条件显示；

5）影响提升系统的其他互锁条件显示。

1.5.2.3　沉砂池系统自动程序

（1）工艺控制要求

沉砂池系统用于沉淀分离污水中的无机砂粒、砾石和少量有机颗粒（如果壳、碎骨等），根据工艺不同有平流沉砂池、曝气沉砂池、旋流沉砂池等多种构造形式。自控系统应按照不同构造形式的沉砂池的工艺控制要求实现吸砂、砂水分离等环节的自动控制。

（2）相关仪表和设备

1）吸砂、提砂和砂水分离设备；

2）鼓风机设备（如果有）；

3）其他相关仪表和设备。

（3）自动程序功能

1）曝气沉砂池吸砂桥车、吸砂泵等间歇运行的设备应可设置运行时间参数和吸砂泵连锁模式，曝气鼓风机等不间断运行的设备应具备停机报警功能；

2）旋流沉砂池应按照工艺要求的步骤自动控制所有相关设备以实现自动提砂，关键的步骤参数应可设置；

3）砂水分离器应能根据吸砂或提砂设备的运行状态自动启动，延时停止；

4）应具备设备间运行逻辑的互锁保护功能，防止运行人员操作失误造成设备损坏；

5）具备成套控制子系统的设备（桥车、鼓风机等）应通过网络通信或硬接线（优选网络通信）的方式与主系统交换数据，并实现主系统对子系统的完全监视和控制。

（4）自动程序上位机监控内容

1）自动程序启停控制；

2）自动程序间歇时间、连锁模式和其他必要参数设置；

3）自动程序运行状态和工艺步骤显示；

4）自动程序运行条件和故障信息显示。

1.5.2.4　沉淀池系统自动程序

（1）工艺控制要求

初沉池系统用于去除污水中的可沉物和漂浮物，减轻后续处理设施的负荷。初沉池的主要设备有进出口阀门和刮泥、排泥设备等。自控系统应按照不同类型初沉池的工艺控制要求实现刮泥、排泥环节的自动控制。

（2）相关仪表和设备

1）刮泥机；

2）排泥泵、阀；

3）污泥界面仪或污泥浓度计（如果有）；

4）贮泥池液位或其他相关仪表和设备。

（3）自动程序功能

1）中心传动或链式刮泥机一般为不间断运行设备，应具备停机报警功能；桥式刮泥机一般为间歇运行设备，应具备间歇时间设置及刮板等附属系统的自动控制功能。

2）排泥控制可以采取周期排泥和仪控排泥两种控制模式。周期排泥模式下应根据时间设置间歇向贮泥池排泥；仪控排泥模式下应根据污泥界面或污泥浓度的数值判断是否向贮泥池排泥。

3）具有多个并行系列时应按照规定次序或队列依次排泥，不宜同时排泥。

4）一套排泥泵对应多个排泥阀的，排泥阀应按照规定的次序轮流开关，不得同时开关；阀门轮换时应先开阀后关阀。

5）排泥设备出现故障时应自动跳过故障设备继续下一系列或单元排泥。

6）排泥泵有两台以上（包括两台）互为备用的，应轮流使用，实现均衡运行。

7）贮泥池液位最高限报警时应停止排泥。

（4）自动程序上位机监控内容

1）自动程序启停控制；

2）自动程序间歇时间和其他参数设置；

3）自动程序运行状态和工艺步骤显示；

4）自动程序运行条件和故障信息显示。

1.5.2.5 A²/O 和氧化沟生化系统自动程序

（1）一般规范

1）搅拌器、推流器和二沉池刮泥机一般为不间断运行设备，应具备停机报警功能；

2）内回流泵一般为远程手动控制，应具备远程启停和频率调节功能；

3）配置可调节设备及必要检测仪表的系统应实现闭环自动控制功能。

（2）连续曝气系统自动程序

1）相关仪表和设备

①生物池空气调节阀；②可调节曝气鼓风机系统（包含主控制柜 MCP）；③空气流量计（可选）；④生物池溶解氧测定仪、氨氮分析仪和其他相关仪表。

2）自动程序功能

①连续曝气系统曝气量控制应由鼓风机、空气调节阀、空气流量计、溶解氧测定仪等构成串级闭环控制系统；②空气调节阀与空气流量计构成一级流量闭环控制回路，空气流量设置根据 DO、进水流量、氨氮等数据自动计算构成二级闭环控制回路；③鼓风机系统根据全部生化系统的需气量设置自动调节；④未配置空气流量计的，空气调节阀与溶解氧测定仪应实现溶氧闭环自动控制；⑤空气调节阀动作频率和单次调节幅度不宜过大，防止曝气管道压力突变影响曝气鼓风机运行；⑥生化曝气具有大滞后特性，自动程序应加入时延功能，防止系统超调和振荡。

3）自动程序上位机监控内容

①自动程序启停控制；②自动程序必要控制参数设置；③自动程序运行状态和重要数据曲线；④自动程序运行条件和故障信息显示。

（3）间歇曝气系统自动程序

1）相关仪表和设备

①生物池曝气阀；②曝气鼓风机系统（包含主控制柜 MCP）。

2）自动程序功能

①间歇曝气系统宜保持曝气鼓风机处于常运行状态，通过曝气阀的自动开闭为各组生物池间歇曝气；②每组生物池的曝气时间可单独设置；③为防止鼓风机喘振，应设置阀门切换延时，在阀门切换时先打开下一个曝气阀，并在切换延时时间内缓慢关闭上一个曝气阀；④曝气阀故障或曝气阀退出自动状态时应发出报警提示，并保持现状等待人工处理。

3）自动程序上位机监控内容

①自动程序启停控制；②阀门切换时间等参数设置；③自动程序运行状态和故障信息；④自动程序运行条件显示。

（4）外回流污泥泵自动程序

1）相关仪表和设备

①外回流污泥泵；②污泥泵房液位计；③回流污泥流量计；④进水流量计和其他相关仪表。

2）自动程序功能

①外回流污泥泵应根据回流比实现流量闭环控制，外回流流量可手动设置或按照进水流量和回流比自动计算；②多台外回流泵成组使用时应具备无扰切换、均衡运行和依次启动功能；③工频泵与变频泵搭配使用的，应使用变频泵做闭环控制常用泵；④污泥泵房液位低于保护液位时应停止外回流污泥泵；⑤无回流污泥流量计或变频外回流泵的，应根据进水流量或外回流量的区间设置外回流泵的运行数量实现开环自动控制。

3）自动程序上位机监控内容

①自动程序启停控制；②回流比、闭环控制参数、泵运行数量等必要参数设置；③自动程序运行状态和故障信息显示；④自动程序运行条件显示。

（5）剩余污泥泵自动程序

1）相关仪表和设备

①剩余污泥泵；②污泥泵房液位计；③剩余污泥流量计（可选）。

2）自动程序功能

①剩余污泥泵应结合工艺需求和污泥脱水系统的运行模式实现间歇排泥控制；②多台剩余污泥泵成组使用时应具备无扰切换、均衡运行和依次启动功能；③污泥泵房液位低于保护液位或贮泥池液位高于警戒液位时应停止剩余污泥泵。

3）自动程序上位机监控内容

①自动程序启停控制；②自动程序间歇时间等参数设置；③自动程序运行状态和故障

信息显示；④自动程序运行条件显示。

1.5.2.6　SBR 池自动程序

（1）相关仪表和设备

1）进水泵和进水阀；

2）曝气风机和进气阀；

3）滗水器；

4）排水阀；

5）液位计及其他相关仪表和设备。

（2）自动程序功能

1）SBR 池一般有多个单元，自动程序应涵盖每个单元的序批控制和全部单元的合理调度；

2）每个单元可自动实现进水、曝气、沉淀、排水、待机等步序的转换；

3）每个单元各步序的时间和工艺参数可单独调节；

4）应合理设置各单元的步序，使进水泵和曝气风机等设备不受步序切换影响，可长时间不间断运行；

5）各单元步序调度可采用队列和时序表两种方式；

6）某单元设备故障应自动切换至下一单元，不得影响整个系统自动运行，设备故障复位后应从指定步序运行或继续故障前的步序运行；

7）进水阀和曝气阀切换应遵循"先开后关"的原则，防止阀门切换过程中造成管道憋压影响设备运行；

8）进水泵和曝气风机应具备互锁保护功能，出口阀全部关闭时可自动停机保护；

9）为适应不同工况，自动程序宜具有人工定义步序次序和步序动作的功能；

10）部分设备故障或手动控制时自动程序应通过上位监控系统发出手动操作提醒，实现整个系统的半自动控制。

（3）自动程序上位机监控内容

1）自动程序启停控制；

2）自动程序时序和其他运行参数设置；

3）系统调度队列或时序表；

4）自动程序时序及运行状态；

5）自动程序运行条件和故障信息显示。

1.5.2.7　MBR 自动程序

（1）相关仪表和设备

1）产水泵（变频控制）；

2）膜组气动阀门和空压机；

3）产水流量计和压力计；

4）膜池液位计、出水浊度仪；

5）其他相关仪表和设备。

（2）自动程序功能

1）每组产水泵应可单独设置流量闭环和频率开环两种控制模式及对应的控制参数；

2）每组产水泵应可单独设置产水时间和停止时间；

3）程序可以通过在线仪表准确计算过膜压差并具备压差超限的报警和工艺连锁功能，保证膜系统不会因压力超限而损坏；

4）在过膜压差许可范围内产水泵根据流量闭环或频率开环控制，在过膜压差超限使能值附近由压力闭环控制，保证压差在使能值以下；

5）膜系统产水量与膜池液位和后序水池液位连锁，根据液位变化自动调整投入的膜组数量和总产水量，保证液位稳定；

6）通过过膜压差和在线浊度仪实现自动周期检测和手动强制检测膜完整性功能，检测不通过的膜组自动停止运行并报警；

7）膜组气动阀门按照设置的运行模式自动开关并具备故障报警功能。

（3）自动程序上位机监控内容

1）自动程序模式选择；

2）自动程序时间和其他运行参数设置；

3）自动程序运行状态和运行数据显示；

4）自动程序运行条件、互锁条件和故障信息显示。

1.5.2.8 膜在线清洗自动程序

（1）相关仪表和设备

1）在线清洗泵（变频控制）；

2）膜组气动阀门和空压机；

3）反洗压力计，膜池液位计；

4）各加药系统；

5）其他相关仪表和设备。

（2）自动程序功能

1）在线清洗泵应可单独选择流量闭环和频率开环两种控制模式；

2）在过膜压差许可范围内清洗泵根据流量闭环或频率开环控制，在过膜压差超限使能值附近由压力闭环控制，保证压差在使能值以下；

3）在线清洗工艺步骤和运行参数可人工设置，满足不同工况的需求；

4）在线清洗过程应自动完成，不需要人工参与；

5）宜具备化学药剂保存再利用和废药剂自动中和排放功能。

（3）自动程序上位机监控内容

1）清洗程序工艺步骤设置；

2）清洗程序时间和其他运行参数设置；

3）清洗程序运行状态和运行数据显示；

4）清洗程序运行条件、互锁条件和故障信息显示。

1.5.2.9　二沉池自动程序

（1）相关仪表和设备

1）外回流泵（变频控制）；

2）外回流流量计；

3）其他相关仪表和设备。

（2）自动程序功能

1）外回流泵与外回流流量计应实现流量闭环自动控制；

2）多台泵成组使用时应具备无扰切换、均衡运行和依次启动功能。

（3）自动程序上位机监控内容

1）自动程序启停控制；

2）自动程序参数设置；

3）自动程序运行状态和故障信息显示；

4）自动程序运行条件显示。

1.5.2.10　污泥排放自动程序

（1）相关仪表和设备

1）排泥泵；

2）排泥阀；

3）桁车及吸泥泵；

4）沉淀池泥位计或污泥泵井液位计；

5）其他相关仪表和设备。

（2）自动程序功能

1）污泥排放泵应具有间歇排泥和仪控排泥两种控制模式，排泥时间和排泥液位可单独设置；

2）多台泵成组使用时应具有无扰切换、均衡运行和依次启动功能；

3）泵后贮泥池液位过高应停止污泥排放泵；

4）采用排泥阀排泥的，应设置排泥间隔时间，各排泥阀交替排泥；

5）采用桁车和吸泥泵刮吸泥的，应设置桁车运行间隔时间和吸泥泵连锁方式。

（3）自动程序上位机监控内容

1）自动程序启停控制；

2）自动程序参数设置；

3）自动程序运行状态和故障信息显示；

4）自动程序运行条件显示。

1.5.2.11 滤池自动程序

（1）过滤控制

1）相关仪表和设备

①滤池液位计；②滤池出水调节阀；③滤池进水阀及其他阀门。

2）自动程序功能

①滤池自动模式下应有停用、过滤和反冲 3 种状态；②过滤状态下滤池进水阀全开，出水调节阀由恒液位控制程序调节开度，其他阀门全部关闭；③恒液位控制宜采用闭环比例积分微分（proportional integral derivative，PID）控制或其他先进控制算法，应具有调节周期、最大调节量、控制死区和其他控制参数的设置接口；④恒液位控制精度应综合考虑工艺需求和阀门寿命确定，一般不宜大于 5 cm；⑤自动程序应具有阀门最大开度设置接口，并将阀门达到最大开度液位仍持续上涨的情况作为滤池反冲条件（相当于水头损失达到最大）。

3）自动程序上位机监控内容

①滤池自动程序启停控制；②滤池恒液位参数设置，包括调节周期、最大调节量、目标液位、调节死区、阀门最大开度和其他控制参数等；③自动程序运行状态和故障信息显示；④自动程序运行条件显示。

（2）反冲洗控制

1）相关仪表和设备

①滤池液位计、压力计；②滤池阀门；③反冲洗水泵和反冲洗风机（包括相关阀门）；④浊度仪或其他相关仪表和设备。

2）自动程序功能

①滤池应具有手动强制、水头损失（包括出水阀门开至最大）和过滤时间 3 种反冲洗条件，其中水头损失和过滤时间两个条件应具有使能按钮；②多组滤池共用一套反冲洗系统的，同时只允许一个滤池进入反冲洗状态，其他待反冲滤池应进入先入先出队列等待；③反冲洗程序应自动控制所有相关设备按照反冲洗工艺步骤的要求动作，并利用上一步动作结果的反馈信号和时间等条件作为下一步动作开始的条件；④反冲洗程序运行过程中发生设备故障或其他需要停止反冲洗进程的情况时，应以保护设备安全和工艺稳定为原则按照设备间逻辑互锁的先后顺序依次关停反冲洗设备并发出故障报警；⑤反冲洗故障发生后宜将滤池阀门全部关闭使之处于停用状态，故障排除后宜从第一步重新执行反冲洗程序；⑥反冲洗等待队列非空情况下，滤池发生反冲洗故障后应自动开始下一个滤池反冲程序；⑦反冲洗步骤按照工艺要求需频繁调整的，自动程序宜具有人工定义反洗步骤和步骤动作的功能。

3）自动程序上位机监控内容

①滤池强制反冲、水头损失反冲和过滤时间反冲控制和参数设置；②滤池气洗、气水洗和水洗时间及其他参数设置；③滤池当前反冲洗步骤和步骤执行时间显示；④自动程序运行状态和故障信息显示；⑤自动程序运行条件显示。

1.5.2.12 加药系统自动程序

（1）相关仪表和设备

1）干粉或原液投加设备；

2）稀释水投加设备；

3）其他相关仪表和设备。

（2）自动程序功能

1）干粉或原液投加设备应能精确计量和调节药剂的投加量；

2）稀释水投加设备应能通过流量或液位的方式精确计量稀释水投加量；

3）应具备制备浓度设置功能，可根据浓度自动计算干粉或原液与水的比例，完成药剂制备；

4）多套制备系统互为备用的，应可根据工艺条件自动切换。

（3）自动程序上位机监控内容

1）自动程序启停控制；

2）自动程序参数设置；

3）自动程序运行状态和故障信息显示；

4）自动程序运行条件显示。

1.5.2.13 投加系统自动程序

（1）相关仪表和设备

1）加药计量泵（变频驱动）；

2）加药流量计；

3）进水流量计及其他相关仪表和设备。

（2）自动程序功能

1）投加系统应具有流量闭环和工艺闭环两种控制模式；

2）流量闭环模式下通过加药流量反馈值与设定值的偏差自动调节计量泵频率保持加药流量稳定；

3）工艺闭环模式下通过进水流量等工艺数据反馈值结合投配率和其他在线仪表数据自动计算所需的加药流量，并自动调节计量泵频率保持加药流量满足工艺要求；

4）宜采用通信或脉冲的方式采集加药流量计的累计流量。

（3）自动程序上位机监控内容

1）自动程序启停控制；

2）自动程序参数设置；

3）自动程序运行状态和故障信息显示；

4）自动程序运行条件显示。

1.5.2.14　污泥脱水系统自动程序

（1）相关仪表和设备

1）药剂制备或存储设备；

2）加药泵、进泥泵、冲洗水泵等；

3）污泥脱水机；

4）污泥输送设备、污泥料仓等；

5）其他相关仪表和设备。

（2）自动程序功能

1）药剂制备系统应具备制备浓度设置功能，可根据浓度自动计算干粉或原液与水的比例，完成药剂制备；

2）脱水机与加药泵、进泥泵和冲洗水泵连锁，可一键顺序启停，并可远程调节运行频率等控制参数；

3）污泥输送设备与脱水机连锁，自动输送脱水污泥；

4）贮泥池液位低、污泥料仓液位高或其他影响脱水系统运行的互锁条件发生时，应自动按顺序停机保护。

（3）自动程序上位机监控内容

1）自动程序启停控制；

2）自动程序参数设置；

3）自动程序运行状态和故障信息显示；

4）自动程序运行条件显示。

1.5.3　智能化污水处理厂案例

随着人类科技的进步与发展，水务行业也迎来了智慧化建设阶段。智慧水务以传统污水处理厂日常经营过程中在工艺、设备、安全、办公等方面存在的问题为导向，通过物联网、云计算、监控安防等一系列技术手段，建立了一个动态管理的智能平台，提高污水处理厂运行的自动信息化水平，以智能技术取代人工，打造了更精准、更细致、更高效、更便捷的运营管理体系，解决了传统污水处理生产运营中的一些基础难点：如人工巡检可能造成的疏忽、手动数据录入可能出现的错误、通过设备表象无法测量的内在参数可能引起的隐患、因点多面广而无法实现人员全区域覆盖以及出现异常而后知后觉的时效性等一系列问题。

通过智慧化建设，可以大幅提升污水处理厂运行管理水平，降低生产能耗和运行成本。下面以东莞市大岭山连马污水处理厂为例，介绍污水处理厂智能化建设经验做法。

东莞市大岭山连马污水处理厂设计处理规模 8 万 m^3/d，采用 UCT+MBR 处理工艺，出水标准达到《城镇污水处理厂污染物排放标准》（GB 18918—2002）中的一级 A 标准。2018 年，大岭山连马污水处理厂率先完成项目智慧化改造，开展少（无）人值守水厂建设，成为北控水务集团内首个组团式高效智能试点污水处理厂。通过全流程智能管控、区域中心集中监控、移动巡检智能管理、运维平台信息化管理，大岭山片区三座污水处理厂（连马污水处理厂、常平西部污水处理厂、横沥东坑合建污水处理厂）实现了生产运营自动化代替人工操作，曝气、提升、加药等重点工艺智能控制，运营、设备、设施、巡检、维修等流程互联互通，打破信息孤岛。通过建立"1+N"智慧水务管理模式，利用数字化管理工具和由专线连接的工控系统汇集片区动态信息，实现高标准运维、高效率统筹、智能化远程监控报警、大数据分析调控。大岭山片区 3 座污水处理厂的所有岗位可随时随地通过手机终端监控组团内各污水处理厂运行情况，随时查询数据、分析异常、作出决策并进行信息交互，初步实现了"物联网平台、大数据分析、智能管控、人机协同、移动办公"的智慧运营。

习　题

一、单选题

1. 水中凯氏氮包括（　　）。

A. 氨氮和有机氮　　　　　　B. 氨氮和硝酸盐氮

C. 有机氮和硝酸盐氮　　　　D. 硝酸盐氮和亚硝酸盐氮

2. 水温对以下哪项出水指标影响最大？（　　）

A. 氨氮　　　B. SS　　　C. COD　　　D. 总磷

3. 根据《城镇污水处理厂污染物排放标准》（GB 18918—2002），排入《地表水环境质量标准》（GB 3838）中规定的Ⅳ类、Ⅴ类水域的污水，执行（　　）级标准。

A. 二级　　　B. 一级 B　　　C. 一级 A　　　D. 三级

4. 将固体在 600℃的温度下灼烧，挥发掉的部分是（　　）固体。

A. TS　　　　B. FS　　　　C. SS　　　　D. VS

5. 以下属于第一类污染物的是（　　）。

A. 总汞、总铬、总砷、总铅、苯并[a]芘、总 α 射线

B. pH、色度、悬浮物

C. BOD_5、COD

D. 石油类、动植物油

6. 下列说法不正确的是（　　）。

A. COD 测定通常采用 $K_2Cr_2O_7$ 和 $KMnO_4$ 为氧化剂

B. COD 测定不仅氧化有机物，还氧化无机性还原物质

C. COD 测定包括碳化和硝化所需的氧的量

D．COD 测定可用于存在有毒物质的水

7．某工业废水的 $BOD_5/COD=0.50$，初步判断它的可生化性为（　　）。

A．较好　　B．可以　　C．较难　　D．不宜

8．过量的（　　）进入天然水体会导致富营养化而造成水质恶化。

A．硫酸盐、硫化物　B．氮、磷　C．碳水化合物　D．有机物

9．污泥含水率从 99% 降到 96%，其体积（　　）。

A．为原体积的 1/2　　　　　B．为原体积的 1/3

C．为原体积的 1/4　　　　　D．为原体积的 4 倍

10．厌氧池通常需要设在线（　　）来判断是否满足厌氧释磷条件。

A．DO 测定仪　B．浊度仪　C．pH 计　D．ORP 计

11．（　　）是根据法拉第电磁感应定律来测量导电性液体体积流量的仪表。

A．电磁流量计　B．涡街流量计　C．转子流量计　D．超声波流量计

12．关于流量计，以下说法正确的是（　　）

A．进水流量计安装在提升泵后端

B．当流量增大时，转子流量计的浮子将下降

C．涡街流量计利用法拉第电磁感应定律来测量流体流量

D．明渠流量计不能用在进水端

二、判断题

1．根据《污水综合排放标准》（GB 8978—1996），第一类污染物采样点位一律设在车间或车间处理设施的排放口。第二类污染物在排污单位的排放口采样。（　　）

2．用高锰酸盐法和重铬酸钾法测定同一水样的 COD 时，$COD_{Cr}>COD_{Mn}$。（　　）

3．生物除磷过程中不需要提供有机碳源。（　　）

4．反渗透膜的工作原理是，只允许溶液中的溶剂通过而不允许溶质通过。（　　）

5．在线浊度仪可以用于检测污水的悬浮物浓度。（　　）

6．在线溶解氧仪的传感器可以长期浸泡在污水中，无须维护。（　　）

7．污水处理厂的进水流量监测通常作为整个处理系统启动或关闭的触发条件。（　　）

8．SBR 池进水阀和曝气阀切换应遵循"先开后关"的原则。（　　）

9．沉淀池仪控排泥模式下应根据时间判断是否向贮泥池排泥。（　　）

10．A^2/O 内回流泵一般为远程手动控制，应具备远程启停和频率调节功能。（　　）

三、问答题

1．简述污水的分类及特点。

2．举例说明城镇污水处理厂出水标准有哪几类。

3．什么是污水处理"厂网一体化"运营？

4．简述污水处理的基本方法和城镇污水的一般处理流程。

5. 污水处理厂常见的在线仪表有哪些？并简述其作用。

6. 某污水处理厂采用"预处理+A²/O+二沉池+反硝化深床滤池+紫外线消毒"处理工艺，试分析该污水处理厂的在线仪表应如何设置。

7. 简述格栅的自控逻辑。

8. 在线氨氮监测仪有哪几种？工作原理分别是什么？

参考答案

第 2 章　工艺运行管理

【本章学习目标】

1. 掌握污水处理厂常用工艺参数含义及计算方法。
2. 掌握污水处理厂工艺运行巡视分类及方法。
3. 了解污水处理厂各单元巡视步骤及内容。
4. 熟悉污水处理厂工艺运行、调控要点。
5. 了解污水处理厂进出水在线运维管理内容。
6. 熟悉污水处理厂常用运行记录、报表的填写要求。
7. 了解污水处理厂运行风险类别，能够进行风险识别。

2.1　污水处理厂工艺参数及计算

2.1.1　预处理工艺参数及计算

2.1.1.1　进水泵房

（1）进水泵房设计流量

进水泵房设计流量按照最高日最高时污水量确定。

（2）进水泵房扬程

进水泵房的设计扬程，根据设计流量时的集水池水位与出水管渠水位差和水泵管路系统的水头损失以及安全水头确定。

全扬程 H 计算公式为

$$H = H_{ss} + H_{sd} + \sum h + \Delta h \tag{2-1}$$

式中：H_{ss}——吸水地形高度，m，为集水池常水位与水泵轴线标高之差；其中常水位是集水池运行中经常保持的水位，在最高水位与最低水位之间，由泵站管理单位根据具体情况决定；一般可采用平均水位。

　　　H_{sd}——压水地形高度，m，为水泵轴线与经常提升水位之间高差；其中经常提升水位一般用出水正常高水位。

　　　$\sum h$——吸水管和出水管的水头损失（包括沿程损失和局部损失），m。

　　　Δh——安全水头，m。

水泵吸水管和出水管水头损失可用式（2-2）计算：

$$\sum h = \sum \xi \frac{v^2}{2g} + \sum iL \qquad\qquad (2\text{-}2)$$

式中：$\sum h$——吸水管和出水管的水头损失，m；

ξ——吸水管或出水管局部阻力系数；

v——吸水管或出水管流速，m/s；

g——重力加速度，取 9.81 m/s²；

i——吸水管或出水管管道坡度；

L——吸水管或出水管管道长度，m。

进水泵房一般扬程较低，局部损失占总损失比重较大，所以不可忽略不计。

估算扬程时安全水头可按 0.5～1.0 m 计，详细计算时应慎用，以免水泵工况点偏移。

（3）选泵考虑因素

1）工作泵选用总的要求是在满足最大排水量的条件下；减少投资，节约电耗，运行安全可靠，维护管理方便；设计水量、水泵全扬程的工况点应靠近水泵的最高效率点。

2）当泵站内设有多台水泵时，选择水泵应当注意不但在联合运行时，而且在单泵运行时都应在高效区范围。

3）尽量选用同型号水泵，这样对设备的购置、设备与配件的备用、安装施工、维护检修都有利。在可能的条件下，每台水泵的流量最好相当于 1/3～1/2 的设计流量。当水量变化大，且水泵台数较多时，采用大小水泵级配方式设置较为合适。如选用不同型号的两台水泵，则水泵的出水量不小于大泵出水量的 1/3。

4）远期污水量发展的泵站，水泵要有足够的适应能力。

5）污水泵房尽量采用污水泵，并且根据来水水质，采用不同的材质。一般选用立式离心泵，当流量较大时，可选择轴流泵。当泵房不太深时，也可选用卧式离心泵。

6）为了保证泵房的正常工作，需要有备用机组和配件。如果泵房经常工作的水泵不多于 4 台，且为同一型号，则可只设一套备用机组；超过 4 台时，除安设一套备用机组外，在仓库中还应存放一套。

2.1.1.2　格栅

（1）栅条间隙的选择

栅条间隙大小直接影响格栅的截污效果。栅条间隙的选择可根据废水中悬浮物和漂浮物的大小和组成等实际情况而定。在实际运行管理中，运行人员可根据所测数据及管理经验摸索出适合本单位废水处理的栅条间隙。

在废水处理工艺流程中，一般按照先粗后细的原则设置格栅栅条间隙。粗（中）格栅通常设置在泵站集水池进口处，细格栅则通常设置在沉砂池前。近年来，随着新的水处理工艺的出现，再生利用的水质要求高，膜过滤处理工艺正在被广泛应用。膜反应器前的格栅过滤精度要求高，常采用超细格栅。泵前格栅栅条间隙以稍小于水泵的叶轮间隙为宜。

（2）过栅流速的控制

污水在栅前渠道内的流速一般应控制在 0.4～0.8 m/s，过栅流速应控制在 0.6～1.0 m/s。过栅流速太大，则容易把需要截留下来的软性栅渣冲走；过栅流速太小，污水中粒径较大的粒状物质有可能在栅前渠道内沉积。

栅前流速计算公式如式（2-3）所示：

$$v_1 = \frac{Q}{B_1 h} \tag{2-3}$$

式中：v_1——栅前流速，m/s；

Q——格栅处理水量，m^3/s；

B_1——栅前渠道的宽度，m；

h——栅前水深，m。

过栅流速可采用式（2-4）估算：

$$v = \frac{Q\sqrt{\sin \alpha}}{(n+1)bh} \tag{2-4}$$

式中：v——过栅流速，m/s

α——格栅安装倾角，°；

n——格栅栅条数量，个；

b——格栅的栅条间隙，m。

运行人员在操作过程中可根据实际情况对过栅流速进行控制，可以利用投入工作的格栅台数或调节栅前闸门开度来控制过栅流速。

（3）水头损失的控制

所谓过栅水头损失，就是格栅前后水位差，与过栅流速有关，一般控制在 0.3 m 以内。若过栅水头损失增大，说明污水过栅流速增大，此时有可能是过栅水量增加，更有可能是格栅局部被堵死；若过栅水头损失减小，则说明过栅流速降低，此时很可能由于较大颗粒物质在栅前渠道内的沉积，需要及时清除。

（4）栅渣量

栅渣量与地区特点、栅条间隙大小、废水流量以及下水道系统的类型等因素有关，可用式（2-5）进行估算：

$$W = \frac{86\,400QW_1}{1\,000K_z} \tag{2-5}$$

式中：W——每日栅渣量，m^3/d；

Q——格栅处理水量，m^3/s；

W_1——栅渣量，m^3 栅渣/10^3 m^3 污水，一般取 W_1=0.01～0.10 m^3 栅渣/10^3 m^3 污水，粗格栅取小值，细格栅、超细格栅取大值；

K_z——生活污水流量总变化系数，取值见表 2-1。

表 2-1　生活污水流量总变化系数

平均日流量/（L/s）	5	15	40	70	100	200	500	≥1 000
K_Z	2.7	2.4	2.1	2.0	1.9	1.8	1.6	1.5

2.1.1.3　沉砂池

（1）平流沉砂池

平流沉砂池运行操作主要是控制污水在池内的水平流速和水力停留时间，两个参数的控制值如下：

1）最大流速应为 0.3 m/s，最小流速应为 0.15 m/s。

2）水力停留时间不应小于 45 s。

水平流速计算公式如式（2-6）所示：

$$v = \frac{Q}{bh} \tag{2-6}$$

式中：v——水平流速，m/s；

　　　Q——沉砂池处理水量，m^3/s；

　　　b——沉砂池池宽，m；

　　　h——沉砂池有效水深，m。

水力停留时间则可采用式（2-7）计算：

$$T = \frac{V}{Q} \tag{2-7}$$

式中：T——水力停留时间，s。

　　　V——沉砂池有效容积，m^3；

　　　Q——沉砂池处理水量，m^3/s。

水平流速的具体控制取决于沉砂粒径的大小。若沉砂组成以大砂粒为主，水平流速应大些，使有机物沉淀最少；反之必须放慢流速才可以使砂粒沉淀下来，这时大量有机物也随之一起沉淀下来。具体到每个沉砂池流速的最佳范围，运行人员应根据实际运行的除砂率和有机物沉淀情况确定。

（2）曝气沉砂池

直接决定砂粒沉降的工艺参数是污水在沉砂池内的旋流速度和旋转圈数。旋流速度与沉砂池的几何尺寸、扩散器的安装位置和曝气强度等因素有关。粒径越小的砂粒一般需要较大的旋流速度（但旋流速度又不能太大，否则沉下的砂粒将重新泛起）。在运行管理中，一般通过调节曝气强度来改变池内污水的旋流速度，使大于某一粒径的砂粒得以沉淀下来。

旋转圈数与曝气强度及污水在池内的水平流速有关，曝气强度越大，旋转圈数越多，沉砂效率越高。水平流速越大，旋转圈数越少，沉砂效率越低。当进入沉砂池的污水量增大时，水平流速也将增大，此时应增大曝气强度，保证足够的旋转圈数，不使沉砂效率降低。

曝气沉砂池的运行参数如下：

1）水平流速不宜大于 0.1 m/s。

2）水力停留时间宜大于 5 min。

3）曝气强度可采用单位污水量的曝气量，即气水比来表示，一般控制在 0.1～0.3 m³（空气）/m³（污水）；也可以采用单位池长的曝气量来表示，一般控制在 5.0～12.0 L（空气）/[m（池长）·s]。

曝气沉砂池水平流速和水力停留时间可参考平流沉砂池相关计算。

运行人员应根据污水中砂粒的主要粒径分布及沉砂池的具体情况摸索出曝气强度与水平流速之间的关系，以便运行调度。

（3）旋流沉砂池

旋流沉砂池的主要控制参数为进水渠道内的流速、圆池的水力表面负荷和水力停留时间。旋流沉砂池的运行参数如下：

1）进水渠道内的流速一般控制在 0.6～0.9 m/s 为宜。

2）圆池的水力表面负荷指单位沉砂池面积单位时间处理污水的量，一般控制在 150～200 m³/（m²·h）。

3）水力停留时间一般控制在 30～60 s。

旋流沉砂池进水渠道内流速可按式（2-8）计算：

$$v_1 = \frac{Q}{3\,600 A_1} \qquad (2\text{-}8)$$

式中：v_1——沉砂池进水渠道流速，m/s；

$\quad\quad Q$——沉砂池处理水量，m³/h；

$\quad\quad A_1$——沉砂池进水渠道过水断面面积，m²。

圆池水力表面负荷可按式（2-9）计算：

$$q = \frac{4Q}{\pi D^2} \qquad (2\text{-}9)$$

式中：q——沉砂池表面水力负荷，m³/（m²·h）；

$\quad\quad Q$——沉砂池处理水量，m³/h；

$\quad\quad D$——沉砂池沉砂区直径，m。

水力停留时间可按式（2-10）计算：

$$T = \frac{3\,600 V}{Q} \qquad (2\text{-}10)$$

式中：T——沉砂池水力停留时间，s；

$\quad\quad Q$——沉砂池处理水量，m³/h；

$\quad\quad V$——沉砂池沉砂区体积，m³。

2.1.1.4 初沉池

（1）水力表面负荷

水力表面负荷指单位沉淀池面积单位时间内处理的污水的量，单位为 $m^3/(m^2 \cdot h)$。水力表面负荷越小，所能去除的颗粒就越多，沉淀效率就越高；反之，水力表面负荷越大，沉淀效率就越低。沉淀池水力表面负荷可采用式（2-11）计算：

$$q = \frac{Q}{A} \qquad (2\text{-}11)$$

式中：q——沉淀池水力表面负荷，$m^3/(m^2 \cdot h)$；

Q——沉淀池处理水量，m^3/h；

A——沉淀池表面积，m^2。

初沉池水力表面负荷一般控制在 $1.5 \sim 4.5\ m^3/(m^2 \cdot h)$。

（2）水力停留时间

污水在初沉池内的水力停留时间也是初沉池运行的一个重要参数。只有足够的停留时间，才能保证良好的絮凝效果，获得较高的沉淀效率。沉淀池水力停留时间的计算可参考沉砂池相关公式。

初沉池的水力停留时间一般控制在 $0.5 \sim 2.0\ h$。

（3）出水堰负荷

出水堰负荷是指单位堰板长度在单位时间内所能溢流的水量，单位为 $L/(m \cdot s)$。能控制水在池内，特别是在出水端能保持一个均匀而稳定的流速，防止污泥及浮渣流失。

出水堰负荷计算公式如式（2-12）所示：

$$q' = \frac{Q}{3.6l} \qquad (2\text{-}12)$$

式中：q'——出水堰负荷，$L/(m \cdot s)$；

Q——沉淀池处理水量，m^3/h；

l——沉淀池堰板总长度，m。

初沉池出水堰负荷一般应小于 $2.9\ L/(m \cdot s)$。

2.1.2 生化处理工艺参数及计算

活性污泥法及其衍生改良工艺是使用最广泛的城镇污水处理技术，因此以下主要介绍活性污泥系统运行工艺参数及计算。

（1）污泥浓度

污泥浓度是指混合液悬浮固体浓度（MLSS）或混合液挥发性悬浮固体浓度（MLVSS）。MLSS 是指单位体积活性污泥混合液中含有的悬浮固体量，MLVSS 是指单位体积活性污泥混合液中有机性固体物质的量，两个指标的单位均为 mg/L。

MLSS 包括污泥混合液中 4 个方面的总量：活性微生物、吸附在活性污泥上不能被生物降解的有机物、微生物自身氧化的残留物和无机物，而 MLVSS 则不包括无机物。虽然污泥浓度（MLSS 和 MLVSS）不等于活性微生物浓度，但在它们之间有着稳定的相关性，所以可用 MLSS（或 MLVSS）间接代表活性微生物的含量。通常就稳定的市政污水处理厂而言，MLVSS/MLSS 为 0.60～0.70。

在生产实践中，适当维持高的污泥浓度，可减少曝气时间，有利于提高净化效率，尤其在处理有毒、难以生物降解或负荷变化大的废水时，可使系统耐受高的毒物浓度或冲击负荷。保证系统正常而稳定地运行。但污泥浓度过高时，会改变混合液的黏滞度，由于扩散阻力的原因，氧的吸收率会下降，能耗上升。污泥浓度高，还会增加二沉池的负担，如不能适应，将会造成跑泥现象。对浓度低的废水，污泥浓度高会造成负荷过低，使微生物生长不良，处理效果反而受到影响。

通过观察发现，当水温低于 10℃时，可以明显发现处理效果不佳。因此在水温偏低时，应提高活性污泥浓度以抵消活性污泥活性降低的负面影响，从而保证去除效率；相反，当水温较高时，活性污泥活性旺盛，不利于活性污泥的沉降，应通过降低活性污泥浓度来避免未沉降絮体和上清液浑浊的不良状况。

（2）污泥沉降比

污泥沉降比（SV）是指一定量的活性污泥混合液静置 30 min 后，沉淀污泥与原混合液体积比，以%或 mL/L 表示。

活性污泥混合液经 30 min 沉淀后，沉淀污泥可接近最大密度，因此，以 30 min 作为测定活性污泥沉淀性能的依据。

由于 SV 测定方法简便、迅速，所以常用 SV 来指导活性污泥系统的运行。SV 能够反映系统运行过程中的活性污泥量，可以用于控制、调节剩余污泥的排放量，还可以通过它发现污泥膨胀等异常现象。当 SV 超过某个数值时，就应该排泥，使系统污泥量维持在所需的浓度。如果 SV 出现突变，就要查找原因看是否出现故障。

（3）污泥容积指数（SVI）

污泥容积指数简称污泥指数，是指活性污泥混合液经 30 min 沉淀后，1 g 干污泥所形成的沉淀污泥的体积，单位为 mL/g，在习惯上只称数字，而把单位略去。SVI 的计算式为

$$SVI = \frac{混合液（1L）30min 静沉形成的活性污泥容积（mL）}{混合液（1L）中悬浮固体干重（g）} = \frac{SV（mL/L）}{MLSS（g/L）} \quad (2-13)$$

SVI 值比 SV 更能准确地评价活性污泥的凝聚和沉降性能。一般来说，如果 SVI 值低，表明活性污泥沉降性能好；如果 SVI 值高，表明活性污泥沉降性能差。但是如果 SVI 值过低，则污泥颗粒细小而密实，无机化程度高，这时污泥活性和吸附性都较差；如果 SVI 值过高，则污泥可能要发生膨胀，这时污泥往往是丝状菌占优势。

通常认为，当 SVI 值<100 时，污泥具有良好的沉降性能；当 SVI 值为 100～200 时，污泥沉淀性能一般；当 SVI 值>200 时，则说明活性污泥的沉淀性能较差，已有产生膨胀现象的可能。

对于生活污水和城市污水，一般控制 SVI 值在 70～150 为宜，但根据污水性质不同，

这个指标也有差异。如污水中溶解性有机物含量高时，正常的 SVI 值可能较高；相反，污水中含无机性悬浮物较多时，正常的 SVI 值可能较低。

（4）有机负荷

1）BOD$_5$污泥负荷

在活性污泥法中，一般将有机污染物量与活性污泥量的比值（F/M），也就是单位质量的活性污泥，在单位时间内，能够接受并将其降解到预定程度的有机污染物（BOD）的量，称为污泥负荷，常用 N_s 表示，单位为 kgBOD$_5$/（kgMLSS·d）。BOD$_5$污泥负荷可用式（2-14）表示：

$$\frac{F}{M} = N_s = \frac{QS_0}{VX} \tag{2-14}$$

式中：N_s——BOD$_5$污泥负荷，kgBOD$_5$/（kgMLSS·d）；

Q——生物池处理水量，m^3/d；

S_0——生物池进水有机物（BOD$_5$）浓度，mg/L；

V——生物池有效容积，m^3；

X——混合液悬浮固体（MLSS）浓度，mg/L。

式（2-14）计算出的污泥负荷又称为污泥施加负荷，只是大致反映了单位质量的活性污泥每天所能接纳的 BOD$_5$ 量，而不能反映所能去除的 BOD$_5$ 量。在实际运行管理中常采用污泥去除负荷。二者的计算不同在于：前者的有机污染物量用生物池每天进水 BOD$_5$ 的总量表示，是污泥的承受负荷；而后者的有机污染物量用生物池每天去除的 BOD$_5$ 的总量表示，是污泥的去除负荷。

污泥负荷与污水处理效率、活性污泥特性、污泥生成量、氧的消耗量等有很大关系，污水温度对污泥负荷的选择也有一定影响。在活性污泥的不同增长阶段，污泥负荷各不相同，净化效果也不一样，因此，污泥负荷是活性污泥法设计和运行的主要参数。

2）BOD$_5$容积负荷

容积负荷（N_V）指单位生物池容积，在单位时间内，能够接受并将其降解到预定程度的有机污染物（BOD$_5$）的量，单位为 kgBOD$_5$/（m^3·d）。BOD$_5$容积负荷可用式（2-15）表示：

$$N_V = \frac{QS_0}{V} \tag{2-15}$$

N_s 值与 N_V 值之间的关系为

$$N_V = N_s X \tag{2-16}$$

（5）污泥龄

污泥龄是指系统内活性污泥总量与每日排除污泥量之比，一般用 θ_c 表示，即活性污泥在整个系统内的平均停留时间（SRT），因而又称为"生物固体平均停留时间"。

污泥龄应按式（2-17）计算：

$$\theta_c = \frac{活性污泥系统内的总活性污泥量（kg）}{每天从系统内排出的活性污泥量（kg/d）} \tag{2-17}$$

如忽略二沉池和回流污泥系统内的活性污泥量，污泥龄可用式（2-18）计算：

$$\theta_c = \frac{VX}{Q_w X_R + (Q - Q_w) X_e} \tag{2-18}$$

式中：θ_c——污泥龄，d；

Q——生物池处理水量，m^3/d；

Q_w——剩余活性污泥量，m^3/d；

X_R——回流污泥浓度，mg/L；

X_e——出水悬浮固体浓度，mg/L。

污泥龄反映活性污泥吸附了有机物后，进行稳定氧化的时间长短。污泥龄长，有机物氧化得越彻底，处理效果越好，剩余污泥量越少。但污泥龄也不能太长，否则污泥会老化，影响沉淀效果。污泥龄不应短于活性污泥中微生物的世代时间，否则生物池中的污泥会流失。

（6）污泥回流比

污泥回流比也称外回流比，是指回流污泥量与污水流量之比，常用 R 表示。计算式如式（2-19）所示：

$$R = \frac{Q_R}{Q} \times 100\% \tag{2-19}$$

式中：R——污泥回流比，%；

Q_R——污泥回流量，m^3/d；

Q——生物池处理水量，m^3/d。

生物池内混合液污泥浓度与污泥回流比及回流污泥浓度之间的关系是

$$X = \frac{R}{1+R} X_R \tag{2-20}$$

式中：X——生物池混合液悬浮固体浓度，mg/L；

X_R——回流污泥浓度，mg/L。

X_R 值取决于二沉池中的污泥浓缩程度，在正常条件下，其与污泥容积指数有密切关系。二者关系如下：

$$(X_R)_{max} = \frac{10^6}{SVI} \tag{2-21}$$

污泥容积指数高，则回流污泥浓度低，含水率高。

通过调整外回流比 R，可使污泥在生物池和二沉池中合理地分配，进而影响污泥负荷 F/M、污泥代谢活性、出水水质、污泥产率、沉降性能等一系列性能指标。在实际运行中，操作人员应根据进水水质、水量的波动和污泥沉降性能的变化，对回流比进行调整。

回流比的大小直接决定污泥在二沉池内的沉降浓缩时间。对于某种特定的污泥，如果调节回流比使污泥在二沉池内的停留时间恰好等于该种污泥通过沉降达到最大浓度所需的时间，则此时回流污泥浓度最高，且回流比最小。图 2-1 为污泥沉降曲线的拐点处对应的沉降比，即该种污泥的最小沉降比，用 SV_m 表示。

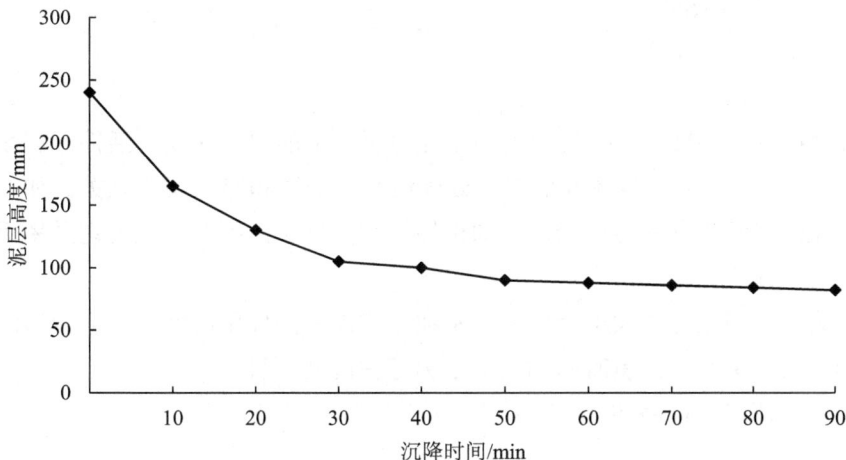

图 2-1　污泥沉降曲线

根据由 SV_m 确定的回流比 R 运行，可使污泥在池内停留时间较短，同时污泥浓度较高。回流比 R 与 SV_m 的关系如式（2-22）所示：

$$R = \frac{SV_m}{1 - SV_m} \tag{2-22}$$

式中：SV_m——污泥最小沉降比，%。

在日常运行中，在按照沉降曲线确定回流比的同时，应经常观测泥位，防止泥位太高，造成污泥流失。

（7）混合液回流比

混合液回流比也称内回流比，是指混合液回流量与污水流量之比，常用 r 表示。计算式如式（2-23）所示：

$$r = \frac{Q_r}{Q} \times 100\% \tag{2-23}$$

式中：r——混合液回流比，%；

　　　Q_r——混合液回流量，m^3/d；

　　　Q——生物池处理水量，m^3/d。

混合液回流比是影响污水脱氮效率的重要参数。理论上，混合液回流比增大，脱氮效率提高。但混合液回流比增大会导致水泵能耗增大，增加运行费用，同时会导致大量氧气进入缺氧池，影响脱氮效率。操作人员应根据进水总氮浓度以及所要求的脱氮效率，合理调整混合液回流比。

混合液回流比可用式（2-24）估算：

$$r = \frac{\eta}{1-\eta} - R \qquad (2\text{-}24)$$

式中：r——混合液回流比，%；

η——系统总氮去除率，%；

R——污泥回流比，%。

（8）水力停留时间

水力停留时间（HRT）是指待处理污水在生物池中的停留时间。活性污泥系统的水力停留时间一般在 4～24 h，具体取值与待处理污水的水质和出水要求有关。如果停留时间过短，可能无法去除所有的污染物，而如果停留时间过长，则会造成处理效率下降，甚至会导致活性污泥死亡。

通常认为，外回流比的大小会影响污水在生物池中的停留时间，故活性污泥系统的水力停留时间分为名义水力停留时间和实际水力停留时间两种。

名义水力停留时间可用式（2-25）计算：

$$\text{HRT} = \frac{V}{Q} \qquad (2\text{-}25)$$

实际水力停留时间可用式（2-26）计算：

$$\text{HRT} = \frac{V}{Q(1+R)} \qquad (2\text{-}26)$$

（9）硝化速率

硝化速率可用单位时间内单位体积的混合液所硝化的氮量或者用单位时间内单位质量的活性污泥所硝化的氮量来表示。

硝化速率宜采用实验测定。从好氧池采取一定量活性污泥混合液加到实验装置中。在对污泥混合液进行搅拌的同时进行曝气，当溶解氧的浓度达到 2 mg/L 及以上时开始按一定间隔采取活性污泥混合液，试样采取后立即过滤。对滤液中的氨氮、亚硝酸盐氮和硝酸盐氮进行分析。然后根据式（2-27）计算活性污泥混合液单位体积的硝化速率。实验应在活性污泥混合液中的氨氮消耗之后、硝化速率出现下降时结束。计算硝化速率时应注意，所取点位应位于亚硝酸盐氮和硝酸盐氮的总量随时间变化呈线性的范围内：

$$\text{NR} = \frac{\Delta C}{\Delta T} \qquad (2\text{-}27)$$

式中：NR——活性污泥混合液单位体积的硝化速率，mg/（L·h）；

ΔC——亚硝酸盐氮和硝酸盐氮浓度增加量，mg/L；

ΔT——实验经过时间，h。

需要计算单位质量活性污泥的硝化速率时，在实验开始和结束时分别测定 MLSS 或 MLVSS，计算出活性污泥 MLSS 或 MLVSS 平均值，利用公式 NR/MLSS 或 NR/MLVSS 即可计算单位 MLSS 或 MLVSS 硝化速率。

硝化速率的大小取决于污泥中硝化细菌的比例、水温、溶解氧浓度、pH 和水力条件。

硝化细菌的生物量越高，硝化速率通常越快。硝化细菌的最佳工作温度范围为 20～35℃，温度过高或过低都会降低硝化速率。溶解氧浓度低于 0.5 mg/L 时硝化反应趋于停止，因此好氧池中必须保持适当的溶解氧浓度（通常为 1.5～2.0 mg/L）。硝化菌对 pH 变化非常敏感，最佳 pH 为 8.0～8.4。水力条件，包括水力停留时间和回流比，也直接影响硝化速率。生物硝化系统的水力停留时间一般较长，应在 8 h 以上，以确保硝化反应有足够的时间进行。回流比的大小也影响硝化效率，因为回流比大有助于将反应器中的硝化液回流到反应器中，增加硝化细菌与废水的接触机会，从而提高硝化效率。

（10）反硝化速率

反硝化速率可用单位时间内单位体积的混合液去除的氮量或者单位质量的活性污泥单位时间内所去除的氮量来表示。

反硝化速率宜通过实验测定。从缺氧池采取一定量活性污泥混合液加到实验装置中。对采取的活性污泥混合液进行缓慢搅拌以免发生沉淀，并确认溶解氧浓度是否为零，然后即可按一定间隔采取分析用的试样。试样采取后立即过滤，对滤液中的亚硝酸盐氮、硝酸盐氮进行分析，然后根据式（2-28）计算活性污泥混合液单位体积的反硝化速率。当活性污泥混合液中的亚硝酸盐氮和硝酸盐氮消耗之后，反硝化速率下降时结束实验。计算反硝化速率时应注意，所取点位应位于亚硝酸盐氮和硝酸盐氮的总量随时间变化呈线性的范围内。

$$DNR = \frac{\Delta C}{\Delta T} \qquad (2\text{-}28)$$

式中：DNR——活性污泥混合液单位体积的反硝化速率，mg/（L·h）；

ΔC——亚硝酸盐氮和硝酸盐氮浓度减少量，mg/L；

ΔT——实验经过时间，h。

需要计算单位质量活性污泥的反硝化速率时，在实验开始和结束时分别测定 MLSS 或 MLVSS，计算出活性污泥 MLSS 或 MLVSS 的平均值，利用公式 DNR/MLSS 或 DNR/MLVSS 即可计算单位 MLSS 或 MLVSS 反硝化速率。

反硝化速率与混合液回流比、进水水质、温度和污泥中反硝化菌的比例等因素有关。混合液回流量大，带入缺氧池的 DO 多，反硝化速率低，一般混合液回流比为 100%～300%。进水有机物浓度高且较易生物降解时，反硝化速率高。一般而言，反硝化反应适宜的温度范围为 20～40℃，在这个温度范围内，反硝化速率较高。保持污泥中反硝化菌的比例在一定水平，有助于提高反硝化速率。

（11）理论排泥量

活性污泥系统每天都要产生一部分活性污泥，使系统内总的污泥量增多。要使总的污泥量基本保持平衡，就必须定期排放一部分剩余活性污泥。事实上，排泥是活性污泥工艺控制中最重要的一项操作，比其他任何操作对系统的影响都大。通过排泥量的调节，可以改变活性污泥中微生物种类和增长速度，也可以改变需氧量，还可以改善污泥的沉降性能，因而可以改变系统的功能。

用泥龄控制排泥，被认为是一种最可靠、最准确的排泥方法。理论排泥量可用式（2-29）和式（2-30）进行估算：

$$\Delta X = \frac{VX}{\theta_c} \tag{2-29}$$

$$Q_w = \frac{\Delta X}{TX_R} \tag{2-30}$$

式中：ΔX——剩余污泥排放量，kg/d；

V——生物池有效容积，m^3；

X——生物池混合液悬浮固体浓度，kg/m^3；

θ_c——生物池污泥龄，d；

Q_w——排泥流量，m^3/h；

T——一天内总排泥时间，h/d；

X_R——回流污泥浓度，kg/m^3。

此方法的关键是正确选择泥龄。通过生物相观察，会发现不同的泥龄对应不同的优势指示生物。泥龄的确定应根据处理要求、环境因素和运行实践综合比较分析。一般来说，处理效率要求越高，出水水质要求越严格，泥龄应控制大一些，反之，可小一些。在满足要求的处理效果前提下，温度较高时，泥龄可小一些，反之则应大一些。

（12）需氧量与供气量

在活性污泥法中，需氧量和供风量的计算与调整直接影响处理效果和运行成本。需氧量主要取决于进水水质和污泥的活性，而供气量则需要根据需氧量、曝气设备的效率以及好氧池中的溶解氧浓度来调整。

1）需氧量

前置反硝化工艺需氧量可利用式（2-31）进行计算：

$$O_2 = \frac{Q(S_0 - S_e)}{0.68} - 1.42\Delta X_V + 4.57[Q(N_k - N_{ke}) - 0.12\Delta X_V] - \\ 2.86[Q(N_t - N_{ke} - N_{oe}) - 0.12\Delta X_V] \tag{2-31}$$

式中：O_2——需氧量，kgO_2/h；

Q——生物池处理水量，m^3/h；

S_0——生物池进水 BOD_5 浓度，mg/L；

S_e——生物池出水 BOD_5 浓度，mg/L；

ΔX_V——生物池挥发性剩余污泥量，kg/h，ΔX_V 可根据剩余污泥排放量 ΔX 和 MLVSS/MLSS 进行计算；

N_k——生物池进水总凯氏氮浓度，mg/L；

N_{ke}——生物池出水总凯氏氮浓度，mg/L；

N_t——生物池出水总氮浓度，mg/L；

N_{oe}——生物池出水硝酸盐氮浓度，mg/L。

在标准条件下，转移到一定体积脱氧清水中的总氧量（O_s，单位为 kg/h）为：

$$O_s = \frac{O_2 \cdot C_{s(20)}}{\alpha \left[\beta \cdot \rho \cdot C_{sm(T)} - C_L \right] \cdot 1.024^{(T-20)}} \quad (2\text{-}32)$$

式中：$C_{s(20)}$——水温 20℃、大气压力为 1.013×10^5Pa 的清水中 DO 饱和浓度，mg/L；

α、β——修正系数，对于鼓风曝气的扩散设备，α 值在 0.4～0.8 范围内；β 值在 0.70～0.98 范围内，通常取 0.95；

ρ——压强修正系数，等于所在地区实际气压/1.013×10^5；

$C_{sm(T)}$——水温 T 时好氧池中平均 DO 饱和浓度，mg/L；

C_L——好氧池控制 DO 浓度，mg/L；

T——好氧池最高水温，℃。

对于鼓风曝气，好氧池中 C_{sm} 是扩散装置出口处和混合液表面两处的 DO 的平均值，按式（2-33）计算：

$$C_{sm(T)} = C_{s(T)} \left(\frac{P_b}{2.026 \times 10^5} + \frac{O_t}{42} \right) \quad (2\text{-}33)$$

式中：$C_{s(T)}$——水温 T℃、大气压力为 1.013×10^5Pa 的清水中 DO 饱和浓度，mg/L；

P_b——曝气器出口处的绝对压力，Pa，其值等于式（2-34）：

$$P_b = P + 9.8 \times 10^3 H \quad (2\text{-}34)$$

P——大气压力，$P = 1.013 \times 10^5$Pa；

H——曝气器的安装深度，m；

O_t——气泡离开池面时，氧的体积分数，%，按式（2-35）计算：

$$O_t = \frac{21(1 - E_A)}{79 + 21(1 - E_A)} \quad (2\text{-}35)$$

E_A——空气扩散装置的氧转移效率，%。

对于机械曝气，好氧池中 C_{sm} 则取一定温度、大气压力为 1.013×10^5Pa 的清水中 DO 饱和浓度。

2）供气量

对于鼓风曝气，根据上面计算出来的 O_s 可用式（2-36）计算曝气系统所需供气量：

$$G_s = \frac{O_s}{0.28 E_A} \quad (2\text{-}36)$$

式中：G_s——供气量，m³/h。

对于机械曝气，则可根据上面计算出来的 O_s 确定设备所需功率。

常见活性污泥系统运行参数见表 2-2。

表 2-2　常见活性污泥系统运行参数

生物处理类型		污泥负荷/ [kgBOD$_5$/ （kgMLSS·d）]	污泥龄/ d	外回流比/ %	内回流比/ %	MLSS/ （mg/L）	水力停留 时间/h
传统活性污泥法		0.2～0.4	4～15	25～75	—	1 500～2 500	4～8
吸附再生法		0.2～0.4	4～15	50～100	—	2 500～6 000	吸附段 1～3
阶段曝气法		0.2～0.4	4～15	25～75	—	1 500～3 000	3～8
合建式完全混合曝气法		0.25～0.5	4～15	100～400	—	2 000～4 000	3～50
A/O 法（厌氧/好氧法）		0.1～0.4	3.5～7	40～100	—	1 800～4 500	3～8（厌氧段 1～2）
A^2/O 法（厌氧/缺氧/好 氧法）、倒置 A^2/O 法		0.1～0.3	10～20	20～100	200～400	2 500～4 000	7～14（厌氧 段 1～2，缺氧 段 0.5～3.0）
AB 法	A 段	3～4	0.4～0.7	<70	—	2 000～3 000	0.5
	B 段	0.15～0.3	15～20	50～100	—	2 000～4 000	0.5
传统 SBR 法		0.05～0.15	20～30	—	—	4 000～6 000	4～12
DAT-IAT 法		0.045	25	—	400	4 500～5 500	8～12
CAST 法		0.070～0.18	12～25	20～35	—	3 000～5 500	12～16
LUCAS/UNITANK 法		0.05～0.10	15～20	—	—	2 000～5 000	8～12
MSBR 法		0.05～0.13	8～15	30～50	130～150	2 200～4 000	12～18
ICEAS 法		0.05～0.15	12～25	—	—	3 000～6 000	14～20
卡鲁塞尔式氧化沟		0.05～0.15	12～25	75～150	—	3 000～5 500	≥16
奥贝尔式氧化沟		0.05～0.15	12～18	60～100	—	3 000～5 000	≥16
双沟式（DE 型氧化沟）		0.05～0.10	10～30	60～200	—	2 500～4 500	≥16
三沟式氧化沟		0.05～0.10	20～30	—	—	3 000～6 000	≥16

（13）二沉池工艺参数及计算

与初沉池相同，二沉池也需要控制水力表面负荷、水力停留时间和出水堰负荷。生物膜法后和活性污泥后二沉池水力表面负荷分别控制在 1.0～2.0 m^3/（m^2·h）和 0.6～1.5 m^3/（m^2·h）。二沉池水力停留时间一般控制在 1.5～4 h，出水堰负荷则一般应小于 1.7 L/（m·s）。除了上述 3 个指标，二沉池还需要控制固体负荷。

二沉池的固体负荷是指单位二沉池面积在单位时间内所能浓缩的混合液悬浮固体，单位为 kg/（m^2·d）。它是衡量二沉池污泥浓缩能力的一个指标。对于一定的活性污泥来说，二沉池的固体表面负荷越小，污泥在二沉池的浓缩效果越好，即二沉池排泥浓度越高。固体表面负荷可用 q_s 表示，计算如下：

$$q_s = \frac{24(1+R)QX}{A} \qquad (2-37)$$

式中：q_s——二沉池固体负荷，kg/（m^2·d）；

Q——沉淀池处理水量，m^3/h；

R——外回流比，%；

X——混合液悬浮固体（MLSS）浓度，kg/m³；

A——二沉池表面积，m²。

2.1.3　深度处理工艺参数及计算

2.1.3.1　混凝

混凝工艺中的混合阶段和絮凝反应阶段是水处理中使胶体脱稳和絮凝的重要步骤。混合阶段主要是通过混合设备使胶体颗粒脱稳，而絮凝反应阶段则是通过絮凝池使脱稳的胶体相互聚集形成较大的絮体。混合阶段和絮凝反应阶段的控制参数主要是速度梯度（G）和水力停留时间（T）。

（1）速度梯度

搅拌强度越大，G 值越大，颗粒之间的速度差越大，速度快的颗粒越容易赶上速度慢的颗粒。

G 的计算公式如式（2-38）所示：

$$G = \sqrt{\frac{P}{\mu}} \tag{2-38}$$

式中：G——水流速度梯度，s⁻¹；

P——单位体积水流所需要的功率，W/m³；

μ——污水的动力黏滞系数，N·s/m² 或 Pa·s。

当用机械搅拌时，P 由机械搅拌器提供；当用水力搅拌时，P 为水流本身能量消耗，可采用式（2-39）计算：

$$P = \frac{\rho g h}{T} \tag{2-39}$$

式中：ρ——污水密度，kg/m³；

g——重力加速度，一般取 9.81 m/s²；

h——混凝设备中水头损失，m；

T——水流在混凝设备中的停留时间，s。

混合阶段需要使混凝药剂快速均匀地分散到水中，利用混凝剂的快速水解使胶体微粒脱稳、凝集。因此，需要对水流进行快速剧烈的搅拌。混合阶段 G 值一般控制在 500～1 000 s⁻¹。

絮凝反应阶段的初期，需要较大的速度梯度以增加絮凝体之间的碰撞机会，促进絮凝体的形成和增长。随着絮凝过程的进行，速度梯度需要逐渐减小，以减少絮凝体在相互碰撞时因力量过大而破碎的风险。絮凝反应阶段 G 值一般控制在 20～70 s⁻¹。

（2）水力停留时间

混合池和絮凝反应池水力停留时间的计算与沉砂池水力停留时间的计算相同。

混合阶段停留时间一般控制在 10～30 s。当混合阶段 G 值较小时，可以通过延长该阶段停留时间来弥补，但是必须保证不能超过 2 min，否则絮凝反应可能提前到混合阶段发生，这样，产生的矾花容易被打碎，导致在沉淀池中不能良好地沉淀分离。

絮凝反应阶段停留时间则一般控制在 10～30 min。

（3）GT 值

GT 值是反映絮凝反应条件的综合参数。表征整个絮凝反应时间 T 内，颗粒总的碰撞次数。絮凝阶段 GT 值一般控制在 $10^4～10^5$。

GT 值越大，颗粒碰撞次数越多，反应效果越好。GT 值较低时，可以延长反应时间 T，保证絮凝条件，即保证 GT 值不变。

2.1.3.2　过滤

（1）滤速的控制

滤速是滤池单位面积在单位时间内的过滤水量，计算公式如式（2-40）所示：

$$u = \frac{Q}{A} \qquad (2-40)$$

式中：u——滤速，m/h；

Q——过滤水量，m^3/h；

A——滤池过滤面积，m^2。

滤速过大或过小都会影响滤池的正常工作能力。当滤速过大时，一方面会使出水质量下降；另一方面会使滤池穿透加快，工作周期缩短，冲洗水量增大。当滤速过小时，会使处理能力降低，截污作用主要发生在表层，深层滤料未能发挥作用。在滤料粒径与级配一定的条件下，最佳滤速与进水水质有关，当进水水质恶化，污染物浓度升高时，需降低滤速以保证出水水质。

每个滤池都有最佳滤速。所谓最佳滤速，就是滤料、进水水质及滤料深度在一定的条件下，保证出水要求前提下的最大滤速。通常最佳滤速需要在实际运行中确定。V 形滤池的滤速范围一般为 7～20 m/h，通常为 12.5～15 m/h。

（2）工作周期的控制

滤池的工作周期是指开始过滤至需要反冲所持续的时间。一般情况下滤池按已确定的工作周期运行。但是当滤池水头损失增至最高允许值或出水水质低于最低允许值时，应提前对滤池进行冲洗。

在滤速一定的条件下，过滤周期的长短受水温影响较大。冬季水温低，水的黏度较大，杂质不易与水分离，易穿透滤层，周期短，这将会使反冲洗频繁，应降低滤速。夏季水温高，周期长，但滤料空隙间的有机物易产生厌氧分解，应适当提高滤速，缩短工作周期。

V 形滤池的工作周期最长为 24 h。在运行 24 h 后，V 形滤池必须进行反冲洗，以确保其过滤效率和出水质量。

（3）冲洗效果的控制

滤池冲洗效果可以从以下 3 个方面进行控制：冲洗强度、冲洗历时和滤层膨胀率，下面分别进行讨论。

1）冲洗强度

冲洗强度是单位滤池面积在单位时间内消耗的冲洗水量，可用式（2-41）计算：

$$q = \frac{Q'}{A} \qquad (2-41)$$

式中：q——冲洗强度，L/（m^2·s）；

$\quad$ Q'——冲洗水量，L/s；

$\quad$ A——滤料的表面积，m^2。

2）冲洗历时

冲洗历时是冲洗所用的时间。如冲洗时间不足，滤料得不到足够的水流剪切和碰撞摩擦时间，则清洗不干净。一般普通快滤池冲洗历时为 5～7 min，普通双层滤池的冲洗历时为 6～8 min。但冲洗时间过长，会造成产品水的浪费。

3）滤层膨胀率

滤层膨胀率是反冲洗时，滤层膨胀后所增加的厚度与膨胀前厚度之比，可用式（2-42）计算：

$$e = \frac{L - L_0}{L_0} \times 100\% \qquad (2-42)$$

式中：e——滤料的膨胀率，%；

$\quad$ L——滤料层膨胀后厚度，m；

$\quad$ L_0——滤料层膨胀前厚度，m。

膨胀率 e 与反冲洗强度及滤料的种类和粒径有关。对于一定种类和粒径的滤料来说，e 与 q 成正比，即冲洗强度越大，膨胀率越大。在污水深度处理中，过高的膨胀率不一定有较好的冲洗效果。因为污水中的有机物与滤料黏附较紧，当膨胀率较高时，滤料之间的间隙较大，且这些有机物会牢牢地黏附在滤料表面与滤料一起膨胀和下降，起不到冲洗效果。相反，将膨胀率控制在 10%以下，使滤料处于微膨胀状态，则可使滤料颗粒之间增加相互挤撞摩擦的机会，使其表面黏附的有机物去除，这也是污水深度过滤必须采用气水反冲洗的原因。

V 形滤池多采用气水联合反冲洗的方式，分为气冲过程、气水同时反洗过程、水洗过程，同时伴随进水 V 形槽的表面扫洗。反冲洗时间一般为几分钟到十几分钟，气冲强度一般控制在 13～16 L/（m^2·s），水冲强度一般控制在 2.5～4.0 L/（m^2·s），表面扫洗强度为 1.4～2.0 L/（m^2·s）。

2.1.3.3 消毒

（1）紫外线消毒

1）紫外线剂量

紫外线剂量是影响消毒效果的直接因素，它等于紫外光强度与接触时间的乘积。紫外光强度指单位时间与紫外线传播方向垂直的单位面积上接收到的紫外线能量，常用单位为 mW/cm^3。紫外线剂量指单位面积上接收到的紫外线能量，常用单位为 mJ/cm^2。紫外线消毒设备所能实现的微生物灭活紫外线剂量称为紫外线消毒设备的生物验证剂量，统称为设备紫外线有效剂量。

根据《城镇给排水紫外线消毒设备》（GB/T 19837—2019），不同出水要求，其有效紫外线剂量也不相同。污水处理厂出水执行《城镇污水处理厂污染物排放标准》（GB 18918—2002）一级 B 标准时紫外线有效剂量不能少于 $15 \, mJ/cm^2$，执行一级 A 标准时则不能少于 $20 \, mJ/cm^2$，为再生水消毒时则不少于 $80 \, mJ/cm^2$。从理论上分析，紫外线剂量越大，消毒越好，但是紫外剂量有一定限值，超过这个限值就不能经济有效地对微生物进行灭杀了。紫外线剂量具体取值须经过实验确定。

紫外灯管老化、石英套管结垢均会影响紫外线消毒效果。污水处理厂使用的明渠式紫外线消毒模块设备的灯管，其使用寿命为 9 000～12 000 h，达到这个时间后就需要更换灯管，以确保排放水达到排放标准。为了确保设备消毒效果，应定期（根据现场实际情况一般间隔 3～5 个星期）对石英套管进行人工清洗。

2）接触时间

在相同的紫外光强度条件下，接触时间决定紫外线剂量。接触时间一般为 10～100 s。紫外光强度低、水量大时，可适当延长接触时间。

（2）二氧化氯消毒和次氯酸钠消毒

1）投加量

污水处理厂出水的加氯量应根据试验资料或类似运行经验确定；当无试验资料时，可采用 5～15 mg/L，再生水的加氯量应按卫生学指标和余氯量确定。

2）接触时间

二氧化氯、次氯酸钠消毒时应保证药剂与水充分接触、混合，接触时间不小于 30 min。

2.2 工艺运行巡视及操作

工艺运行巡视是指为规范污水处理厂运行，及时发现生产运行中设备安全隐患和工艺异常情况，确保全厂稳定运行而对污水处理厂全部生产区域设备和设施进行检查的行为。

2.2.1 工艺运行巡视分类

按巡视周期可分为普通巡检、交接班巡检、特殊巡检 3 种。

（1）普通巡检

值班人员应每 2 h 应对所操作的设备和工艺系统进行一次巡检。夜间巡检时，须两人共同巡检，并携带手电筒。

（2）交接班巡检

在交接班时，交班人员应向接班人员交代清楚设备维修情况、设备运行情况、设备故障情况、工艺运行情况等。接班人员上班后的第一项工作就是对所操作的设备和工艺系统进行检查。

（3）特殊巡检

遇下列任一情况，应适当调整巡检次数：

①气象条件恶劣，如高温、雷雨、暴雨、大风等。

②设备有故障或异常又不能立即消除，需要不断监视。

③进厂污水超标准，如有色工业废水、含油工业废水等进入污水处理系统。

④设备运行中有异常声音或发出异常气味；电源电压过高，超过国家标准±5%；电流接近额定值或超过正常运行时值；设备运行的工艺参数与正常时工艺参数相差 20%。

⑤变压器温度过高，超过设定的报警温度。

按巡视内容分为工艺巡视、设备巡视、其他巡视 3 种。

（1）工艺巡视

进水、出水水质感官及在线监测仪表情况、各工艺处理单元运行情况、设施（如管道等）运行情况。

（2）设备巡视

主要是通过运行设备的声音、温度、振动、电流等参数的变化情况判断设备运行是否正常，按照设备一级巡检作业指导书执行。

（3）其他巡视

安全巡视等。

2.2.2　工艺运行巡视方法

（1）目视法

利用肉眼对运行设备可见部位的外观变化进行观察来发现设备的异常现象，如变色、变形、位移、破裂、松动、冒烟、渗油漏油、异物搭挂、腐蚀污秽等可通过目视法检查出来。

（2）耳听法

巡检人员应熟悉掌握设备的声音特点，当设备出现故障时，会夹着杂音，可以通过正常时和异常时的音律、音量的变化来判断设备故障的发生和性质。

（3）鼻嗅法

设备的材料一旦过热会使周围的空气产生一种异味。这种异味对巡查人员来说是可以嗅别出来的。当巡查中嗅到这种异味时，应仔细寻查，观察、发现过热的设备与部分，直至查明原因。

（4）手触法

对带电的高压设备，如运行中的变压器，禁止使用手触法测试。对不带电且外壳可靠接地的设备，检查其温度或温升时需要用手触法检查。二次设备发热、振动等可以用手触法检查。

2.2.3　工艺运行巡视步骤

1）制定巡检计划：包括巡检的时间、路线（在规定的地方悬挂巡检牌，按规定的巡检路线、巡检点进行巡检）、巡视要点和责任人等。

2）巡检工具准备：

①正确穿戴劳保用品；

②根据巡检区域里的设备位置、性能，佩戴好作业工具，包括巡检记录仪、听音棒、测温枪、扳手、振动仪、噪声计等。

3）熟悉设备和设施的技术资料、维护记录等。

4）按照巡检计划进行巡检，逐项检查设备和设施的运行状态和工作参数。填写设备运行记录、巡视记录等。

5）发现问题和隐患时，及时填写日常处理记录及异常情况处置记录。

6）巡检结束后，整理巡检记录，并上报给相关部门和责任人，做好交接班记录。

7）根据巡检结果，制订维护和修复计划，并及时执行。

2.2.4　工艺运行巡视内容

2.2.4.1　进水口及提升泵

1）观察进水的颜色、气味、泡沫、水量、水质浓度（进水在线监测数据），发现异常时及时拍照、采样留存。

2）检查各个仪表工作是否正常、稳定，特别注意电流表是否超过额定电流，电流过大或过小都应立即停车检查。

3）水泵流量是否正常，安装有流量计时应检查流量计所指的流量是否正常或根据电流表的大小，出水管水流情况，集水井水位的变化，来估计流量情况。

4）检查机组的响声、振动情况。

5）检查集水井水位是否过低，格栅或进水口是否堵塞。

6）查看工作区域是否清洁，提升泵池面是否清洁。

2.2.4.2　格栅

1）观察设备运行状况，是否有异响、振动、卡阻等异常现象，如有上述现象之一，应立即停运该设备，悬挂指示牌，通知相关人员，并做好记录。

2）观察设备运行（至少观察设备运行一个回转周期）过程中，是否有大量缠绕物，如有，应停机清理，并做好记录。

3）观察耙齿是否变形、损坏。

4）观察传动链是否变形、断裂。

5）观察轴承座有无损坏。

6）观察减速机是否有漏油现象。

2.2.4.3　沉砂池

1）观察设备运行状况，是否有振动、响声等异常现象，如有上述现象之一，应立即停运该设备，悬挂警示牌。

2）观察螺杆泵是否有漏油现象。

3）观察出砂效果及出砂量，是否出砂量过少或过多。

2.2.4.4　生化反应系统

1）观察生物池污泥颜色、气味、泡沫、液位、ORP 等情况。

2）观察生物池搅拌效果是否均匀。

3）污泥回流是否正常。

4）观察泥管、水管、气管是否畅通。

2.2.4.5　沉淀池

1）观察设备运行状况，是否有异响、振动、卡阻等异常现象，如有上述现象之一，应立即停运该设备，悬挂指示牌，通知相关人员，并做好记录。

2）观察液面是否有浮油。

3）观察出渣系统是否正常。

2.2.4.6　鼓风机房

1）观察设备运行状况，是否有异响、振动、异味等异常现象，如有上述现象之一，应立即停运该设备，悬挂指示牌，通知相关人员，并做好记录。

2）观察风机电压、电流、电机运转频率、风机流量是否在正常范围内，如不在范围内，应立即停运该设备，悬挂指示牌，通知相关人员，并做好记录。

3）观察风机是否有漏油现象。

4）观察风压、风机温度、室温是否正常。

2.2.4.7　紫外线消毒

检查设备是否出现异常情况，如声音异常、紫外线灯管熄灭、指示灯闪烁等，如有异常情况，通知相关人员，并做好记录。

2.2.4.8 污泥脱水机房

1）观察设备运行状况，是否有异响、振动、卡阻等异常现象，如有上述现象之一，如异常，应停机处理。

2）观察药管、泥管、水管以及压缩空气管是否畅通。

3）观察吸泥泵是否运行正常，有无堵塞，如异常，应停机处理。

4）观察脱水机出泥情况，进泥是否正常，出泥是否正常，是否有堵塞情况，如异常，应停机处理。

5）观察脱泥机配套设备工作是否正常。

2.2.4.9 中控室

1）检查中控室电脑信息：中控室电脑是否正常显示，数据是否正常更新，有无报警信息，发现报警信息及时处置，无处置能力的及时上报。

2）检查监控系统：监控系统画面是否正常显示，各监控点位状态是否正常，发现异常情况在确保安全的前提下确认现场情况并及时上报。

3）检查火灾报警系统：是否工作正常，有无报警信息，发现异常情况在确保安全的前提下确认现场情况并及时上报。有火灾时按照火灾应急预案操作。

2.2.4.10 在线监测站房

1）观察房内是否有异味，温度是否在 22～26℃，湿度是否≤50%。

2）观察取样管路、自来水管路、排液管路是否有漏水。

3）观察设备是否有故障报警提示。

4）观察设备数据与数采仪、工控机记录是否一致，误差超过±1%时，通知相关人员。

5）观察在线监测设备同一指标相邻两次测量数值相同或为"0"时，采取"即刻测量"措施，观察取样是否正常，如取样不畅，应及时处理。

6）观察 pH、流量是否在正常范围内。

7）观察进水监测数据是否在设计范围内，超过设计浓度时，采样留存。

8）观察出水监测数据是否在排放标准范围内，超过标准时，采取"即刻测量"措施，同时报告相关人员，并做好记录。

2.2.4.11 厂区

1）观察道路及绿化带清洁情况，遇到垃圾顺手拾起或交接班完成清理干净。

2）观察沿路墙体、绿化及其他情况有无异常。

3）观察设施附近的照明情况（是否需要关闭）及沿线是否有遗落工具。

4）阴雨天来临时门窗关闭情况。

5）有限空间盖板是否关闭。

2.2.5　注意事项

1）必须遵守各项安全规程。

2）巡视中认真负责，记录数据准确，清晰，严禁走过场。

3）发现问题、事故、隐患及时处理汇报，服从生产调度，必须如实填写相关记录表。

4）巡视中注意安全，严禁打闹嬉戏。

2.3　工艺运行调控

工艺运行调控是指为保障污水处理厂的技术和管理水平，确保污水处理厂安全、稳定、高效运行、达标排放采取的相关措施，主要分为"运行"与"调控"两个方面，其中"运行"指日常运行管理及维护保养的措施，"调控"指分析解决生产运行中的工艺问题和异常情况，优化运行工艺，提高运行质量的措施。

2.3.1　工艺运行要点

2.3.1.1　进水提升泵房

1）水泵开启台数应根据进水量的变化和工艺运行情况调节。

2）多台水泵由同一台变压器供电时，不得同时启动，应由大到小逐台间隔启动。

3）当泵房突然断电或设备发生重大事故时，在岗员工应立刻报警，并启动应急预案。

4）水泵在运行中，必须执行巡回检查制度，并应符合下列规定：

①各种仪表显示正常、稳定；

②轴承温升不超过环境温度 35℃或设定的温度；

③水泵填料压盖处没有发热现象，滴水正常，否则应及时更换填料；

④水泵机组没有异常的噪声或振动。

5）水泵运行中发现下列情况时，必须立即停机：

①水泵发生断轴故障；

②电机发生严重故障；

③突然发生异常声响或振动；

④轴承温升过高；

⑤电压表、电流表、流量计的显示值过低或过高；

⑥机房管线进（出）水管道、闸阀发生大量漏水。

6）潜水泵运行时，应符合下列规定：

①应定期检查和更换潜水泵油室的油料和机械密封件，操作时严禁损伤密封件端面和轴。

②起吊和吊放潜水泵时，严禁直接牵提泵的电缆。

7）对油冷却螺旋离心泵的冷却油液位应定期检查。

8）对泵房的集水池应每年至少清洗一次，应检修集水池水位标尺或液位计及其转换装置，并按照检测周期校验泵房内的硫化氢检测仪表及报警装置。

9）对叶轮、闸阀、管道的堵塞物应及时清除，人工作业时应进行强制通风，确保安全。

10）集水池的水位变化应定时观察，集水池的水位宜设定在最高和最低水位范围内。

2.3.1.2 格栅

1）格栅开机前，应检查系统是否具备开机条件，经确认后方可正常启动。

2）粉碎型格栅应连续运行；长期停止运行的粉碎型格栅，应吊离污水池，不得长期浸泡在污水池中，并做好设备的清洁保养工作；对格栅刀片组的磨损和松紧度应定期检查，并及时调整或更换。

3）拦截型格栅应及时清除栅条（鼓、耙）、格栅出渣口及机架上悬挂的杂物，应定期对栅条校正；当汛期及进水量增加时，应加强巡视，增加清污次数。

4）对栅渣应及时处理或处置。

5）对传动机构应定期检查，并应保证设备处于良好的运行状态。

6）检修格栅或人工清捞栅渣时，应切断电源，并在有效监护下进行；当需要下井作业的，应在现场对有毒有害气体进行检测，不得在超标的环境下操作，所有参与操作的人员应佩戴防护装置，直接操作者应在可靠的监护下进行，并进行临时性强制通风。

7）应按工艺要求开启格栅机的台数，污水的过栅流速宜为 0.6～1.0 m/s。

8）污水通过格栅的前后水位差宜小于 0.3 m。

2.3.1.3 沉砂池

1）沉砂池均应根据池组的设置与水量变化情况，调节进水闸阀的开启度。

2）沉砂池的排砂时间和排砂频率应根据沉砂池类别、污水中含砂量及含砂量的变化情况设定。

3）曝气沉砂池的空气量应根据水量的变化进行调节。

4）沉砂量应有记录和统计，并定期对沉砂颗粒进行有机物含量分析。

5）当采用机械除砂时，应符合下列规定：

①除砂机械应每日至少运行一次；操作人员应现场监视，发现故障，及时处理。

②应每日检查吸砂机的液压站油位，并应每个月检查除砂机的限位装置。

③吸砂机在运行时，同时在桥架上的人数，不得超过允许的重量荷载。

6）对沉砂池排出的砂粒和清捞出的浮渣应及时处理或处置。

7）对沉砂池应定期进行清池处理并检修除砂设备。

8）对沉砂池上的电气设备应做好防潮湿、抗腐蚀处理。

9）旋流沉砂池的搅拌器应保持连续运转，并合理设置搅拌器叶片的转速。当搅拌器发生故障时，应立即停止向该池进水。

10）采用气提式排砂的沉砂池，应定期检查储气罐安全阀、鼓风机过滤芯及气提管，严禁出现失灵、饱和及堵塞的问题。

2.3.1.4　生物池

1）调节各池进水量，应根据设计能力及进水水量，按池组设置数量及运行方式确定，使各池配水均匀；对于多点进水的生物池，应合理分配进水量。

2）污泥负荷、泥龄或污泥浓度可通过剩余污泥排放量进行调整。

3）根据不同工艺的要求，应对 DO 进行控制。好氧池出口 DO 浓度宜为 2 mg/L 左右；缺氧池 DO 浓度宜小于 0.5 mg/L；厌氧池 DO 浓度宜小于 0.2 mg/L。

4）生物池内的营养物质应保持平衡。

5）运行管理人员应每天掌握生物池的 pH、DO、MLSS、MLVSS、SV、SVI、水温等工艺控制指标，并通过微生物镜检检测生物池活性污泥的生物相，观察活性污泥颜色、状态、气味及上清液透明度等，及时调整运行工况。

6）当发现污泥膨胀、污泥上浮等不正常的状况时，应分析原因，针对具体情况调整系统运行工况，应采取有效措施恢复正常。

7）当生物池水温较低时，应采取适当延长曝气时间、提高污泥浓度、增加泥龄或其他方法，保证污水的处理效果。

8）根据出水水质的要求及不同运行工况的变化，应对不同工艺流程生物池的回流比进行调整与控制。

9）当生物池中出现泡沫、浮泥等异常现象时，应根据感官指标和理化指标进行分析，并应采取相应的调控措施。

10）操作人员应经常排放曝气系统空气管路中的存水，并应及时关闭放水阀。

11）应经常观察生物池曝气装置和水下推动（搅拌）器的运行和固定情况，发现问题，应及时修复。

12）采用 SBR 工艺时，应合理调整和控制运行周期，并应按照设备要求定期对滗水器进行检查、清洁和维护，对虹吸式滗水器还应进行漏气检查。

13）对曝气生物滤池，应按设计要求进行周期反冲洗并控制气、水反冲洗强度。

14）应定期对金属材质的空气管、挡墙、法兰接口或丝网进行检查，发现腐蚀或磨损，应及时处理。

15）较长时间不用的橡胶材质曝气器，应采取相应措施避免太阳暴晒。

16）对生物池上的浮渣、附着物以及溢到走道上的泡沫和浮渣，应及时清除，并应采取防滑措施。

17）采用除磷脱氮工艺时，应根据水质要求及工况变化及时调整 DO 浓度、C/N 及外回流比等。

18）生物池运行参数应符合设计要求。

2.3.1.5　沉淀池

1）调节各池进水量，应根据池组设置、进水量变化，保证各池配水均匀。

2）沉淀池污泥排放量可根据生物池的水温、污泥沉降比、混合液污泥浓度、外回流比、泥龄及沉淀池污泥界面高度确定。

3）对出水堰口，应经常观察，保持出水均匀；应保持堰板与池壁之间密合、不漏水。

4）操作人员应经常检查刮吸泥机以及排泥闸阀，应保证吸泥管、排泥管路畅通，并保证各池均衡运行。

5）对设有积泥槽的刮吸泥机，应定期清除槽内污物。

6）池内污水宜每年排空一次，并进行池底清理以及刮吸泥机水下部件的检查、维护。

7）当沉淀池出水出现浮泥等异常情况时，应查明原因并及时处理。

8）沉淀池停运 10 d 以上时，应将池内积泥排空，并对刮吸泥机采取防变形措施。

9）刮吸泥机在运行时，同时在桥架上的人数，不得超过允许的荷载。

10）沉淀池运行参数应符合设计要求。

2.3.1.6　鼓风机房

1）调节鼓风机的供气量，应根据生物池的需氧量确定。

若风机以最低频率运行，好氧池出口 DO 仍旧过高，则可以尝试关闭好氧池末端廊道曝气，可以将支管间歇开启，保证污泥不产生沉降。同时，可以尝试调整主管曝气量，将曝气量集中在前段。若好氧池出口 DO 仍旧过高，开启主风管旁通调节，保持污泥不沉降、风机不喘振即可。

当水量、水质浓度低于设计负荷，连续曝气会造成 DO 过高影响反硝化，此时可采用间歇曝气。根据异常情况出现前 3 天进水水质、水量估算理论需氧量，结合鼓风机最小调整风量确定间歇曝气开启时间。

2）当鼓风机及水（油）冷却系统因突然断电或发生故障，应采取措施。

3）鼓风机叶轮严禁倒转。

4）鼓风机房应保证良好的通风。正常运行时，出风管压力不应超过设计压力值。停止运行后，应关闭进、出气闸阀或调节阀。长期停用的水冷却鼓风机，应将水冷却系统的存水放空。

5）鼓风机在运行中，应定时巡查风机及电机的油温、油压、风量、风压、外界温度、电流、电压等参数，并填写记录报表。当遇到异常情况不能排除时，应立即按操作程序停机。

6）对鼓风机的进风廊道、空气过滤及油过滤装置，应根据压差变化情况适时清洁；并应按设备运行要求进行检修或更换已损坏的部件。

7）对于备用的鼓风机转子与电机的联轴器，应定期手动旋转一次，并更换原停置角度。

8）鼓风系统消声器的消声材料及导叶的调节装置，应定期检查，当有腐蚀、老化、脱落现象时，应及时维修或更换。

9）使用微孔曝气装置时，应进行空气过滤，并应对微孔曝气器、单孔膜曝气器进行定期清洗。

10）正常运行的罗茨鼓风机，严禁完全关闭排气阀，不得超负荷运行。

11）对于以沼气为动力的鼓风机，应严格按照开停机程序进行，每班加强巡查，并应检查气压、沼气管道和闸阀，发现漏气应及时处理。

12）鼓风机运行中严禁触摸空气管路。维修空气管路时，应在散热降温后进行。

13）调节出风管闸阀时，应避免发生喘振。

2.3.1.7　混凝工艺

1）按设计要求和运行工况，控制流速、水位、停留时间等。
2）采用机械搅拌的混凝反应池，应根据实际运行状况设置搅拌梯度。
3）药液与水的接触混合应快速、均匀。
4）应定期排除混凝池、配水池内的积泥。
5）混凝反应池设施、设备应每年检修一次，并做好防腐处理，应及时维修更换损坏部位。

2.3.1.8　过滤工艺

1）根据滤池水头损失或过滤时间进行反冲洗。
2）冲洗前应检查排水槽、排水管道是否畅通。
3）进行气水冲洗时，气压必须恒定，严禁超压。
4）水力冲洗强度应为 $8 \sim 17 \, L/(m^2 \cdot s)$，冲洗时滤料膨胀率应在 45% 左右。
5）进水浊度宜控制在 10NTU 以下，过滤后水浊度不得大于 5NTU。
6）定期对滤层做抽样检查，当含泥量大于 3% 时应进行滤料清洗或更换。
7）对于新装滤料或刚刚更换滤料的滤池，应进行清洗处理后方可使用。
8）长期停用的滤池，应使池中水位保持在排水槽之上。

2.3.1.9　消毒工艺

（1）紫外线消毒

1）采用紫外线消毒时，消毒水渠无水或水量达不到设备运行水位时，严禁开启设备。

2）无论是否具备自动清洗机构，都必须根据污水水质和现场污水实际处理情况定期对石英套管进行人工清洗。

3）定期更换紫外灯、石英套管、石英套管清洗圈及光强传感器。

4）定期清除溢流堰前的渠内淤泥。

5）满足溢流堰前有效水位，确保紫外灯光的淹没深度。

6）在紫外线消毒工艺系统上工作或参观的人员必须做好防护；非工作人员严禁在消毒工作区内停留。

7）设备灯源模块和控制柜必须严格接地，避免发生触电事故。

8）人工清洗石英套管时，应戴橡胶手套和防护眼镜。

9）透射率大于 30%。

（2）次氯酸钠消毒

1）尽量使用洁净食盐。

2）电源开机时先打开进水阀。

3）电源启动后，先慢慢调节电流旋钮，且应略低于额定值，停机后电流调回 0 位。

4）定期清洗电极板。

5）保持设备间通风良好。

6）电解完毕后，电解槽内的次氯酸钠溶液一定要放空。

7）运行时，设备冷却水不能中断。

8）维修拆卸时，电解直流电压的正负极千万不要接反。

（3）二氧化氯消毒

1）应定期清洗二氧化氯原料罐口闸阀中的过滤网。

2）开机前应检查防爆口是否堵塞，并应确保防爆口处于开启状态；检查水浴补水阀是否开启，并应确认水浴箱中自来水是否充足。

3）停机时加药泵停止工作后，设备应再运行 30 min 以后，方可关闭进水。

4）现场制备二氧化氯时，要防止二氧化氯在空气中的积聚浓度过高而引起爆炸，一般要准备收集和中和二氧化氯制取过程中析出或泄漏气体的应急措施。

5）在工作区和成品储藏室内，要有通风装置和监测及报警装置，门外配备防护用品。

6）与加氯消毒一样，做好日常运行记录。

（4）清水池

1）设定运行水位的上限和下限，严禁超上限或下限水位运行。

2）池顶严禁堆放有可能污染水质的物品或杂物；当池顶种植植物时，严禁施放各种肥料、药物。

3）至少每 2 年排空清刷一次池体。

4）采取有效的防止雨污水倒流和渗透到池内的措施。

5）设置清水池水质检测点，每日监测化验不得少于一次；当发现水质超标时，应立即采取措施。

6）每年检查仪表孔、通气孔、人孔等处的防护措施是否良好，并应对清水池内外的金属构件做防腐处理。

2.3.1.10 膜处理工艺

（1）粗过滤系统

1）连续微滤系统启动前，应先检查粗过滤器是否处于自动状态。

2）系统开机前，应同时打开进水阀和出水阀，然后关闭旁通阀转为过滤器供水，并应打开过滤器上的排气阀，排除罐内空气后，关闭排气阀。

3）当需要切换启动备用水泵时，应使过滤器处于手动自清洗运行状态。

4）应每日检查进出口压力表，检查自清洗是否彻底。否则，应加长自清洗时间或手动自清洗时间。

5）经常观察浊水腔和清水腔压力表，发现异常情况，应及时处理。

6）每月定期排污一次，每半年拆卸一次清洗过滤柱。

7）压差控制器的差压设定范围应为 $0.2 \times 10^5 \sim 1.6 \times 10^5 Pa$，切换差设定范围应为 $0.35 \times 10^5 \sim 1.50 \times 10^5 Pa$。

（2）微滤单元

1）定时巡查过滤单元，发现异常情况，应及时处理；定期排放压缩空气储罐内的冷凝水。

2）当单元的过滤阻力值超出规定值时，应及时进行化学清洗。

3）系统需要停机时，应在正常滤水状态下进行。

4）停机时间超过 5 d，应将微过滤膜浸泡在专用药剂中保存。

5）外压式微滤膜系统每季度必须进行一次声呐测试，膜元件出现问题，应及时隔离和修补。

6）微滤膜系统在化学清洗时不得将单元内水排空；设备维修时必须将单元内水排空。

（3）反渗透单元

1）应根据进水水质定期校核阻垢剂的添加浓度。

2）设备停机超过 24 h，应将膜厂商指定的专用药液注入膜压力容器内将膜浸润。

3）应巡查反渗透系统管道及膜压力容器，发现漏水，应及时处理。

4）根据系统的污染情况，应定期进行化学清洗（酸洗、碱洗），清洗周期应根据单元的操作环境和污染程度确定。

2.3.1.11 污泥脱水机房

1）根据污泥的理化性质，通过试验，选择合适的絮凝剂，并应确定最佳投加量。带式脱水机还应选择合适的滤布。

2）及时调整带式浓缩机、带式脱水机絮凝剂投加量、进泥量、带速、滤布张力和污泥分布板，使滤布上的污泥分布均匀，控制污泥含水率，滤液含固率应小于10%。

3）巡视检查带式脱水机反冲洗水系统、滤布纠偏系统和投药系统，当发现异常时，应及时维修。

4）及时调整离心浓缩机、离心脱水机絮凝剂投加量、进泥量、扭矩和差速，控制污泥含水率，滤液含固率应小于 5%。

5）停机前应先关闭进泥泵、加药泵；停机后应间隔 30 min 方可再次启动。

6）定期清理破碎机清淘系统，经常检查破碎机刀片磨损程度并应及时更换。

7）各种污泥浓缩、脱水设备脱水工作完成后，都应立即将设备冲洗干净，带式脱水机应将滤布冲洗干净。

8）污泥脱水机械带负荷运行前，应空载运转数分钟。

9）经常清洗溶药系统，防止药液堵塞；在溶药池边工作时，应注意防滑，同时应将洒落在池边、地面的药剂清理干净。

10）保持机房内通风良好。

11）浓缩机投药量（干药/干泥）应控制在 2～4 kg/t；脱水机投药量（干药/干泥）应控制在 3～5 kg/t。脱水后污泥含水率应小于 80%。

2.3.2　工艺调控要点

2.3.2.1　活性污泥异常调控

（1）污泥膨胀

污泥膨胀可大致区分为丝状菌膨胀和非丝状菌膨胀两种。大多数污泥膨胀属于丝状菌膨胀。此处介绍丝状菌膨胀的判别方法及调控措施。

1）现象

当丝状菌过多，长出一般絮体的边界面伸入混合液时，其架桥作用妨碍大絮体间的密切接触，致使污泥结构松散，质量变轻，沉淀压缩性能差，SV 值增大，有时达到 90%，SVI 达 300 以上，二沉池难以固液分离，大量污泥流失，出水浑浊，回流污泥浓度低，有时还伴随大量的泡沫的产生，无法维持生化处理的正常工作。

2）产生原因

①DO 不足：菌胶团细菌和丝状菌对 DO 需要量差别比较大，菌胶团细菌是好氧菌，而绝大多数丝状菌是适应性强的微好氧菌。因此，若 DO 含量不足，菌胶团菌的生长受到抑制，而丝状菌仍能正常利用有机物，在竞争中占优。因此好氧池出口 DO 应保持在 2 mg/L 左右。

②污泥负荷过高或过低：进水中可溶性有机物质含量高，有利于底物中的丝状菌的繁殖。进水中含过多糖类碳水化合物时，诸如球衣菌属的丝状菌能直接将葡萄糖、乳糖等糖类物质作为能源加以吸收利用，同时分泌出高黏性物质覆盖在菌胶团细菌表面，从而大大提高了污泥的水结合率。当进水中的有机物含量过低时，由于丝状菌具有巨大的比表面积，优先利用碳源造成竞争优势。城镇污水处理厂污泥负荷一般控制在 0.1～0.2 kgBOD$_5$/（kgMLSS·d）。

③pH 偏低：活性污泥微生物最适宜的 pH 范围为 6.5～8.5；pH 低于 6.5 时有利于真菌

生长繁殖；pH 低于 4.5 时，真菌将完全占优，活性污泥絮体遭到破坏，所处理的水质恶化。

④营养不均衡：进水中硫化物含量高或 N、P 等营养物质缺乏，会使低营养型微生物丝硫细菌、贝氏硫细菌等过度繁殖，在与菌胶团细菌的竞争中占优。

⑤进水波动太大：进水波动是指进入活性污泥反应器的原水在流量以及有机物浓度、种类方面的改变。如果好氧池中有机物浓度突然增加，就会因微生物呼吸迅速致使 DO 含量降低，此时丝状菌在争夺氧中占优，大量繁殖，引起污泥膨胀。

⑥温度：反应器底物中每种细菌都有自己的最适宜生长温度，在最适宜生长温度下，其繁殖旺盛，竞争力强。如果温度较低，污水中微生物代谢速度较慢，会积聚大量高黏性的多糖类物质，使活性污泥的表面附着水大大增加，SVI 值增高，从而可能会引起污泥膨胀。温度对丝状菌的影响也是很普遍的，丝状菌膨胀对温度具有敏感性，在其他条件等同的情况下，10℃时产生严重的污泥膨胀现象；将反应器温度提高到 22℃，不再产生污泥膨胀。这也是大多数活性污泥在冬季时会产生污泥膨胀或者污泥膨胀更加严重的原因之一。

3）调控措施

①临时调控措施

灭菌法，是指向发生膨胀的污泥中投加化学药剂，杀灭或抑制丝状菌，从而达到控制丝状菌污泥膨胀的目的。

污泥助沉法，是指向发生膨胀的污泥中加入助凝剂，增大活性污泥的比重，使其在二沉池内易于分离。

②工艺运行调控措施

运行人员可据依丝状菌污泥膨胀产生的具体原因采用在生物池进口投加碱性药剂、控制污泥负荷、加大曝气量、补充营养元素、提高反应温度等方式来改善污泥性状，解决污泥膨胀问题。

（2）污泥腐化上浮

1）现象

二沉池中大块污泥上浮，污泥呈灰黑色，有明显臭味，出水水质恶化。

2）产生原因

二沉池内污泥停留时间过长或局部区域污泥堵塞，导致污泥由于缺氧而腐化，产生大量 CH_4 和 CO_2 气体附着在污泥体上，使污泥相对密度变小而上浮。

3）调控措施

①加大曝气量，提高出水 DO 含量。

②疏通堵塞，及时排泥。

（3）污泥反硝化上浮

1）现象

二沉池中大块污泥上浮且伴有泡沫产生，污泥颜色较淡，有时带有铁锈色，经搅动可以快速下沉。

2) 产生原因

在好氧池负荷小而供氧量过大时, 出水中 DO 可能很高, 使废水中氨氮被硝化菌转化为硝酸盐。这种混合液若在二沉池中经历较长时间的缺氧状态 (DO 在 0.5 mg/L 以下), 则反硝化会使硝酸盐转化成氮气。当活性污泥中的氮气吸附过多时, 由于相对密度降低, 污泥就随气体浮上水面。

3) 调控措施

①减少曝气, 防止硝化出现。

②及时排泥, 增加回流量, 减少污泥在二沉池中的停留时间。

（4）污泥老化

活性污泥老化的现象在目前大多数运行的好氧生化系统中普遍存在, 而活性污泥的老化会导致出水主要污染指标的升高, 更多的是造成能源的浪费。

1) 现象

老化的活性污泥容易解体, 所以细小的细菌会游离在水中。但是游离状态下的细菌之间的水还是非常清澈的, 不会出现污水一味浑浊。但是老化后期解体严重, 会导致出水浑浊。好氧池开始有泡沫与浮渣的混合物产生, 一般是薄薄的一层, 不堆积, 颜色灰白（根据系统颜色判断）。菌胶团变得粗大, 污泥颜色由浅变黄或显得很深暗、灰黑, 不具鲜活的光泽。回流的二沉池污泥产生的泡沫介于表面活性剂和生物泡沫之间, 有黏性。老化的活性污泥沉降速度是正常活性污泥沉降速度的 1.5 倍左右。镜检会发现污泥结构松散, 丝状菌少, 轮虫多, 原生动物少。

2) 产生原因

①低负荷运行: 当好氧系统处于很低的负荷下运行, 水中作为微生物食物的有机物浓度极低, 微生物与食物之间处于 "僧多粥少" 的状态, 分解代谢因食物稀少而变得微弱, 合成代谢此时会处于主导地位, 氧也主要被用以进行内源呼吸, 从而导致污泥老化。

②过度曝气: 过度曝气会导致活性污泥解体和被氧化, 空气中的氧气作为一种氧化剂, 过度曝气自然导致活性污泥里面的部分细菌被氧化, 菌胶团被解体。

③排泥不及时, 活性污泥浓度过高: 排泥是控制活性污泥浓度的常用手段, 排泥不及时会导致污泥长时间积累, 最终发生老化。

3) 调控措施

①应保证进水中有足够的可生物降解有机物, 必要时补充碳源。

②有效控制曝气量, 避免过度曝气。

③及时、均匀地排泥, 避免活性污泥浓度过高。

（5）污泥中毒

1) 现象

在进水后很短时间内, 生物池有大量的污泥连续上浮, 污泥颜色正常, 池中泡沫上会黏附黄褐色的污泥。之后, 好氧池中 DO 突然上升很高, 污泥颜色由黄褐色变成土黄色直至黑色, 好氧池泡沫数量急剧增多并伴有明显恶臭。二沉池污泥沉降性能差, 泥位上升,上清液浑浊，出水中絮体增多，出水各项指标出现异常。镜检发现，污泥中有大量原生动物死亡。

2）产生原因

①进水中重金属、剧毒杀菌剂等有毒物质超标：重金属、剧毒杀菌剂等进入污水处理系统，会对微生物产生毒性，导致生物系统瘫痪。

②含盐量过高：废水中的氯离子浓度过高，会导致微生物的活性受到抑制，甚至微生物会死亡。这种情况在运行中不易察觉，因为氯离子含量不是常规监测指标。

③pH 冲击：当活性污泥所处环境的 pH 低于 6 或高于 9 时，微生物的活性会受到抑制或失去活性，甚至死亡。这会导致污泥松散和上浮现象。

④油脂增多：过量的油脂进入好氧池中，会影响污泥细胞质膜的稳定性和通透性，导致微生物生长停滞和死亡。油脂会附着在菌胶团表面，隔绝氧气，使微生物处于缺氧状态。

3）调控措施

及时检测进水水质，避免有毒物质进入生物池。发现进水异常后启动进水水质异常应急预案，立即将有关情况报告辖区排水主管部门和生态环境主管部门。根据进水水质分析结果，采取相应调控措施。

①进水中重金属、剧毒杀菌剂等有毒物质超标时，应停止进水，加大外回流量，待生物池内中毒污泥大规模进入二沉池后，开始提高剩余污泥排放量，通过排泥的方式将有毒有害物质在最短的时间内排出生物系统。适当投加营养物，对生物池进行闷曝。若污泥中毒较严重，可向生物池投加新鲜活性污泥，以迅速提高生物池内有效活性污泥的浓度。

②进水含盐量过高时，应加大外回流量，对来水进行稀释。将该污水处理厂的脱水污泥重新投加到生物池内，作为接种污泥，对微生物进行重新培养。为缩短培养时间，加快微生物的繁殖，向生物池内投加部分营养物。

③系统受到 pH 冲击时，应在生物池的进口处投加废碱液，尽量提高好氧池内混合液的 pH。加大外回流量，维持生化单元相对较高的污泥浓度，提高系统的抗冲击负荷能力。在生物池内连续投加营养物，以补充进水中的营养物质，加快微生物活性的恢复和繁殖。

④系统进水油脂增多时，应停止进水，停止曝气，对好氧池进行静沉，然后开启进水将好氧池内的上清液顶出，尽量降低好氧池内的油脂含量。恢复曝气后，将 DO 控制在相对较高水平即可。适当投加部分营养物，加快污泥的增殖。加大排泥量，促进新、旧污泥的更替。

（6）污泥解体

1）现象

处理水质浑浊、污泥絮凝体微细化，处理效果变差。

2）产生原因

①污泥中毒：进水中有毒物质或有机物含量突然升高很多，使微生物代谢功能受到损害甚至丧失，活性污泥失去净化活性和絮凝活性。这种情况在工业废水处理厂经常出现，

通常是工厂事故废水排放量过多，使污水处理系统超负荷运行所导致的。

②低负荷运行：处理水量或污水浓度长期偏低而曝气量仍维持正常值，其结果就会出现过度曝气，引起污泥的过度自身氧化，菌胶团的絮凝性能下降，最后导致污泥解体。长此以往，还可能会使污泥部分或全部失去活性，在进水有机负荷再提高时失去净化功能，使出水水质急剧恶化。

③高负荷运行：过高的碳源进入系统，在高基质下，细菌吸附的碳源代谢不了，并在细菌表面分泌出亲水性多糖，很难沉淀压缩，细菌又处于对数期，这时候细菌具有最强的活性，导致菌胶团解体。

④C/N 比失调：当氮严重缺乏时，也有可能产生膨胀现象。因为若缺氮，微生物便由于工作不能充分利用碳源合成细胞物质，过量的碳源将被转化为多糖类胞外贮存物。污泥很难沉淀压缩，发生解体现象。

⑤过度曝气：过度曝气会由于频繁的剪切作用使活性污泥发生解体，加上过度曝气还会使污泥自身氧化加剧，多方面原因使污泥解体。

⑥污泥老化：污泥老化是因泥龄过长导致的，在长期不排泥或者排泥较少的系统，污泥成分发生变化，活性成分减少，无机物含量增加，导致污泥解体的现象。

⑦温度过高或过低：众所周知，温度能够影响微生物的活性，因此温度是影响细菌的重要条件。温度过低，营养物质的运输就会受到阻碍，微生物因得不到营养物质，新陈代谢的速度就会大大降低，导致大量黏性较高的糖类物质聚集在一起，使污泥解体；温度过高，细菌难以承受高温，就会大量死亡。

⑧丝状菌污泥膨胀：正常的活性污泥结构较稠密，菌胶团生长良好，显微镜下观察到菌胶团外缘整齐清晰，并可发现有纤毛类原生动物，污泥呈矾花状，絮凝、沉降和浓缩性能良好。如果丝状菌生长繁殖过多，菌胶团的生长繁殖将受到抑制，好多丝状菌伸出污泥表面之外，使得絮状体松散发生解体。

3）调控措施

①污水量和水质变化引起的解体，就从源头进行调整，控制进水量，测定并保持进水浓度，避免超负荷或者长期低负荷运行。

②当确定污水中混入有毒物质时，应停止进水或减少进水量，查清异常水质来源，立即上报主管部门。

③当负荷低或过量曝气时，降低曝气量或减少生物池运转数量，只运行部分生物池。

④温度控制在合理的范围内，才能使微生物维持在正常的生长状态，以提高其对污水处理的效果。

⑤发生负荷冲击时，降低污水的进水量，或者使进水速度和缓均匀，能够有效降低生化系统中的有机物的负荷。

⑥C/N 比失调，需添加一些微生物生长必需的氮源，使 C/N 比维持在 100∶5。

⑦污泥老化时，应在保证系统代谢正常、出水达标的情况下，增加剩余污泥的排放量，降低泥龄。

⑧丝状菌污泥膨胀时，参照"污泥膨胀"中的控制措施进行调整。

（7）活性污泥浓度提升困难

1）产生原因

①过度曝气：过多的曝气会导致活性污泥中的游离细菌被氧化，从而影响活性污泥浓度的提升。保持合理的曝气量是提升活性污泥浓度的关键。

②营养不足：营养不足也会导致活性污泥浓度提升困难。氮、磷等是微生物生长的必要元素，氮、磷不足会抑制菌胶团的形成。

③进水底物浓度过低：活性污泥的生长需要有机物作为能量来源，底物浓度过低会导致活性污泥无法有效生长和繁殖。

④进水中含有过多的有毒或抑制物质：有毒或抑制物质会抑制微生物的生长和代谢，从而影响活性污泥的浓度。

2）调控措施

①控制曝气量。

②适当投加营养物，调整污水 C/N、C/P。

③调整进水底物浓度。

④加强预处理，避免有毒或抑制物质进入生化处理单元。

2.3.2.2 生化处理单元异常调控

（1）生化处理单元出水 COD 异常

1）产生原因

①曝气不足：好氧池出口 DO 应控制在 2 mg/L 左右，曝气不足，DO 低，影响污泥活性。

②污泥浓度过低：污泥浓度低于 2 000 mg/L，且挥发成分小于 20%，有机物去除效果不佳。

③水温过低：水温低，微生物的活性和代谢能力弱，生物降解能力差。

④营养不足：污水中缺乏 N、P 等营养物质，将会限制微生物生长，从而影响生化处理效果。

⑤污泥老化或中毒：微生物活性下降，处理效率低。

2）调控措施

①若曝气不足，应检查风机运行状态，风压、风量是否与频率对应，风机主管道阀门是否故障，排除风机运行异常。在风机正常情况下，加大曝气量。

②若污泥浓度低，应减少排泥量，增加污泥浓度。

③水温低时应逐步减少排泥量来提高污泥浓度，适当降低进水量和回流比，增加曝气量。

④适当投加营养物，调整污水 C/N、C/P。

⑤若发现污泥中毒情况出现，确定进水异常后，立即上报主管部门，立即停止进水，

查清异常水质来源。参照前述"污泥中毒"中的调控措施进行调整。

（2）生化处理单元出水氨氮异常

1）产生原因

①温度影响：在低温环境下，硝化细菌活性降低，导致氨氮去除效率下降。

②DO 不足：硝化反应需要大量氧气，DO 不足会抑制硝化细菌的活性，导致氨氮去除率下降。

③pH 不当或碱度不足：pH 过低或过高都会影响硝化反应的进行，若系统碱度储备不足，无法有效缓冲 pH 下降，可能抑制硝化菌活性，导致氨氮去除效率下降。

④内回流异常：内回流异常导致缺氧池中只有少量外回流挟带的硝态氮，总体成厌氧环境，碳源在缺氧池中只会水解酸化而不会完全代谢成二氧化碳逸出，所以大量有机物进入好氧池，抑制硝化菌的活性，导致氨氮去除效率下降。

⑤泥龄过短：排泥过多或外回流过少导致污泥的泥龄过短，硝化菌无法形成优势菌种，导致氨氮去除效率下降。

⑥进水有机物浓度高：高浓度有机物会消耗大量氧气，抑制硝化菌活性，导致氨氮去除率下降。

⑦水质和水量波动冲击：进水流量过大或浓度过高，会导致系统处理时间不足，氨氮无法有效去除。

2）调控措施

①在低温环境下，采取措施提高生化反应温度，保持硝化细菌的活性。

②合理调节曝气设备，确保生物池中的 DO 水平满足硝化反应的需求。

③通过投加碱或酸，将 pH 调节至硝化细菌适宜的范围。

④检查并修复内回流系统。

⑤通过控制排泥和外回流，保持适宜泥龄。

⑥控制进水有机物浓度。

⑦合理控制进水流量和浓度，避免系统处理能力不足。

（3）生化处理单元出水总氮异常

1）产生原因

①硝化作用不佳。

②反硝化作用不佳。

2）调控措施

①查看出水及生物池断面氨氮数据是否正常，若不正常则硝化作用不佳，参照前述"生化处理单元出水氨氮异常"中的调控措施进行调整。

②若反硝化作用不佳，则按照表 2-3 判断原因并进行调控。

表 2-3　反硝化作用不佳原因及调控措施

反硝化作用不佳原因	调控措施
缺氧池 DO 增加（＞0.2 mg/L）	降低好氧池曝气量和内回流比
碳源不足（C/N≤5）	增加碳源投加量，每次增加 10 mg/L，碳源投加量总量保持 ΔCOD/ΔTN≤9
污泥负荷高、污泥龄短（＜10 d）	适当减少排泥，增加污泥浓度，减小污泥负荷，延长泥龄
内回流比偏小	增加内回流
有毒有害物质	参照"污泥中毒"中措施进行调控

（4）生化处理单元出水 SS 异常

1）产生原因

①瞬时流量激增。

②污泥上浮导致污泥流失。

③系统污泥浓度过高。

2）调控措施

①若进水流量大，应减少进水量，加大外回流量，保证污泥泵房及二沉池较低液位。

②若出现污泥上浮问题，应结合进水水质和水量变化、系统运行方式等判断污泥上浮原因，参照"2.3.2.1　活性污泥异常调控"中调控措施进行相应调整。

③若活性污泥浓度高，应加大排泥量。若二沉池泥位高，已经出现明显跑泥，应同步加大深度处理单元混凝剂投加量。

（5）生化处理单元出水总磷异常

1）产生原因

①瞬时进水流量激增。

②二沉池出水 SS 过高。

③除磷药剂质量问题。

2）调控措施

①若进水量大，应减少进水量，加大外回流量，保证污泥泵房及二沉池较低液位。同时增大药剂投加量，每次增加 10 mg/L 持续 2 h，并及时开启协同加药点。

②若二沉池出水 SS 过高，按"（4）生化处理单元出水 SS 异常"中调控措施进行相应调整。

③根据化验室除磷药剂小试结果判定除磷剂质量是否存在问题，若存在应及时更换除磷药剂。

2.3.2.3　出水口水质异常调控

（1）出水口 COD 异常

1）产生原因

生化处理单元 COD 去除效果不佳或者碳源投加过量。

2）调控措施

检查各个处理段内控指标是否在范围内以及碳源投加量。

（2）出水口 SS 异常

1）产生原因

①二沉池泥水分离效果差。

②混凝剂投加不足或过量。

③滤池运行不畅。

2）调控措施

检查各个处理段内控指标是否在范围内，进行相应处理。

（3）出水口 pH 异常

1）产生原因

①pH＜6.9，则深度处理单元 PAC 投加过量。

②出水 pH 升高，有可能是消毒单元次氯酸钠投加过量。

2）调控措施

①检查 PAC 投加量是否过量，在总磷达标的情况下，减少 PAC 投加量。

②检查次氯酸钠投加量是否过量，在保证粪大肠菌群达标情况下，减少次氯酸钠投加量。

（4）出水口总氮异常

1）产生原因

生化处理单元和深度处理单元（如反硝化深床滤池、活性砂滤池）脱氮效果不佳。

2）调控措施

检查各个处理段内控指标是否在范围内，进行相应处置。

（5）出水口氨氮异常

1）产生原因

生化处理单元处理效果不佳。

2）调控措施

检查各个处理段内控指标是否在范围内，进行相应处置。

（6）出水口总磷异常

1）产生原因

①生化处理单元除磷效果差。

②化学除磷剂投加不足或过量。

2）调控措施

检查各个处理段内控指标是否在范围内，进行相应处置。

（7）出水口粪大肠菌群异常

1）产生原因

①紫外线消毒系统：紫外灯管老化或损坏；紫外灯管表面存在污垢。

②次氯酸钠消毒系统或二氧化氯消毒系统：消毒剂发生器故障；消毒剂投加量小。

2）调控措施

①紫外线消毒系统：定期对紫外装置进行维护保养，及时更换损坏的灯管。

②次氯酸钠消毒系统或二氧化氯消毒系统：定期检修消毒剂发生器；根据水质、水量及时调整消毒剂投加量。

2.3.2.4 污泥脱水单元异常调控

（1）脱泥机出泥含水率过高

1）产生原因

①絮凝剂投加量少。

②脱泥机参数设置不合理。

2）调控措施

①絮凝剂投加要求达到 2‰左右，另外根据实际情况进行药剂增加，每次增加 10%絮凝剂用量，也可以通过加大进药量来控制出泥含水率。

②在进药量正常情况下，随时调整脱泥机参数，保证力矩要求及差速的要求。

（2）脱水污泥下滤液浓度过高

1）产生原因

①脱泥机出泥含水率＞78%。

②污泥沉降性能差。

2）调控措施

一般情况下每年的春季，污泥浓度会大幅度增加，或者强降雨期间，污泥沉降性能也会变差，根据具体情况可以适当增加进泥污泥浓度，提前进行剩余污泥储存，利用自然沉降使得进泥污泥浓度增加。

2.3.3 污水处理厂工艺调控案例

2.3.3.1 郑州某污水处理厂污泥膨胀问题调控案例

郑州市某污水处理厂采用"A^2/O+高效沉淀池+纤维转盘滤池+次氯酸钠消毒"工艺处理污水，设计处理规模为 $1.0 \times 10^5 \, m^3/d$，共分两个序列，每个序列处理水量为 $5 \times 10^4 \, m^3/d$，出水水质执行河南省《贾鲁河流域水污染物排放标准》（DB 41/908—2014）。

因进水碳浓度较低，该污水处理厂选择通过超越初沉池和投加厨余废水的方式，提升进入生物池的碳浓度。脱渣厨余废水投加开始于 2022 年 8 月 9 日。自 2022 年 8 月 20 日起，生物池厌缺氧段开始出现褐色浮泥，部分水面出现油膜状物质。至 9 月中旬，生物池好氧区域开始出现大量泡沫状浮泥。随着水流流动，部分浮泥进入二沉池，并在二沉池进水渠中堆积结块，人工清理之后浮泥结块又很快出现，甚至少量溢流至二沉池出水渠，影响出水水质，增加了深度处理的难度。8 月初至 8 月 26 日 SVI 均值基本维持在 78 mL/g

的水平，自 8 月 27 日开始 SVI 出现明显上升，至 10 月 10 日两系列生物池 SVI 分别达到 194 mL/g 和 216 mL/g。

当污泥膨胀发生时，首先对两系列生物池的活性污泥持续进行镜检分析，在镜检中并未发现丝状菌大量繁殖的现象，而此时活性污泥絮体结构松散、细碎，形状不规则且边缘多为锯齿状，从而判定此次污泥膨胀为非丝状菌污泥膨胀。

通过现场运行情况和数据分析，判断此次污泥膨胀的产生是由于投加厨余废水、进水浮渣较多、生物池曝气不足和突然降温等几个原因造成的。

确定污泥膨胀产生原因后，该污水处理厂及时调整运行工艺并采取一系列措施，包括：

1）通过调整剩余污泥排放量、污泥龄、污泥浓度、溶解氧值、回流比、水力停留时间等工艺参数，使污泥膨胀问题得到了一定缓解，但生物池浮泥未彻底消除，且 SVI 依旧稳定在较高水平，污泥膨胀问题未得到彻底解决。

2）通过筛选最佳助沉剂、搅拌速度、反应时间确定在二沉池配水井精准投加 40 mg/L 的阳离子高分子絮凝剂，通过投加一段时间的药剂助沉，去除生物浮泥，明显提高了污泥沉降性能。

至 10 月底生物池表面浮泥已基本消失，至 11 月 5 日，两系列生物池 SVI 逐渐下降至 120 mL/g，并无反弹现象。

2.3.3.2 北方某城镇污水处理厂出水氨氮超标调控案例

北方某城镇污水处理厂设计总规模为 10×10^4 m³/d，主要采用 A/O 和 A²/O 可互相调节的生化处理工艺，建成后主要运行 A/O 工艺，剩余污泥采用板框压滤机脱水处理工艺，出水执行《城镇污水处理厂污染物排放标准》（GB 18918—2002）的一级 A 标准。

该污水处理厂一直运行良好，二沉池出水氨氮的质量浓度稳定在 1～4 mg/L。但某天凌晨开始，进水水质出现大幅度波动，来水 COD 在 300～1 951 mg/L 之间波动，氨氮在 30～49 mg/L 之间波动，pH 也波动，且偏小。从现场来水水质观察可以看出，进水阶段性含有大量不同颜色泡沫，水质颜色发黑。

该污水处理厂位于北方，来水冲击发生在冬季 1 月末，水温较低，低于 12℃；阶段性冲击共持续约 10 d；初沉池未投运；生物池运行工艺为 A/O 工艺。运行人员根据以往经验，减少进水量至 7×10^4 m³/d，增开 1 台鼓风机，加大曝气量，但出水仍没有改善，出水氨氮含量仍持续升高，直至超标。管理人员初步判断是进水瞬间冲击造成的，在入水端投加乙酸钠补充碳源，出水端投加 $MgCl_2$、NaH_2PO_4，但出水水质并没有明显改善。

根据现场感官和数据分析可知，生物池好氧区表面有大量泡沫夹带浮泥，颜色为棕褐色；好氧区 DO 的质量浓度为 2.0～5.0 mg/L，不存在 DO 含量不足的问题；好氧区污泥解体严重，但 SV 高达 94%，SVI 为 200～225 mL/g，污泥趋于膨胀；好氧区微生物镜检未见丝状菌大量繁殖，初步判断并非丝状菌污泥膨胀；总出水氨氮含量超标，且持续升高；总出水 COD 升高但幅度不大，未超标。

通过现场运行情况和数据分析，判断此次出水氨氮超标原因有以下几点：

1）来水冲击：来水 COD 波动较大，瞬间高达 1 950 mg/L，氨氮的质量浓度升高至 30～49 mg/L，pH 变化幅度大，有时偏低，对生物系统造成冲击。

2）COD 与 SS 含量比例失调：设计 COD 和 SS 的质量浓度比为 35∶18，目前约为 1∶1，初沉池未投用，无机灰分无法去除，致使活性污泥的有效成分偏低，实际有机污泥负荷偏高。此外，无机颗粒沉降于好氧区，堵塞曝气头，影响曝气效果。

3）长期低负荷运行：该厂正常运行时 COD 平均为 169.4 mg/L，生物池长期低负荷运行，活性污泥处于老化状态。当来水冲击时，运行人员调大曝气量，在曝气频繁的剪切作用下加剧污泥解体和自氧化，最终在池面形成厚厚的浮渣。

4）低温：此次突发事件发生在 1 月，气温低于 12℃，一般认为水温<15℃后系统的硝化能力会减弱，抗冲击能力差。

5）设备损坏，工艺调整不及时：在线仪表有 COD 和氨氮含量监测，但数据不准确；没有 pH 监测，其他数据都是分析化验得来，每天早上化验一次，不能及时监测来水指标，工艺调整滞后；事故发生后，没有及时采取有效措施，造成系统崩溃。

针对上述原因，该污水处理厂采用了投运初沉池和 A²/O 工艺、投加活性污泥、补充碳源、调整曝气量、提高回流比和折点加氯等措施。运行结果表明，经采取措施后，进入生物池的 SS 含量大幅降低，生物池硝化菌系统逐渐恢复，出水氨氮含量逐渐降低，整个系统对 COD、BOD₅、氨氮、总氮、总磷等的去除率均有所提高，且出水中的上述指标均能稳定达到《城镇污水处理厂污染物排放标准》（GB 18918—2002）的一级 A 标准。

2.4 进出水在线运维管理

2.4.1 在线监测设备的管理

在线监测设备的运维根据主管部门的要求，分两种情况执行，一是主管部门与委托的运维单位签订运维合同，则污水处理厂必须督促在线设备运维商做好在线设备的维护工作，保证设备正常运行；二是污水处理厂与运维单位自行签订运维合同，且已经主管部门认可，则污水处理厂必须核查运维单位及运维人员的资质要求，并按照合同约定的维护内容进行监督考核工作，保证在线设备的正常运行。

污水处理厂需统筹管理进出水在线监测设备产生的废液，保证其以专用容器予以回收，并严格规范运维单位人员的废液收集行为，并按照《危险废物贮存污染控制标准》（GB 18597—2023）的有关规定，由污水处理厂负责交有资质的危险废物处置单位进行处置，不得随意排放或回流入污水排放口。

污水处理厂宜每周组织运行班、化验室对在线自动监测设备进行一次化验室、在线仪表、中控室的"三统一"比对，每周对在线数据、化验室手工数据及中控数据进行趋势一致性比对，并绘制趋势图。化验室检测与在线监测设备检测的数据相对误差必须在 10% 以内，自动监测设备检测、数采仪、中控室数据的相对误差必须控制在 1% 以内。

运维单位每月进行一次实际水样比对和质控样试验，污水处理厂参照《水污染源在线监测系统（COD$_{Cr}$、NH$_3$-N 等）运行技术规范》（HJ 355—2019）的要求进行确认。

运维单位每月进行一次现场自动监测设备的自动校准或手动校准，污水处理厂参照《水污染源在线监测系统（COD$_{Cr}$、NH$_3$-N 等）运行技术规范》（HJ 355—2019）的要求进行确认。

污水处理厂运行人员每日检查和记录进出水在线监测数据。工艺工程师每日登录全国污染源监测信息管理与共享平台核查传送数据的准确性，每日早会或晚会通报当日检查或核查情况。

当出现在线数据单点超标或多点超标时，污水处理厂应立即启动《出水水质超标及水质类品牌安全事件应急响应预案》，立即安排化验员做好平行样取样和检测。同时立即通知运维单位做好仪器设备自查，由运维单位将数据异常说明备案至生态环境主管部门。

2.4.2　在线监测设备档案管理要求

每台在线监测设备必须建立健全的技术文件档案，文件档案包括以下内容：

1）仪器的生产厂家、系统的安装单位和竣工验收记录；

2）监测仪器测评记录（校准、零点和量程漂移、重复性试验）；

3）实际水样比对和质控样试验的例行记录；

4）监测（监控）仪器的运行调试报告、例行检查、维护保养记录；

5）检测机构的检定或校验记录；

6）仪器设备的检修记录、易耗品的定期更换记录、废液处理记录。

技术档案基本要求：

1）技术档案表格必须统一标准；

2）记录必须清晰、完整，现场记录必须要求在现场及时填写，有专业维护人员的签字，厂内负责人员确认签字；

3）可从技术档案中查阅和了解仪器的使用、维护和性能检验等全部历史资料，以对运行的仪器设备做出正确评价；

4）与仪器相关的记录可放置在现场，所有记录均应妥善保存。

在线监测设备记录表格参见表 2-4～表 2-11，企业可根据实际需求及管理需要调整及增加不同的表格。

表 2-4 水污染源在线监测系统基本情况

企业名称				
地址			邮政编码	
联系人	固定电话		移动电话	
主要产品	产品	设计生产能力		实际产量
情况				
企业生产状况（季度正常运行天数）				
废水处理工艺				
设计处理能力/（t/d）		实际处理能力/（t/d）		
废水排放去向		纳污水体功能区类别		
环评批复对在线设备要求及文号				
监测项目	COD_{Cr}	$NH_3\text{-}N$	TP	……
设备型号及出厂编号				
生产商及集成商				
生产许可证编号				
检测报告编号				
方法原理				
定量下限/（mg/L）				
设定量程/（mg/L）				
运维单位				

水污染源自动监测系统安装点位：

水污染源自动监测系统（仪器）名称、型号及编号：

设备监测项目：

水污染源自动监测系统生产单位：

水污染源自动监测系统安装单位：

表 2-5 巡检维护记录

设备名称：		规格型号：
设备编号：		安装地点：
企业名称：		运维单位：

运行维护内容及处理说明

项目	内容	日期：_____年_____月							备注
		日	日	日	日	日	日	日	
维护预备	查询日志 [a]								
	检查耗材 [b]								
辅助设备检查	站房卫生 [b]								
	站房门窗的密封性检查 [b]								
	供电系统（稳压电源、UPS 等）[b]								
	室内温湿度 [a]								
	空调 [b]								
	自来水供应情况 [b]								
采样系统检查	采样泵采水情况 [a]								
	采样管路通畅 [b]								
	自动清洗装置运行情况 [b]								
	排水管路通畅 [a]								
	清洗采样泵、过滤装置 [b]								
	清洗采样管路、排水管路 [b]								
水污染源在线监测仪器	仪器报警状态 [a]								
	仪器状态参数检查 [a]								
	仪器外观检查 [a]								
	仪器内部管路通畅 [b]								
	仪器进样、排液管路清洁检查 [b]								
	检查电极标准液、内充液 [b]								
	清洗电极头 [b]								
	标准溶液、试剂是否在保质期 [b]								
	更换标准溶液、清洗液、试剂 [b]								
	检查泵、管、加热炉等 [c]								
	检查电极是否钝化，必要时进行更换 [c]								
	检查超声波流量计高度是否发生变化 [c]								
	仪器管路进行保养、清洁 [c]								

项目	内容	日期：＿＿＿年＿＿＿月							备注
		日	日	日	日	日	日	日	
水污染源在线监测仪器	检查采样部分、计量单元、反应单元、加热单元、检测单元的工作情况 c								
	根据水污染源在线监测仪器操作维护说明，检查及更换易损耗件，检查关键零部件可靠性，如计量单元准确性、反应室密封性等，必要时进行更换 c								
	校验 d								
数据采集传输系统	数据采集系统报警信息 a								
	数据上传情况 a								
	数据采集情况 a								
	检查数采仪和仪器的连接 b								
	检查上传数据和现场数据的一致性 b								
	数据采集、传输设备电源 b								

巡检人员签字：

异常情况处理记录	
本周巡检情况小结	（负责人签字） 日期：　　　年　月　日

正常请打"√"；不正常请打"×"并及时处理并做相应记录；未检查则不用标识。

a 每天需要检查的；

b 每 7 天至少进行一次的维护；

c 每 30 天至少进行一次的维护；

d 每季度至少进行一次的维护。

　　本表格内容为参考性内容，现场可根据实际需求制订相应的记录表格。

表 2-6　水污染源在线监测仪器参数设置记录

仪器名称					
测量原理					
分析方法					
参数类型	参数名称	原始值	修改值	修改原因	修改日期
工作曲线	测量量程				
	工作曲线斜率 k				
	工作曲线截距 b				
消解条件	消解温度/℃				
	消解时间/min				
	消解压力/kPa				
冷却条件	冷却温度/℃				
	冷却时间/min				
显色条件	显色温度/℃				
	显色时间/min				
测定单元	光度计波长/nm				
	光度计零点信号值				
	光度计量程信号值				
	滴定溶液浓度/（mg/L）				
	滴定终点判定方式				
	电极响应时间/s				
	电极测量时间/s				
分析试样	蠕动泵管管径/mm				
	蠕动泵进样时间/s				
	标样核查浓度/（mg/L）				
	注射泵单次体积/mL				
	注射泵次数/次				
试剂（1）	泵管管径/mm				
	进样时间/s				
	单次体积/mL				
	次数/次				

参数类型	参数名称	原始值	修改值	修改原因	修改日期
试剂（……）	泵管管径/mm				
	进样时间/s				
	单次体积/mL				
	次数/次				
测定单元	电极信号				
校正液	零点校正液浓度/（mg/L）				
	量程校正液浓度/（mg/L）				
报警限值	报警上限/（mg/L）				
	报警下限/（mg/L）				
明渠流量计	堰槽型号				
	测量量程				
	流量公式				
测量间隔	……				
水质自动采样系统	流量等比例采样设定				
	时间等比例采样设定				
	留样保存温度				
其他参数	……				

说明：

记录人：

日期：　　　年　月　　日

表 2-7　标样核查及校准结果记录

站点名称				仪器名称			
维护管理单位				型号及编号			
本次标样核查情况			校准情况		校准情况		下次标样核查情况
核查时间	核查结果	是否合格	校准时间	是否通过	校准时间	是否通过	下次核查时间	是否通过

备注：如经过校准后标样核查仍未通过，请重新重复上述流程

实施人：

核查审批	
	签字：　　　　　　年　月　日

表 2-8　检修记录（1）

设备名称		规格型号		设备编号	
安装时间		安装地点			
维护管理单位					
故障情况及发生时间	仪器设备管理员： 日期： 维修人： 日期：				
修复后、使用前校验时间、校验结果说明	校验人： 日期：				
正常投入使用时间	仪器设备管理员： 日期： 负责人： 日期：				

表 2-8 检修记录（2）

站点名称		停机时间	
水质自动采样系统	检修情况描述		
	更换部件 1		
	更换部件 2		
化学需氧量自动分析仪	设备型号及编号		
	检修情况描述		
	更换部件 1		
	更换部件 2		
氨氮自动分析仪	设备型号及编号		
	检修情况描述		
	更换部件		
其他设备	设备型号及编号		
	检修情况描述		
	更换部件		
流量计	设备型号及编号		
	检修情况描述		
	更换部件		
数据采集传输仪	设备型号及编号		
	检修情况描述		
	更换部件		
站房清理			

停机检修情况总结：

备注：

检修人：   离站时间：

表 2-9　易耗品更换记录

设备名称		规格型号		设备编号	
维护管理单位		安装地点		维护保养人	
序号	易耗品名称	规格型号	单位	数量	更换原因说明（备注）
维护保养人：		时间：		核查人：	时间：

表 2-10　标准样品更换记录

设备名称			规格型号		设备编号		
运维单位			安装地点		运行人员		
序号	标准样品名称	标准样品浓度	配制时间	更换时间	数量	配制人员	更换人员
运行人员：		时间：		核查人：		时间：	

表 2-11　实际水样比对试验结果记录

运行方代表			业主方代表		日　期
序号	在线监测仪器测定结果	比对方法测定结果		比对方法测定结果平均值	测定误差	是否合格
		1	2			

2.4.3　运维单位考核

　　若污水处理厂自行与运维单位签订运维合同，每季度对运维单位进行考核。考核内容见表 2-12。

表 2-12 运维单位考核内容

考核项目	考核内容	分值
远程监控	进行数据远程监控诊断服务（1 次/d），数据传输异常未能及时发现 1 次扣 2 分，扣完为止	5
巡检服务	定期巡检服务（1 次/周），按规定频次进行定期巡检，未定期巡检 1 次扣 5 分，扣完为止	10
	检查设备标准液、试剂有效期和余量，及时更换和添加；监测房内不得出现超过有效期的试剂仍再使用的现象，出现一次扣 10 分，扣完为止	10
	检查水污染源自动监控设施运行状态、历史数据、历史报警是否正常；检查数据传输系统，看设备和数采仪、上位机数据是否一致。因设备维护不当导致的设备报警或数据异常，一次扣 5 分，扣完为止	10
	保证站房环境清洁，仪器设备及相关的记录资料摆放整齐（检查不合格 1 次扣 2 分，扣完为止）	5
运维能力	定期进行设备维护，清洗污染源自动监控设施预处理及取样系统管路、内部管路、各类探头；定期检查仪器设备的易耗品工作状态，有计划地进行更换，避免出现因维护不当导致的设备故障和数据异常现象，出现一次扣 5 分	15
	运维方应建立完善的应急响应机制，在接到数据异常或设备故障通知后，应 2 h 内响应处理，依现场情况需要，6 h 内赶到现场处理，48 h 内完成故障的修复。因设备仪表原因导致数据显示异常，运维方应及时向相关监管部门出具相应的有效正式书面报告，同时双方共同配合解决相关问题。若存在响应不及时的情况，一次扣 10 分，扣完为止	25
	运维方应积极配合委托方的迎检工作，相关政府部门或公司内部重大检查要求检查在线设备时，且接委托方已提前安排通知的情况下应积极响应，根据要求赶到现场协助检查。未及时响应一次扣 5 分，扣完为止	10
记录管理	配合甲方按当地生态环境主管部门法律规范要求，按时提交所需数据、周报、月报等报告文件；未按时提交一次扣 2 分，扣完为止	5
	设备校准、实际水样比对、质控样试验的例行记录，设备运行报告、定期巡检、维护保养记录，设备维护、易耗品的定期更换记录等相关记录填写完善；不得出现缺填、漏填、误填等问题项，出现一次扣 2 分，扣完为止	5

注：考核得分 80 分以上视为合格。

2.4.4 仪器的检修和故障处理

在线监测设备需要停用、拆除或者更换的，运营公司应当事先报经生态环境主管部门批准。

运营公司发现故障或接到故障通知，应立即通知第三方运维单位在 24 h 内赶到现场进行处理。对于一些容易诊断的故障，如电磁阀控制失灵、膜裂损、气路堵塞、数据仪死机等，可携带工具或者备件到现场进行针对性维修，此类故障维修时间不应超过 8 h。

仪器经过维修后，在正常使用和运行之前应确保维修内容全部完成性能检测程序，按国家有关技术规定对仪器进行校准检查。若监测仪器进行了更换，在正常使用和运行之前，应对仪器进行一次校验和比对实验。

若数据存储/控制仪发生故障，应在 12 h 内修复或更换，并保证已采集的数据不丢失。

根据设备性能制定备件方案，各公司根据情况应备有足够的备品备件。

2.5 运行数据统计及分析

2.5.1 运行数据统计类别

（1）生产运行记录

生产运行记录包括交接班记录、工艺运行参数记录、设备运行记录、进出水在线监测记录、加药记录、高压配电间记录、低压配电间记录、异常情况及处理记录、泵站运行记录、污泥处理运行记录、分段电量统计表、运行日报表。

（2）水质管理记录

采样记录、药剂管理记录、易制毒化学品管理记录、实验室仪器设备管理记录、标准物质管理记录、在线比对记录、外部取样记录、盲样考核记录、原始记录、水质检测日报表。

（3）作业计划记录

运行生产年度计划表、运行生产月度计划表、环境整理年度计划表、环境整理月度计划表、生产作业执行日报。

（4）对外报表

纸质报表：年度经营报告、年度经营计划、年度运营计划、水量统计表、生产月报表、月度运行报告、水费结算审批表。

电子报表：企业运营数据系统、国控污染源平台、全国污染源监测信息管理与共享平台。

（5）临时报表

进水异常备案表、设施故障备案表、设备检修备案表、停电备案表等。

2.5.2 运行数据填报要求

记录填写要及时、真实、内容完整、字迹清晰，不得随意涂改；对确实不适用的项目，要求在空白栏目的适中位置画一横线（—），以表示该栏目已受到关注，但无内容可填；应签署名字的一定要签署。

如因笔误或计算错误要修改原数据，应采用单杠划去原数据，在其上方写上更改后的数据，杠改后能清楚地看到杠改前后的内容，并签上更改人的姓名及日期。

手写记录应使用黑色签字笔填写。

记录中涉及的计量单位必须使用法定计量单位表示。记录中数字应按规定要求保留有效数字位数。

2.5.3 运行数据分析

运行人员和化验人员记录、整理当班数据后，于当天下班前统一交由污水处理厂工艺技术员负责统计、分析、上报，工艺技术员每天需对当天水量、水质、泥量等生产数据，以及电耗、药耗等经济技术指标和设备设施正常运行情况进行分析、汇总，并将相关数据报送上级领导审核，经领导审批后再填写对外报表，对外报送相关数据。

污水处理厂宜每周组织生产人员召开周例会、每月组织召开月度例会对生产数据进行分析报告，对照月度生产考核目标、标准进行总结分析，及时纠偏。

2.6　运行风险识别与管控

2.6.1　运行风险的类别

污水处理厂运行风险是指由于外部环境制约、内部管理、工艺缺陷等问题造成的严重影响污水处理厂正常生产运行的风险，此类风险若不及时管控极易造成品牌安全事件（行政处罚、通告、整改事件）。运行风险包括水质达标风险、污泥处置风险、中控管理风险、构筑物连续运转能力不足风险、噪声和臭气管理风险、进水管理风险、其他管理风险等。

水质达标风险：主要指因生产运行或前期遗留问题导致的出水超标风险，以及因部分构筑物功能缺失导致的出水超标风险。

污泥处置风险：主要指污泥运输单位、污泥处置单位的资质要求合法性，合同协议签订和保存的合规性，以及污水处理厂在日常管理中污泥转运三联单填报、签章、存档的规范性。

中控管理风险：主要指中控室的工艺单元监视及调控功能、数据信息统计功能、数据准确性及中控室数据传输稳定性等风险。

构筑物连续运转能力不足风险：主要指因污水处理厂构筑物无法连续运转，存在跨越部分构筑物运行的风险，或者构筑物运转能力不足，处理能力无法达到设计规模。

噪声和臭气管理风险：主要指厂区噪声和臭气监测存在超标风险。

进水管理风险：主要指污水处理厂进水存在超标现象，存在因进水超标导致出水超标或生化系统异常等风险。

其他管理风险：主要指污水处理厂可能存在的其他管理风险，包括但不限于危险废物处置、化验室管理、进出水在线管理等合法合规性。

2.6.2　运行风险识别

为防范污水处理厂运行风险，确保安全生产，污水处理厂生产负责人应每月组织生产人员开展一次运行风险识别，针对每一项运行风险需运行人员和设备人员联合进行识别，运行人员重点核查工艺运行、水质、污泥、噪声、臭气、数据准确性等风险，设备人员重点核查因设备设施故障导致的风险，通过识别每一项运行风险发生的可能性并匹配相应分数，以及风险可能产生损害的严重程度判定并匹配相应分数，最终按照运行风险等级识别图进行单项风险点等级分级，运行风险识别标准如表 2-13 所示，运行风险等级识别如图 2-2 所示。

表2-13 运行风险识别标准

评分	可能性判定通用标准	各类风险发生可能性判定参考标准							评分	风险可能产生损害的严重程度判定	
		出水不达标类风险	污泥处置风险	中控管理风险	构筑物连续运转能力不足风险	噪声臭气管理风险	运营必达条件风险	其他管理风险		预估经济损失（包括对退税的影响）	品牌影响程度
0分	不会发生	达标率为100%	污泥管理规范、无风险	中控管理规范、无风险	构筑物连续运转能力完好、无风险	噪声臭气管理规范、无风险	全部满足条件	其他风险参照发生频率风险等级	0分	无经济损失	无品牌影响
1分	一般情况下不会发生	达标率为95%～100%	污泥转运联单填写不规范项目污泥运输及处置单位合规合法	中控设施可正常运转，但数据储存在风险（停电丢失、容量不足）	主要工艺设备完好率为96%以上，有完好的备用设备，主要工艺均具备连续运转能力	噪声或臭气未超标准，但现场观感较差		其他风险参照发生频率识别风险等级	1分	金额小于2万元	负面消息在企业内部流传，可以在短时间内自行消除，公司声誉几乎没有受损
2分	极少情况下才会发生	达标率为90%～95%		—	—	噪声或臭气偶有超标但不影响现场感官		其他风险参照发生频率识别风险等级	2分	金额为2万（含）～10万元	负面消息在当地局部流传或受到乡镇级部门通报或处罚，对企业声誉造成轻微损害
3分	有可能发生	达标率为80%～90%	污泥转运联单填写不规范或输污泥或处置污泥无资质	中控设施经常出现问题，中控功能受到阻碍	主要工艺设备完好率为90%～96%且具备用（可替代）设备，主要工艺设备均具连续运转能力	噪声或臭气未超标准，但周边居民偶有投诉		其他风险参照发生频率识别风险等级	3分	金额为10万（含）～25万元	负面消息在某区域流传或受到县级部门通报或处罚，对企业声誉造成中等损害

污水处理厂运行风险识别标准

评分	可能性判定通用标准	各类风险发生可能性判定参考标准							评分	预估经济损失（包括对退税的影响）	品牌影响程度
		出水不达标类风险	污泥处置风险	中控管理风险	构筑物连续运转能力不足风险	噪声臭气管理风险	运营必达条件事件风险	其他管理风险			
4分	风险事件易发	达标率为50%～80%		—	—	噪声或臭气未超标准，但周边居民常投诉或政府关注		其他风险参照识别发生频率风险等级	4	金额为25万（含）～50万元	负面消息在某区域流传或受到市级部门通报或处罚，对企业声誉造成较大损害
5分	风险事件频发	达标率为50%以下，存在非法跨越管道	无污泥转运联单或污泥处置不合规，污泥随意倾倒	中控无法正常运行，无法起到监控作用、数据造假	主要工艺设备完好率为90%以下或无备用（可替代）设备或现场存在不能连续运转的主要工艺设备	噪声或臭气超过标准，但周边居民常投诉或政府关注	存在不满足运营必达条件事项	其他风险参照识别发生频率风险等级	5	金额超过50（含）万元	负面消息流传到全国各地或受到国家及省部级通报通讯，政府或监管机构进行调查，引起公众关注，对企业声誉造成无法弥补的损害

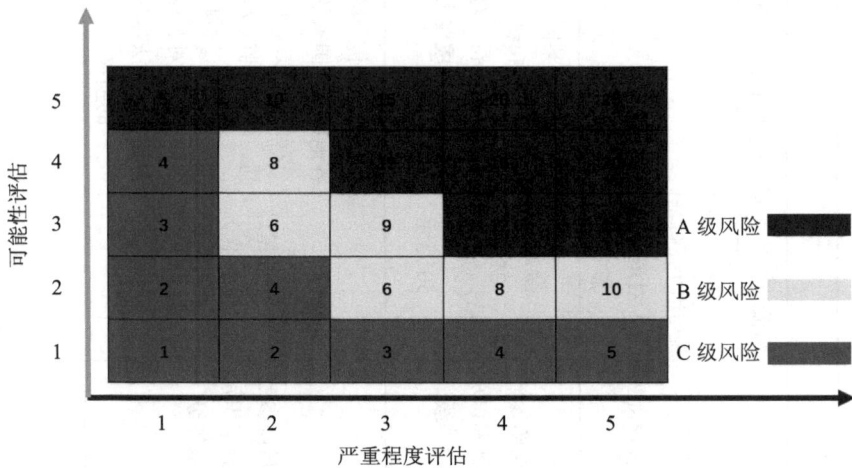

图 2-2　运行风险等级识别

根据上述运行风险识别标准及等级识别图，评估出整个污水处理厂的运行风险等级，分为重大风险项目、较大风险项目、一般风险项目、稳定运行项目。

（1）重大风险项目认定

项目存在一项或以上 A 级风险点且涉及违法条款（违法条款包括：连续不达标；存在非法跨越管道；污泥倾倒；数据造假；构筑物不能运转；非法处置危险废物）的项目则认定为重大风险项目。

（2）较大风险项目认定

1）过往发生过行政处罚事件但还未完结且存在政府可能追缴滞纳金或处罚金额的项目认定为较大风险项目。

2）项目存在 A 级风险点且不涉及违法条款则认定为较大风险项目。

（3）一般风险项目认定

项目只存在 B、C 级风险点，则认定为一般风险项目。

（4）稳定运行项目认定

项目暂不存在 A、B、C 级风险点，则认定为稳定运行项目。

2.6.3　运行风险管控

1）稳定运行项目须持续规范运行，并定期开展运行风险识别。

2）一般风险项目须尽快解决运行风险问题，每月跟踪整改进度，实现闭环管理。

3）重大风险及较大风险项目需成立专项工作组，快速组织管理提升及整改工作，必要时需寻求上级资源协同解决，支持污水处理厂提升现场管理及运行调控能力，每月跟踪整改进度，实现闭环管理。

习　题

一、选择题

1. 关于格栅除污机的运行，下列说法正确的是（　　）。

A. 由于格栅前后渠道中的流速比较高，因此渠道中一般不会积砂，所以不需要定期检查清理积砂

B. 当进水流量增大时，应适当增加格栅的投运台数

C. 格栅运行时，提高栅前的流量阀门开度，可以减小过栅流速

D. 大型污水处理厂格栅一般采用自动控制，不需要运行人员定期巡视

2. 曝气沉砂池在实际运行中为达到稳定的除砂效率，应通过（　　）来提高旋流圈数。

A. 提高曝气强度　B. 减小排砂次数　C. 加大进水量　D. 减小投运池数

3. 下列有关污水提升泵的说法不正确的是（　　）。

A. 污水提升泵不宜频繁启停，以免损坏电机

B. 污水提升泵应本着先开后关的原则运行

C. 集水池应保持高水位运行，这样可以降低水泵扬程

D. 污水提升泵开启台数根据进水量调节

4. 下列关于初沉池的说法，错误的是（　　）。

A. 初沉池水力表面负荷越小，沉淀效率越高

B. 初沉池水力停留时间在 0.5～2.0 h

C. 初沉池的排泥最好利用水泵强制排出

D. 初沉池溢流堰板负荷小于 1.7 L/（m·s）

5. 关于 A^2/O 系统，下列说法不正确的是（　　）。

A. 系统进水 $BOD_5/TKN<4$ 时，可投加乙酸钠作为碳源

B. 厌氧段停留时间不宜过长，否则会发生无效释磷

C. 缺氧段的潜水搅拌机转速不宜过快，以免形成涡流，将空气中的氧带入混合液中

D. 混合液内回流比越大脱氮效果越好

6. 若曝气池中的污泥浓度为 2g/L，混合液在 100 mL 量筒内经 30 min 沉淀的污泥量为 45 mL，则污泥体积指数 SVI 值为（　　），说明该污泥沉降性能（　　）。

A. 22.5　良好　B. 225　较差　C. 200　较差　D. 125　良好

7. 关于混凝剂的贮存和配制，下列说法错误的是（　　）。

A. PAC 和 PAM 的配制浓度一般为 5%～10%

B. 液体混凝剂用槽车运到储液池或储液罐中存放

C. 配好的药液不能放置时间太长

D. 固体混凝剂一般按最大用量的 7～15 d 用量贮备

8. 某污水处理厂春节过后发生污泥膨胀，污泥 SVI 超过 350 mL/g，为保证二沉池出水 SS 达标，应采取（　　）等措施。其中：①曝气池末端投加 PAM；②污水处理厂进水投加 PAM；③加大内回流比；④将二沉池上浮的污泥吸出；⑤加大剩余污泥排放；⑥加快二沉池桁车行进速度；⑦增大水力负荷；⑧水厂进水投加次氯酸钠。

A. ①④⑤　　B. ①②⑥⑧　　C. ③⑤⑧　　D. ①③⑦

9. 处理工在巡检时发现，曝气池活性污泥浓度偏高，二沉池泥水界面接近水面，部分污泥碎片经出水堰溢出，此时应（　　）。

A. 停机检查　　B. 投加絮凝剂　　C. 减少出水流量　　D. 加大剩余污泥排放量

10. 水泵流量是否正常，安装有流量计时应检查流量计所指的流量是否正常或根据（　　）的大小、出水管水流情况、集水井水位的变化等来估计流量情况。

A. 电压表　　B. 电流表　　C. 万用表　　D. 毫伏表

11. 有关带式压滤机运行不正确的做法是（　　）。

A. 带式压滤机滤带破损应及时更换并检查原因，调整运行操作

B. 带式压滤机停止工作后，应立即冲洗滤带，不能过后冲洗

C. 带式压滤脱水对调质效果依赖性很强

D. 活性污泥单独进行带式压滤脱水时，为达到较好的脱水效果应该采用较高的带速

12. 在线监测站房内温度应控制在（　　）℃。

A. 18～22　　B. 20～24　　C. 22～26　　D. 24～28

13. 轴承温升不得超过环境温度（　　）℃或设定的温度。

A. 30　　B. 32　　C. 35　　D. 36

14. 污泥脱水机房停机后应间隔（　　）方可再次启动。

A. 20 min　　B. 25 min　　C. 30 min　　D. 35 min

15. 关于鼓风曝气系统，下列说法不正确的是（　　）。

A. 空气管道内有水冻结会导致其管路压降减小

B. 从空气管道中排出的冷凝水浑浊说明池内空气管道有可能破裂

C. 鼓风机漏油可能堵塞微孔扩散器

D. 在工作状态下，可以通过向供气管道注入酸气的方式清洗微孔扩散器

16. 运行记录填写错误需要更正时，必须采用（　　）。

A. 撕页重写　　　　B. 用刀片刮去重写　　　　C. 划改　　　　D. 涂改

二、多选题

1. 下列哪些方法为工艺运行巡视方法？（　　）

A. 目视法　　　　B. 耳听法　　　　C. 鼻嗅法　　　　D. 手触法

2. 关于巡视，下列哪些说法正确？（　　）

A. 必须遵守各项安全规程

B. 巡视中认真负责，可以不用及时记录数据

C. 发现问题、事故、隐患及时处理汇报，服从生产调度，必须如实填写相关记录表

D. 巡视中注意安全，严禁打闹嬉戏

3. 下列哪些做法符合规定？（　　　）

A. 除砂机械应每两日至少运行一次

B. 除砂机械操作人员应现场监视，发现故障，及时处理

C. 应每日检查吸砂机的液压站油位，并应每月检查除砂机的限位装置

D. 吸砂机在运行时，同时在桥架上的人数，不得超过允许的重量荷载

4. 初沉池主要运行参数有（　　　）。

A. 刮泥机转速　　B. 堰板溢流负荷　　C. 水力停留时间　　D. 水力表面负荷

5. 同一台水泵，转速变化时，其（　　　）发生变化。

A. 流量　　　　B. 扬程　　　　C. 功率　　D. 效率

三、判断题

1. 水泵集水池高水位运行，有利于降低水泵扬程。（　　　）

2. 高的污泥浓度会改变混合液的黏滞性，减少扩散阻力，使氧的利用率提高。（　　　）

3. 硝化菌的增殖速率很低，因此硝化反应必须有足够长的泥龄才能获得较好的硝化作用效果。（　　　）

4. 通常通过监测二沉池出水 COD 指标来判断泥水分离的效果。（　　　）

5. 废水流经滤层时，滤料颗粒之间的间隙一定，拦截的悬浮物颗粒粒径始终是一定的。（　　　）

6. 在活性污泥系统运行中，污泥回流比一般控制在 25%～150%。（　　　）

7. 混凝操作水温以 20～30℃为宜。（　　　）

8. 采用混凝处理法处理污水时，要严格控制混合与反应阶段的搅拌速度与时间。（　　　）

9. 格栅机轴承磨损，运行时易出现卡阻现象。（　　　）

10. 带式压滤机进泥加药过量会导致滤带堵塞。（　　　）

11. 板框压滤机在刚开始工作时滤液浑浊，之后就慢慢变清，这是正常的现象。（　　　）

12. 二沉池污泥腐败上浮，此时应增大污泥回流量。（　　　）

13. 在滤速一定的条件下，由于冬季水温低，水的黏度较大，杂质不易与水分离，易穿透滤层，因此滤池的过滤周期缩短。（　　　）

四、问答题

1. 工艺运行巡视按巡视周期可分为哪几种？

2. 污泥膨胀常用处理对策有哪些？

3. 在线监测设备档案管理的要求是什么？

4. 污水处理厂运行风险有哪些？

参考答案

第3章 设备管理

【本章学习目标】

1. 掌握污水处理厂常用设备控制方式及操作要点。
2. 掌握污水处理厂常用设备巡检、维护保养及故障检修要点。
3. 了解污水处理厂常见设备事故处理程序。
4. 熟悉污水处理厂设备档案管理要求。

AI水污染防治专家
习 题 答 案
专 业 课 程
案 例 分 析

扫码解锁

3.1 设备设施运行操作

3.1.1 格栅

3.1.1.1 控制方式

格栅除污机控制方式有手动控制和自动控制两种方式,手动控制又包括现场手动和远程手动两种方式。格栅除污机控制箱面板示例如图 3-1所示。

1)现场手动:是指在现场通过就地控制箱上的开关按钮进行开/停操作来控制格栅的启停。

2)远程手动:是指在中控室计算机上通过操作界面进行开/停操作的方式。

3)自动控制:有两种方式,一种是根据设定的运行时间进行周期定时自动开/停,另一种是根

图 3-1 格栅除污机控制箱面板示例

据格栅前后水位差进行自动控制。当液位差超过设定值时自动启动格栅运行,直到液位差下降并低于设定值时停止格栅运行。

3.1.1.2 运行操作

(1)开机前的准备工作

1)检查各处螺栓连接是否完好,设备周围有无影响设备运转的障碍物。

2)检查减速箱润滑油是否足够,传动部位的润滑脂是否适宜。

3）检查格栅链条是否脱轨，轨道是否有卡物，耙斗是否跑偏，滚筒是否移位，传动轴是否扭曲、变形。

4）检查格栅板是否脱丝断裂，翻转导轮是否灵活，无卡滞现象。

5）检查格栅机电源控制柜是否送电。

6）启动前，工作人员不要离机械传动部位太近，以免发生事故。

（2）开机

1）按下格栅"启动"按钮开启格栅。

2）运行中注意观察格栅板、链条转动是否灵活，是否有异常声音。

3）注意扒渣效果是否良好，并及时清理格栅板上的垃圾。

4）观察电机噪声，电流是否正常；减速机是否漏油。

（3）关机

按下格栅停止按钮，可以停止格栅运行。

（4）急停机

紧急情况下按下控制柜内"急停"按钮，可以停止格栅运行。

（5）注意事项

1）现场手动操作前和操作结束后应告知中控室值班人员，并改回自动控制方式。

2）注意设备会随时启动运行，严禁不断开电源而随意触摸设备的移动、旋转部分。

3）汛期进水垃圾较多导致液位差过大告警时，应改为手动控制模式连续运行，确保垃圾及时清理，必要时应停止进水提升泵的运行，避免液位差太大而损坏格栅。

4）清理格栅板上的垃圾时，必须停机清理。

5）维护检修时，必须停机并有专人监护，检修完成后必须上好安全罩。

6）现场控制箱、电源线、接地线应完好。

7）发生过载现象时，应查明过载原因，并处理后方能开机。

8）观察人员必须密切注意设备的运行状况，特别注意：轨道间有无卡物，电机、齿轮箱、钢绳滚筒有无异响，电机是否过热，如有以上情况之一应立即通知停机。

3.1.2　提升泵

3.1.2.1　控制方式

提升泵一般有以下 3 种控制方式：现场手动、远程手动、自动控制方式。

1）现场手动方式：是在现场通过就地控制箱上的开关按钮进行启/停操作的方式。

2）远程手动方式：是在中控室计算机上通过操作界面进行开/停操作的方式。

3）自动控制方式：一种是根据泵房集水井液位自动控制，高液位时开泵或加大泵运行频率，低液位时停泵或减小泵运行频率，这种方式适用于水量低于设计规模的情况。另一种可根据设定的流量实现自动控制，使实际流量与设定值一致，一般通过开/停和调节提升泵运行频率方式实现，这种方式适用于水量充足且大于设计规模的情况。

3.1.2.2　运行操作

（1）启动

1）现场手动操作前应告知中控室值班人员。

2）现场手动操作前应检查电源电压是否正常。

3）确保控制屏上指示灯和显示屏上没有报警。

4）提升泵房液位应高于最低运行液位。

5）确保进水充足，各阀门处于合理位置。

6）将控制柜内的转换开关扳到"手动"位置。

7）按下"启动"按钮可就地分别启动水泵。

8）观察提升泵电流、流量。

9）不得频繁启停水泵（间隔时间应大于 10 min）。

10）未经维修人员同意，严禁运行人员打开控制柜操作送电开关。

11）水泵启动后，要注意观察水泵、管道、阀门的振动与异响，检查阀门管道是否有泄漏，运行电流、水泵流量要在正常范围内。

12）设备出现异常情况，马上按下"急停"按钮，然后通知维修人员。

（2）停止

1）按下"停止"按钮可就地分别停止水泵。

2）操作结束后应改回自动控制方式，将控制柜内的转换开关扳到"0"位置。

（3）注意事项

1）严禁在最低警戒水位下运行，严禁液位超过最高水位，防止发生淹泡事件。

2）水泵运行时振动、噪声、流量、压力、电流异常时，应停泵并通知维修人员。

3）如果发生不可抗力因素应按照速闭闸、进水泵顺序关闭。

3.1.3　曝气沉砂池除砂设备

3.1.3.1　控制方式

除砂设备的控制方式分为手动控制和自动控制，手动控制方式又包括现场手动和远程手动。

1）现场手动方式：是指在现场通过就地控制箱上的开关按钮进行开/停操作的方式。

2）远程手动方式：是指在中控室计算机上通过操作界面进行开/停操作的方式。

3）自动控制方式：除砂系统根据设定的周期自动运行。

3.1.3.2 运行操作

（1）开机前的准备工作

1）检查各处螺栓连接是否完好。

2）轴承处的润滑油是否足够。

3）停车位置是否正确。

4）池壁、轨道有无损伤。

5）确认供配电系统是否完好。

6）启动前，工作人员不要离各种机械太近，以免发生事故。

（2）开机

1）合上低压配电室桥式吸砂机电源开关。

2）现场操作时，必须两人在场，一人操作，一人观察。在操作人员和观察人员共同确认后，操作人员方可进行操作。

3）将现场电源控制箱内"行走电机正向""行走电机反向""吸砂泵""抬耙电机"旋钮开关都扳到"手动"挡，选择需要启动的设备，按下相应的启动按钮。

（3）停机

按下停止按钮，设备停止运转。

（4）注意事项

1）检查行车是否出轨，桥在行走时有无扭动现象，是否有阻碍，电机有无异响，是否过热；若有上述情况之一，通知操作员立即按停止按钮。

2）检查 4 个行走轮的磨损情况，两侧轴承有无损坏。

3）观察泵运转情况，吸砂效果是否正常。

4）浮渣刮板是否正常升降。

5）检查电缆有无老化现象，电缆在滑道上的滑行是否平稳。

6）手动开车运行一周后，将行车停在正确位置（靠近曝气沉砂池两侧）。

7）操作完毕后，检查、确认设备完好后，方可离开现场。

8）由于池体较深，作业时有一定跌落溺水危险，巡检尽量采用双人巡检。

9）注意设备启动运行时，严禁触摸设备的移动、旋转部分。

10）注意冬季非正常运行（停机时间过长后提砂，开启砂泵提砂）情况下，提砂管路有可能出现堵塞冻结现象。为避免此情况发生，要求在手动状态下将沉砂提取干净。

3.1.4 潜水搅拌器及推流器

3.1.4.1 控制方式

控制方式有手动控制和自动控制两种，手动控制又包括现场手动和远程手动两种方式。

1）现场手动方式：是指在现场通过就地控制箱上的开关按钮进行开/停操作的方式控制搅拌器/推流器的启停。

2）远程手动方式：是指在中控室计算机上通过操作界面进行开/停操作的方式。

3）自动控制方式：是指根据进水流量自动启/停的方式，当进水流量为 0 时自动停止运行，进水流量大于 0 时则自动启动运行。

潜水搅拌器控制箱面板示例如图 3-2 所示。

图 3-2　潜水搅拌器控制箱面板示例

3.1.4.2　运行操作

（1）开机前的准备工作

1）检查搅拌器、推流器、内回流泵固定支架、方管固定螺栓有无松动。

2）检查现场控制箱，接线端子是否松动，电气元件有无损坏。

3）现场手动操作前应告知中控室值班人员，操作结束后应改回自动控制方式。

4）现场手动操作前应检查电源电压是否正常。

5）确保控制屏上指示灯和综合保护器上没有报警。

（2）开机

1）合上低压配电室或者控制柜上相应搅拌器、推流器、内回流泵的电源开关，现场控制箱上的红色电源指示灯亮，表示电源已接通。

2）按下现场控制箱上的"急停"按钮。

3）搅拌器、推流器、内回流泵有以下两种控制模式：就地控制和远程控制。

①就地控制，将现场控制箱模式转换开关扳到"机旁"位置，按下"合闸"按钮，合闸指示灯亮，搅拌器、推流器、内回流泵（手动仅限于调试、检修、处理较大异物和紧急故障时使用）运行。

②远程控制，将现场控制箱模式转换开关扳到"自动"挡，在中控室上位机上点击需要启动的搅拌器、推流器、内回流泵，弹出"启动""停止"按钮，点击"启动"按钮，

即可启动搅拌器、推流器、内回流泵。

4）启动后，检查设备振动是否过大，响声是否异常，如有立即停机，并按下"急停"按钮，向上级报告。

（3）停机

1）在就地控制模式下，按下现场控制箱的"分闸"按钮，分闸指示灯亮，搅拌器、推流器、内回流泵停止运转。

2）在远程控制模式下，在中控室上位机上点击所需要关闭的搅拌器、推流器、内回流泵，将弹出"启动""停止"按钮，点击"停止"按钮，搅拌器、推流器、内回流泵、停止运转。

3）记录设备运行状态。

（4）注意事项

1）操作前，首先检查现场控制箱是否处于待机状态。非电工或未经电气培训的运行人员严禁操作控制箱内送电开关。

2）严禁使用电机电缆起吊推流器、搅拌器、内回流泵。

3）应注意不能把手或任何物体放入叶轮内。

4）未切断电源不得移动设备。不得频繁开启、关闭设备（每小时开关操作次数不能超过 20 次）。

5）泄漏保护器内部均为电子线路，不能用兆欧表测量其监测电阻。

6）设备运行时震动、噪声、电流异常时，应停止运行并通知维修人员。

7）设备的震动和响声，运行中导轨有无扭动现象。

8）中控室显示的温度和漏水信号。

9）如连续出现跳闸现象，应停机检修，防止异物缠绕叶片或叶片螺栓、定位销松动造成损坏。

3.1.5　鼓风机

3.1.5.1　控制方式及运行监控

控制方式有手动控制和自动控制两种，手动控制又包括现场手动和远程手动两种方式。

1）现场手动方式：是指在现场通过就地控制箱或触摸屏上的开关按钮进行开/停操作的方式控制鼓风机的启停和调节风量。

2）远程手动方式：是指在中控室计算机上通过操作界面进行开/停和调节风量的操作方式。

3）自动控制方式：是指根据进水水质和生物池 DO、出水氨氮等数据自动调节风量的方式。

4）各类鼓风机控制箱面板示例如图 3-3～图 3-5 所示。

图 3-3　单级离心式鼓风机控制箱面板示例

图 3-4　罗茨式鼓风机控制箱面板示例

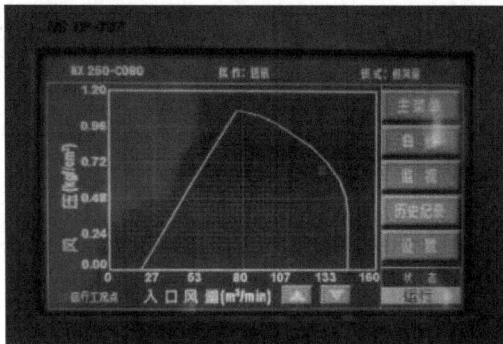

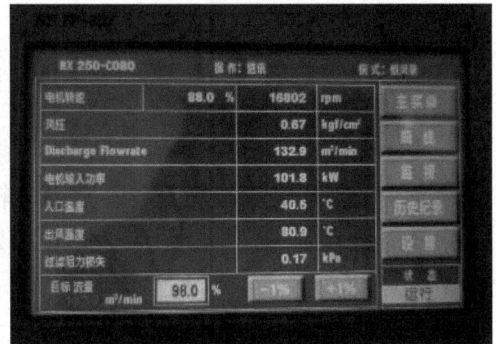

图 3-5　空气悬浮离心式鼓风机控制箱面板示例

3.1.5.2　运行操作

（1）单级高速离心式鼓风机

1）开机前应全面检查确认机组的电路、气路、油路和安全控制系统处于正常待机状态，检查各连接件螺丝是否紧固、有无松动，没有报警或急停开关动作，必须保证电源稳定在 380 V±7%范围内。

2）检查管道是否通畅、管道上相应的阀门开启或关闭的位置是否正常，启动时确定放空阀打开，正常运行后放空阀正常关闭。

3）检查风机进风口及周围环境是否干净，应无灰尘及障碍物等。

4）检查油箱润滑油位是否正常。

5）操作前，佩戴安全帽和耳塞并确定安全站位。

6）启动前出口导叶和入口导叶在最小位置，风机启动后按调节按钮，能正常逐步调整导叶开度。

7）风机运行后，风管及风机蜗壳温度较高不可碰触。

8）风机运行后，需对电路、气路、油路进行检查，确认无接触不良、无喘振等现象，且油温正常、冷却系统正常。

（2）空气（磁）悬浮离心式鼓风机

1）运行操作作业前，要检查并确定放空及各管道闸阀门、参数设定值、设定运行模式和告警数据限值均处于正常状态，确认无"告警"现象和过滤器无堵塞、无凝露、无喘振等运行安全隐患。必须保证电源稳定在 380V±7%范围内。

2）操作前，佩戴安全帽和耳塞并确定安全站位。

3）风压运转点选择≥10%预测负荷压力。运行启动后，要更改开度等设定值（setting value，SV）值时，不要连续调整，应待风机风量运行稳定后才能进行下一步调整。

4）机组不要频繁启动，同一机组两次启动时间最小间隔为 15 min。

5）严禁好氧池水位低于 0.3 m、超低水位或未调整风机设定值时启动风机。

6）风机有故障或者异常情况下严禁启动风机。

（3）罗茨式鼓风机

1）启动前检查各处螺栓连接是否完好，有无松脱现象；检查皮带张力和皮带轮偏正；盘动风机皮带，检查是否有卡滞现象。润滑油量是否足够；油面静止于油标中心位置至中心以上 2 mm。

2）检查风机出口手动、电动阀门，确认已打开；管道上的闸阀必须全部打开，否则风机超负荷运转，机器受损。

3）确认供配电系统是否完好，就地或远程启动风机，确定风机是否正常运行、有无异响；检查电流、温度、压力、油温是否正常、准确，若有异常情况应立即按停止按钮。

4）检查消音房内的排风扇是否正常运转，房内温度、负压差是否正常。

5）操作完毕后，检查、确认设备完好后，方可离开现场。

6）新安装或大修后的风机都应经空负荷试运转，空负荷运行 30 min 左右，情况正常时才可转入带负荷运转。

7）风机正常工作中，严禁完全关闭进、排气口阀门，经常检查进气管路系统的进气状态，严防堵塞，入口过滤器应定期清洗。

（4）注意事项

1）鼓风机发生运行故障，如进口温度过高等，放空阀会自动打开，然后鼓风机自由停车，蜂鸣器响起，同时在界面上方显示"故障代码"。设备在使用过程中因故障停机，在排除故障后应按下"复位"按钮才能正常启动。不间断电源（uninterruptible power supply，UPS）供电开关供电指示灯外部电源接通指示灯。

2）注意观察出风口压力、进风口阻力是否正常。

3）观察风机运行电流是否正常。

4）风机运行响声是否异常。

5）现场或者中控室是否提示预报警信号。

6）遇到特殊情况，需要紧急停机时，按下柜面"急停"按钮。再次启动前，请旋起"急停"按钮，方可启动鼓风机。

3.1.6 刮吸泥机

3.1.6.1 控制方式及运行监控

运行控制方式有就地手动控制和远程手动控制。但刮吸泥机正常情况下应连续运行。

3.1.6.2 运行操作

（1）开机前的准备工作

1）刮吸泥机长时间停机后再次启动前，须放空池中污水并清除沉积污泥，方可重新投入使用。冬季池内水面结冰，应在解冻或破冰后才能运行刮吸泥机。

2）开机操作前检查并确认润滑油是否充足或是否存在漏油情况，同时检查运行轨迹中有无障碍物并排除，另外确认限位开关、扭矩开关是否正常。

（2）开机

1）按下按钮，启动刮吸泥机，检查运行是否匀速运动，待设备运行一圈后，确认设备运行正常时，操作人员方可离开。

2）运行过程中，观察并确认液面无异常鼓泡及搅动现象、无翻泥现象、排泥无堵塞现象、液位无异常降低现象等。

（3）关机

正常停机时按"停止"按钮，辐射式刮吸泥机应立即停止运转；桁车式刮吸泥机应在时间控制下正常回到初始位置。当有异常现象时，也可按现场的"急停"按钮停机。

（4）注意事项

1）在桥上或其运行区域做巡检时，巡检人员必须穿戴救生衣。

2）在维护检修前，必须切断电源并有人监护，工作人员和监护人员应穿好救生衣。

3）维修结束后，必须清理设备及运行路面上的工具材料等，无障碍后方可开机。

4）下雪后应清扫运行路面上的积雪，以免行走轮打滑。

5）长期停机时应将选择开关扳到停止位。

6）现场控制箱、电源线、控制线、接地线应完好。电源线、控制线、接地线接头不得松动。

3.1.7 紫外线消毒系统

3.1.7.1 控制方式

紫外线消毒系统监视控制界面和灯状态界面示例如图3-6所示。

（1）现场控制

在紫外线系统控制柜的触摸屏中输入密码，进入紫外线消毒系统控制界面执行现场控制启动，因水量不足、出水堰门故障、维护维修等，可停止运行。

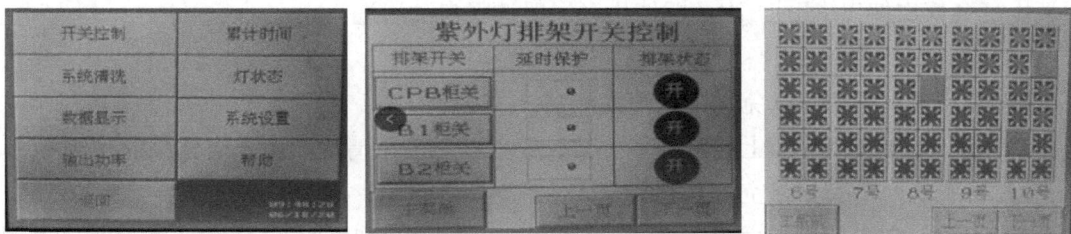

图 3-6 紫外线消毒系统监视控制界面和灯状态界面示例

（2）远程控制

将现场转换开关转入"远程"，在中控紫外线消毒控制界面中执行远程启动或停止，因水量不足、出水堰门故障、维护维修等，可停止运行。

3.1.7.2 运行操作

（1）开机前的准备工作

1）盖好水渠上所有工程盖板，以防紫外泄漏。

2）紫外灯必须完全浸没于水下，以防紫外伤人。

3）确认紫外系统中水流正常，无堵塞、过大、过小、漫流等现象。

4）必须确认紫外系统均已安全、完全接地，系统接线正常。

5）紫外现场操作维护人员须随时佩戴紫外防护眼镜。

6）注意观察液压泵的油位是否满足工作的要求。

7）现场操作时，必须两人在场，一人操作，一人观察。在操作人员和观察人员共同确认后，操作人员方可进行操作。

（2）开机

1）合上配电室抽屉柜"紫外线消毒控制箱"电源开关。

2）将系统内所有空气开关合闸，再按照工艺要求从人机界面主菜单上进入所需控制的子菜单进行就地控制。

3）紫外灯开关：按下人机界面主菜单上的本地控制按钮进入人机界面子菜单界面，对紫外灯排架进行控制；点击触摸屏主菜单上的"灯组开关"菜单进入，对紫外渠道内各组别紫外灯管进行控制；例如，选择一号渠灯组开关进入各组紫外灯管开关控制界面，可选择需要开启的相应渠道内的紫外灯管。如点击第一组，对应中央控制电箱内的接触器吸合，第一组屏幕由蓝色变成绿色，第一组灯管通电紫外灯开始工作，再点击第一组，则第一组紫外灯停止工作（可在主菜单下的灯组状态查看灯的开启情况）。其余排架操作过程以此类推。

4）排架清洗：选择主菜单下的手动控制或自动运行。清洗件为硅胶清洗圈，通过液压缸运行拖动清洗架来刷洗玻管，整个运行系统采用 PLC 控制。选择自动清洗，系统设置好的时间分别对各组紫外灯管清洗控制，或者选择手动清洗，当设定为手动清洗时，排架液压缸会依次伸出/缩回一次，即停止（一般选择自动清洗）。

（3）关机

1）关闭出水阀门，以免水未经消毒流出。

2）逐一关闭人机界面上的紫外灯排架，停止即时液压清洗，停止液压泵的控制等。

3）将系统内所有支路空气开关断开，主空气开关断开。

4）注意：中央控制柜面板上的"急停"按钮只在危急时使用，大电流的突然切断对系统有冲击。建议安全地逐一切断支路电流后，再断开主断路器。

（4）安全注意事项

1）注意水量的控制，以免导致消毒不均。

2）检查低液位控制器不得有杂物挂上，并及时处理。

3）检查模块工作无异响，灯不能露出，清洗时工作正常。

4）水位不得高于模块横梁，有杂物时需及时处理。

5）需定期查看模块进线电缆管的密封，并要及时封好。

6）查看液压泵的工作状况是否正常。

7）检查液压泵清洗管路是否有漏油等情况。

8）对设备电气部分检查，如有异常、异味等，应立即停机，报告电气专业人员及时处理。

9）一旦发现问题，立即关闭紫外灯管，上报维修。

3.1.8 污泥脱水系统

3.1.8.1 带式脱水机

（1）开机前的准备工作

1）检查脱水机进泥闸门是否打开。

2）检查进泥泵进出口阀门是否打开。

3）检查现场控制箱电源指示是否正常。

4）检查储泥罐开关是否处于开启状态。

5）检查加药泵流量是否正常。

6）打开配药系统自来水及给料机，开始配药，调整自来水进水流量，控制在 1 m^3/h 左右。待药箱全部注满后停止配药。配药过程中检查脱水系统各配套设备是否正常，如空压机有无积水、滤带有无褶皱和跑偏等。配药完成后关闭自来水并将配药系统切换至自动。

（2）开机

1）打开冲洗泵并检查冲洗情况。

2）打开空压机，待空压机压缩完成后启动脱水机空带运行。

3）空带运行期间，检查脱水机滤带有无跑偏、松垮，检查无异常后开启进泥螺杆泵。

4）打开加药泵和螺旋输送机。

（3）关机

1）停止污泥泵、加药泵、混合器。

2）经 15 min 后，待滤带冲洗干净，停止浓缩机、压滤机、冲洗泵。

3）关闭空压机，放松滤带。

4）若不需要溶解药剂，关闭加药装置搅拌机、干投机。

5）关闭泥饼输送设备。

6）切断电源。

（4）安全注意事项

1）脱水机在运转时可调节变速且不得反转，并在运转时滤带上不得有硬质物体。

2）检查并保持各个阀门必须开关灵活、关闭严密。

3）检查并确保各电源及控制、保护线路必须安全可靠，不得存在破损、漏电现象。电动机防护罩必须完好且必须采取防水保护。当系统长时间停电或维修时，开关旋钮必须扳到"0"位并必须悬挂警示牌。

4）如确定污泥输送螺杆泵≥24 h 不用，应至少两天运行一次（高温和寒冷天气要特别注意），另外必须灌注清水，防止定子橡胶变形。

5）各转动部分不能在无油状态下运行，运转过程中如有异常声响应立即停机检查。

6）主机运行过程中，不允许停止供气或掉压。

7）空气过滤器要经常排掉积水。

8）如网带运行太偏，要停机检查调偏阀是否正常，网带有无喇叭口现象。

3.1.8.2　离心脱水机

（1）开机前准备

1）检查脱水机进泥闸门是否打开。

2）检查进泥泵进出口阀门是否打开。

3）检查现场控制箱电源指示灯是否正常。

4）检查储泥罐开关是否处于开启状态。

5）检查加药泵流量是否正常。

6）打开配药系统自来水及给料机，开始配药，调整自来水进水流量，控制在 1 m^3/h 左右。待药箱全部注满后停止配药。配药过程中检查脱水系统各配套设备是否正常，如空压机有无积水、滤带有无褶皱和跑偏等。配药完成后停掉自来水并将配药系统切换至自动。

（2）开机

1）进入转鼓驱动设置界面，输入设定值为 20%。

2）启动螺旋，待螺旋差速稳定后，启动转鼓。

3）逐步提高转鼓转速（设定值从 20% 逐步提高到 95%），待转鼓转速到达工作转速。

4）开启切割机，开启加药泵，开启二次稀释阀。

5）待加药泵开启，可以开启进料泵开始进料。

6）观察扭矩变化，待扭矩升高到 15%～20%，打开固液分离阀排泥。

7）开启螺旋输送机，开启泥饼泵。

8）稳定运行 10 min 后，逐步提高进料量，同时相应增大加药量。

（3）关机

1）关闭进料泵、加药泵及二次稀释阀，关闭切割机。

2）让设备空机运行 5～10 min，基本排空转鼓内部剩余的物料，关闭固液分离阀下部的螺旋输送机、泥饼泵。

3）关闭固液分离阀，待固液分离阀关到位后，开启清洗水电磁阀清洗 15 min。

4）15 min 后，将转鼓转速降至 600～800 r/min（将转鼓驱动设定值从 95% 逐步减少到 20%），继续清洗。

5）15 min 后，关闭清洗水电磁阀。

6）关闭转鼓电机。

7）待转鼓速度降为 0 后关闭螺旋电机。

（4）安全注意事项

1）确认控制柜上电后无报警，有报警提示的请将问题解决，不能带故障运行。

2）转鼓频率设置应注意避开共振频率范围。

3）如果遇到紧急情况，请按下相应电控柜上的"急停"按钮。

4）不得在没有断电和未挂警示牌的情况下，去排除故障。

5）禁止在停机时清洗转子，否则会造成轴承损坏。

6）在离心脱水机系统运行时，应经常对其运行状态进行检查，如传动电机温度、转鼓轴承温度、传动三角皮带有无打滑、机器有无大的震动、异响，润滑系统是否缺油等。

7）严禁螺杆泵干转，干转报警后应立即停泵检查。

3.1.8.3 板框压滤机

（1）过滤前检查

1）检查高压风机是否在集控，控制良好，压力是否达到设定压力。

2）检查清洗装置是否在初始位置。

3）检查压滤机滤布是否正常。

4）检查各个阀门是否在正常状态，挤压水桶位是否正常。

5）检查液压站油位是否足够，油管是否损坏，各个连接处是否紧固。

6）启动配套运输设备，胶带和刮板机。

7）在操作面板上点击报警确认，再次检查是否具备起车条件。如有故障尽快处理。

（2）过滤准备

1）启动压紧，高压泵电机启动后延时 8 s，打开电磁溢流阀，打开小油缸换向阀，压力变送器反馈给 PLC 控制（当压力变送器反馈达到设定值 PLC 控制停止，反馈 11 MPa）。

2）关闭电磁溢流阀，关闭小油缸换向阀，停止高压电机。

3）启动左翻板电机，左翻板电机到位（接近开关控制）。

4）关闭左翻板电机，启动右翻板电机，右翻板电机到位（接近开关控制）。

5）关闭右翻板电机，启动低压泵电机后延时 8 s，打开大油缸换向阀 A 点（无杆腔），接近开关控制停止，当接近开关感应到时自动停止压紧系统。

（3）进泥、压榨过滤

1）滤板压紧后，进泥泵开始向系统注入污泥，污泥进入滤室的压力导致污泥中固体沉积在滤布上形成泥饼，滤液通过每块滤板上的出液孔排出。当进泥压力达到设定值时，进泥泵停止工作，关闭进泥阀门。

2）启动压榨时系统会自动关闭进料阀，然后启动高压泵电机后延时 8 s。打开电磁溢流阀，打开大油缸换向阀，此时系统会按 PLC 设定段位、启动时间、停留时间进行。压榨期间，高压泵电机会一直启动，直至推板感应到接近开关系统自动停止。

3）启动压紧板拉开，打开右翻板电机，右翻板电机到位（接近开关控制）。关闭右翻板电机，打开左翻板电机，左翻板电机到位（接近开关控制）。此时系统会启动液压系统，打开电磁球阀换向阀后延时 10 s，启动低压泵电机后延时 5 s，打开大油缸换向阀 B 点。打开大油缸换向阀 15 s 后，关闭大油缸换向阀。打开小油缸换向阀 5 s 后，关闭小油缸换向阀。再打开大油缸换向阀 B 点 15 s 后，再关闭大油缸换向阀。再打开小油缸换向阀 5 s 后，再关闭小油缸换向阀。再打开大油缸换向阀 B 点 15 s 后，再关闭大油缸换向阀。再打开小油缸换向阀 5 s 后，再关闭小油缸换向阀。再打开大油缸换向阀 B 点直至接近开关感应到系统停止。

4）系统完成压榨后，高压空气被压缩进入板芯，对进料口再次吹扫，将进料口污泥反吹至反应池。反吹电磁气动阀前、后各一个，每次反吹 6 s，6 s 后系统会自动关闭反吹电磁气动阀。

（4）卸泥、外运

1）系统完成压榨、吹扫后，自动卸料系统启动。

2）启动卸料，启动拉板电机，电机给出正转信号。遇到过载时，PLC 会给出电机反转信号（PLC 和变频器内部切换）。直至卸料完毕，接近开关感应到系统自动停止。

3）拉板小车往复逐步把每块滤板从推板往止推板方向一一拉开、卸料。卸泥过程中需人工将泥饼从滤板上清理下来。

4）污泥卸料后由螺旋输送机收集至污泥运输车或料仓，进行统一外运处理。

（5）安全注意事项

1）注意高压风压力、吹饼、中心反吹风压力及时间；入料流量、压力及时间；挤压压力及时间；根据料的浓度，及时调节相应参数。

2）注意浓缩机底流泵上料情况，发现不上料或储料桶位达到设定值时，底流泵仍不自动停止，立即通知浓缩池操作人员进行检查。

3）密切注意各种报警信号，对各种故障及时排除或通知有关人员检查。

4）检查液压系统压力，是否存在漏水、漏油的情况。

3.2 设备设施巡检

污水处理设备的运行管理需要做好日常巡检，主要由巡检员进行每天的定期检查，巡检主要是为了降低设备的故障率，降低设备维修费用，降低运营成本。污水处理设备的日常巡检内容主要包括各水池液位情况、水质情况，各设备的运行状况、药品添加情况、污泥池的污泥情况等。如果出现特殊情况，如异常天气、设备故障等，还需要进行特殊巡检。

3.2.1 格栅

格栅巡检要求见表 3-1。

表 3-1 格栅巡检要求

类别	巡视内容	巡视标准	巡视周期
设施运行状况	确认进水、出水闸门运行状况	确认所有闸门运行正常，确认启闭状态及开度正常	1 次/班
	确认管道运行情况	确认进水、臭气等管道密封完好，无漏水、漏气	1 次/班
设备运行状况	确认臭气收集装置运转正常	确认粗格栅处理单元臭气有效收集处理装置正常运行，确认硫化氢、氧气、甲烷、一氧化碳等气体浓度不超过限值范围后方可开展后续运行巡视工作	1 次/班
	确认格栅常液位运行	查看粗格栅前实际液位，确认粗格栅常液位范围，避免长时间低液位运行	1 次/班
设备巡检	检查格栅运行指示灯是否正常	中控室监控查看控制箱运行指示灯	1 次/2 h
	确认格栅运行有无报警指示	查看现场控制箱，确认无过流报警指示	1 次/班
	确认格栅运行电流是否正常	看现场控制柜电流表，电流在允许范围内，无波动	1 次/班
	确认格栅运行有无异常	栅条无弯曲、缺失现象，耙齿折断、变形程度不应超过 10%；无耙齿严重损坏、轴承异响现象；运行无障碍、无噪声	1 次/班
	检查格栅电机运转是否正常	格栅机相应的电机运转无异常声音	1 次/班
	格栅回转、装载栅渣是否正常	确认格栅回转、输送栅渣正常；渣斗内空间充足，渣量无溢出	1 次/班
	格栅配电柜有无异常	检查配电柜中是否有异味及异常现象	1 次/班

类别	巡视内容	巡视标准	巡视周期
设备巡检	检查格栅前后液位差是否正常	观察栅前和栅后水位差是否正常，检查确认格栅前后液位差不超过 0.3 m，以免设备出现过载	1 次/班
设备清洁、清扫	对栅渣及时处理或处置、卸渣干净	定期清理渣斗，并清除格栅出渣口及机架上悬挂的栅渣，保持格栅外观整洁，确保无栅渣遗漏	1 次/班
	对闸门、操作柜、配电柜、电机等设备进行清洁、清扫	清洁无尘、无蜘蛛网等	1 次/班

3.2.2 提升泵

提升泵巡检要求见表 3-2。

表 3-2 提升泵巡检要求

类别	巡视内容	巡视标准	巡视周期
设施运行状况	检查进水闸门是否打开	进水时，进水闸门已打开，无进水时，进水闸门已关闭	1 次/班
	检查集水井的水位是否高于最低水位	检查集水井液位是否高于最低水位	1 次/班
	检查现场控制箱电源指示灯是否正常	水泵启动时显示绿色，关停时显示红色	1 次/班
设备巡检	水泵运行指示是否正常	查看控制箱运行指示灯	1 次/班
	水泵运行有无报警指示	查看现场控制箱水泵保护器	1 次/班
	水泵运行电流是否正常	查看现场控制柜电流表，电流在允许范围内，无波动	1 次/班
	水泵运行有无振动、异响	水泵运行声音平稳、无异响	1 次/班
	检查水泵流量、压力是否正常	查看现场流量计、压力表读数，查看微机显示流量和压力	1 次/班
	泵坑液位计显示是否正常	查看并估算液位计显示是否准确	1 次/班
异常处置	停泵时泵及其管道是否发出异常大的声响和振动	通知设备维护部门，详细检查出水阀是否先行关闭或逆止阀是否完好	1 次/班
	电机水泵机组是否无故多次自动跳闸停泵	通知设备维护部门，查明变频调速器的情况，不得强行启动设备	1 次/班
设备清洁、清扫	定期清扫现场，擦拭控制柜	现场无灰尘，控制柜内部干净整洁，自行锁好	1 次/班

3.2.3 曝气沉砂池

曝气沉砂池巡检要求见表 3-3。

表 3-3　曝气沉砂池巡检要求

类别	巡视内容	巡视标准	巡视周期
设施运行状况	检查进水闸门是否打开	进水时，进水闸门已打开；无进水时，进水闸门已关闭	1 次/班
	检查进水、配水是否均匀	各池配水水量偏差不超过 10%,同时需控制进水闸阀调节进水	1 次/班
	检查吸砂桥、吸砂泵、砂水分离器是否正常运转	能正常运转，无异响、无振动	1 次/班
	检查排砂、分砂系统运行正常	定期调整砂水分离器螺旋与衬板的间隙过大，定期检查衬板磨损程度并更换，保证砂水分离效果	1 次/班
	检查吸砂桥导轨及悬挂线缆是否正常	巡视维护轨道及线缆行走轮,避免因磨损不一致导致的设备事故	1 次/班
	检查刮渣板功能是否完好	正常刮渣，无漏渣	1 次/班
桥式吸砂机设备巡检	检查吸砂机运行是否平稳、顺畅，走轮与轻轨有无卡阻、爬轨、震动和异响	吸砂机运行平稳、顺畅，无卡阻、爬轨、震动和异响	1 次/班
	减速机是否漏油	无漏油	1 次/班
	设备提砂是否正常	正常提砂，无异响	1 次/班
	除油除渣功能是否正常	正常除油除渣，水面清洁	1 次/班
	有无异响，电缆移动是否正常	正常，无卡阻	1 次/班
	检查限位开关功能是否完好	限位功能完好，运行正常	1 次/班
砂水分离器设备巡检	检查排砂口及排水管是否畅通，有无异物堵塞	出砂口、排水管顺畅，无异物	1 次/班
	减速机运行振动，声音是否正常	无异响、异常抖震	1 次/班
	检查砂水分离器与无轴螺旋输送机运行是否平稳、顺畅，震动和异响	运行平稳、顺畅，无异响和震动	1 次/班
	电控系统是否正常	数据显示齐全，准确	1 次/班
	减速机是否漏油，减速机的润滑油位设备是否正常	无漏油现象，油位在标识范围内	1 次/班
	与提砂设备联动是否正常	联动运行正常	1 次/班
罗茨鼓风机设备巡检	检查风管及阀门是否畅通，有无异物堵塞	顺畅，无堵塞	1 次/班
	检查风机运行是否平稳、顺畅，震动和异响，电机是否漏油	运行平稳、顺畅，无异响和震动	1 次/班
	油箱润滑油到达正常油位	油位在标识范围内	1 次/班
	检查皮带轮转向是否正常	面对皮带轮，观察皮带轮转向要与旋转标志箭头相符	1 次/班
设备清洁、清扫	曝气沉砂池房间地面是否清洁，无灰尘、无蜘蛛网	地面清洁，无灰尘、无蜘蛛网	1 次/班
	现场配套设备是否清洁，无灰尘、无蜘蛛网	设备清洁，无灰尘、无蜘蛛网	1 次/班

3.2.4 生物池及二沉池

生物池及二沉池巡检要求见表 3-4。

表 3-4 生物池及二沉池巡检要求

类别	巡视内容	巡视标准	巡视周期
设施运行状况	确认进水闸门运行状况	确认闸门运行正常，确认启闭状态及开度正常	1 次/班
	检查生物池加药点	是否正常出药，管道有无破损	1 次/班
	检查生物池曝气	好氧池曝气是否按最新工艺设定正常曝气，有无曝气量不足、不均以及该曝气却未曝气的现象	1 次/班
	检查生物池配水	内外回流是否均匀，闸门开度是否正常	1 次/班
	检查二沉池水面	有无细小或大块污泥絮体上浮，上清液是否清澈	1 次/班
	检查二沉池出水	每个配水井所对应的进、出水闸门以及回流套筒阀开度是否符合最新工艺设定，二沉池出水是否均匀、排泥是否均匀	1 次/班
出水状况	检查出水颜色和剩余污泥流量等	正常出水清澈、剩余泥流量满足当前工况需求	1 次/班
设备巡检	检查生物池在线仪表	各类在线仪表显示是否正常，读数是否合理	1 次/班
	检查生物池设备运转台数和编号	标识标牌是否完整，设备铭牌是否掉落，正在运行、维修及停用设备情况	1 次/班
	检查内回流泵运行情况和现场工况	是否运转时有异物、异响和明显振动；电流电压是否正常	1 次/班
	检查搅拌器、推流器以及对应的链条情况、挂杆情况、手动葫芦情况	是否存在设备异响、异常摇摆振动、链条出现破口开裂腐蚀情况、挂杆连接部分松动腐蚀情况、手动葫芦腐蚀损坏情况	1 次/班
	检查冷凝水管	开度是否满足要求，是否存在管线破损和漏水	1 次/班
	检查二沉池污泥位	目测实际泥位，检查污泥界面仪表显示是否正常，读数是否合理	1 次/班
	检查二沉池设备运转台数和编号	标识标牌是否完整，设备铭牌是否掉落，正在运行、维修及停用设备情况	1 次/班
	检查外回流泵运行情况和现场工况	是否运转时有异物、异响和明显振动；电流电压是否正常	1 次/班
	检查刮泥机	吸刮泥机运行是否顺畅、电机是否有异响、电机温度是否正常、有无卡顿情况	1 次/班
	检查二沉池末端的三角堰口的翻堰情况是否流畅	是否出现较大堵塞物、浮渣淤泥团等，是否短流	1 次/班
	检查二沉池上方的除臭设备管道情况	是否发生变形、漏水和异响等问题	1 次/班

类别	巡视内容	巡视标准	巡视周期
设备巡检	检查各设备的电气开关控制箱状态	是否处于关闭状态,控制箱内是否出现受潮、电缆线破损、渗水等情况	1次/班
	检查相关构筑物安全防护措施是否有损坏	是否存在标识标牌脱落,是否钢板和胶片覆盖到位	1次/班
	检查风机房设备台数及运行状态	标识标牌是否完整,设备铭牌是否掉落,正在运行、维修及停用设备情况	1次/班
	检查罗茨式鼓风机运行状态	检查设备运转时是否有异物、异响和明显振动	1次/班
	检查罗茨式鼓风机工作参数	检查进、出口压力表,电流负责及阀门是否开到位、管道有无异响、阀门管道是否有漏气	1次/班
	检查离心式鼓风机运行状态	鼓风机开度、实时风量、管道风阀开度与最新工艺设定值是否一致	1次/班
	检查离心式鼓风机工作参数	鼓风机的运行时间、出口导叶、入口导叶开度、运行电流、鼓风机的振动值、背压值等	1次/班
	检查离心式鼓风机配套设施	检查离心式鼓鼓风机消音罩顶部的冷却风扇是否开启	1次/班
	检查各设备的电气开关控制箱状态	是否处于关闭状态,控制箱内是否出现受潮、电缆线破损、渗水等情况	1次/班
	检查相关构筑物安全防护措施是否有损坏	是否存在标识标牌脱落	1次/班
设备清洁、清扫	风机房清洁	罗茨式鼓风机外壳清洁无尘、无蜘蛛网等	1次/月
		离心式鼓风机外壳清洁无尘、无蜘蛛网等	1次/月
		离心式鼓风机风扇罩清洁,用空气压缩器清洗油冷却器散热风扇	1次/月
	生物池清洁	对闸门电机外壳、丝杆套筒、电气开关控制箱、刮泥机外壳等进行清洁	1次/班
	路面清扫	定期清洁	1次/周

3.2.5 消毒系统

此处以紫外线消毒为例,介绍消毒系统巡检要求。紫外线消毒系统巡检要求见表3-5。

表3-5 紫外线消毒系统巡检要求

类别	巡视内容	巡视标准	巡视周期
设施运行状况	确认进水闸门、超越闸门运行状况	确认闸门运行正常,确认启闭状态及开度正常	1次/班
出水水质状况	确认出水清澈度	出水清澈见底,无杂物	1次/班

类别	巡视内容	巡视标准	巡视周期
设备巡检	查看控制中心屏幕上灯管的运行状态（灯组控制屏）；查看控制中心屏幕上警报信息画面的情况；并做好记录	确认灯管运行正常，查看警报记录，对应记录异常情况	1 次/班
	确认配电中心上的运行开关处在"远程控制"状态		1 次/班
	确认液压中心上的运行开关处于"远程控制"状态		1 次/班
	确认液压中心边上的选择开关永远处于"拉回"状态		1 次/班
	检查两根低水位传感棒的清洁状况，保持无水草、无锈迹	清洁，无水草、无锈迹	1 次/班
	检查渠道液位是否正常，检查所有的水位控制器以及连杆运行是否正常	查看液位标尺，确认液位正常	1 次/班
设备清洁、清扫	对闸门、PDC 柜、模块控制面板等设备进行清洁、清扫	清洁无尘、无蜘蛛网等	1 次/班

3.2.6　污泥脱水系统

此处以污泥离心脱水系统为例，介绍污泥脱水系统巡检要求。污泥离心脱水系统巡检要求见表 3-6。

表 3-6　污泥离心脱水系统巡检要求

类别	巡视内容	巡视标准	巡视周期
设施运行状况	确认剩余污泥泵出口阀门、离心机泥水刀闸阀、料仓进泥阀运行状况	确认闸门运行正常，确认启闭状态及开度正常	1 次/班
污泥泥质状况	确认污泥含水率	单手使劲拳握污泥无滴水	1 次/班
设备一级巡检	检查贮泥池液位	不超过 5 m	1 次/2 h
	检查脱水机出泥缓冲料斗泥饼位置	不超过料斗有效深度的 10%～80%	1 次/2 h
	检查料仓污泥位置	不超过有效深度的 95%	1 次/2 h
	检查 PAM 加药控制系统	有无故障报警	1 次/2 h
	检查二次稀释装置	自来水供应是否正常	1 次/2 h
	检查离心机正常运行扭矩	不超过 60%	1 次/2 h
	检查脱泥控制系统	有无故障报警	1 次/2 h
	检查脱水液	是否比较清澈	1 次/2 h
设备清洁、清扫	对闸门、PLC 柜、模块控制面板等设备进行清洁、清扫	清洁无尘、无蜘蛛网等	1 次/班

3.3 设备设施维护保养

3.3.1 格栅

格栅是污水处理厂内最容易发生故障的设备之一。对设备进行维修保养时，必须先确认设备在现场手动状态下，确保维修人员能够现场控制设备；挂警示牌，通知中控人员以及上级领导。作业前严格按照作业审批流程进行审批，作业前断电停机，并在控制柜挂上"有人工作，禁止合闸"的警示标牌。进入格栅罩内进行保养时，涉及有限空间作业，须按照有限空间作业标准制定计划。

3.3.1.1 保养步骤

1）作业前强制通风 30 min，并在内部形成对流。

2）将"四合一"气体检测仪置于格栅罩内进行持续检测，要求：氧气（含氧量高于 19.5%）、硫化氢（浓度低于 10 mg/m³）、一氧化碳（低于 19.5%，最高容许浓度 20 mg/m³）、甲烷（低于 5%）。

3）在预处理配电间找到断路器，关闭开关，将设备断电停机。

3.3.1.2 保养部位及要点

保养时应记录好保养前后的设备运转情况，如设备运转是否有异响或异常振动，以及设备的电流电压值和绝缘阻值大小，以便对比。粗格栅、细格栅维护保养内容分别见表 3-7、表 3-8。

表 3-7 粗格栅维护保养内容

序号	保养内容	方法/工具	点检周期
1	保持设备清洁	刷子、抹布	1 次/周
2	检查格栅链条状况及张紧度	调整链条张进度到合适位置	1 次/月
3	轴承、电机加注脂润滑（EP 黄油、CLP220 润滑油脂）	轴承加注脂润滑	1 次/月
4	检查耙齿是否有变形	按要求进行维修更换	1 次/月
5	检查并清除耙斗和钢丝绳、螺旋机上缠绕的杂物	清理耙斗和钢丝绳缠绕物	1 次/月
6	检查控制箱按钮，控制是否灵敏、到位，按钮指示灯是否正常	万用表检查，更换损坏元器件	1 次/月
7	检查电控系统所有电气元件连接是否正常，电流电压是否稳定	钳形表检测，紧固松动螺栓，清洁整理箱内元件和线路	1 次/月
8	测量线路绝缘值大小	摇表测量（不小于 2 MΩ）	1 次/月
9	添加链条加润滑油（EP2 黄油）	加注量约 0.5 L	1 次/月
10	检查是否能正常撇渣	按要求进行检修清理	1 次/季度
11	减速机齿轮油换油	加工业齿轮油至油位，约 3 L	1 次/年

表 3-8　细格栅维护保养内容

序号	保养内容	方法/工具	点检周期
1	盖板是否有松动脱落现象	盖板是否有松动脱落现象	1 次/月
2	检查液位差计显示是否正常	检查液位差计显示是否正常	1 次/月
3	检查所有部位的螺钉和螺栓是否紧固	检查所有部位的螺钉和螺栓是否紧固	1 次/月
4	检查阀门是否能正常开启，管路是否漏水	检查阀门是否能正常开启，管路是否漏水	1 次/月
5	确认格栅系统运行正常且没有异常的声响或振动	确认格栅系统运行正常且没有异常的声响或振动	1 次/月
6	打开盖板检查格栅链条状况及张紧度	检查格栅链条状况及张紧度	1 次/月
7	检查螺旋减速机是否有润滑油泄漏或损坏	按润滑要求进行	1 次/月
8	检查冲洗水泵压力值是否符合要求	检查管道阀门开度	1 次/月
9	检查控制电磁阀开关是否正常	用万用表测量线圈阻值是否损坏，如损坏则更换新线圈	1 次/月
10	检测反冲洗泵电机的电流、电压、三相是否平衡，温度是否正常	专业仪表检测，清扫驱动电机风扇灰尘或更换扇叶	1 次/月
11	检查控制板面显示是否正常，控制是否灵敏、到位，按钮指示灯是否正常	万用表检查，更换损坏元器件	1 次/月
12	检查电控系统所有电气元件连接是否正常，电流电压是否稳定	钳形表检测，紧固松动螺栓，清洁整理箱内元件和线路	1 次/月
13	测量线路绝缘值大小	摇表测量	1 次/月
14	检查细格栅进水闸门丝杆是否需要润滑	按润滑要求进行	1 次/季度
15	检测电机的电流、电压、三相是否平衡，温度是否正常	专业仪表检测，清扫驱动电机风扇灰尘或更换扇叶	1 次/季度
16	检查主轴轴承润滑情况	按润滑要求进行	1 次/季度
17	检查螺旋减速机润滑油位	加注润滑油至油位	1 次/季度
18	检查压榨机减速机润滑油位	按要求更换	1 次/季度
19	检查螺旋的磨损量	不超过总长度的 10%	1 次/年

3.3.2　提升泵

3.3.2.1　半年度电气检查

1）检测湿度传感器对地电阻、绕组 PTC 热敏电阻值、PT100 温度传感器的电阻，开关功能，检验电机保护器功能是否正常。

2）检查电器元件是否完好，指示灯是否正常，紧固电控箱所有端子连接接头，清扫灰尘。

3）检查变频器运行是否正常。

4）目视检查电缆的紧固情况和提升钢绳（链条）的腐蚀情况。

3.3.2.2 年度设备维保

1）对设备进行停机，按下"急停"按钮。

2）检查电机绝缘情况，三相绕组阻值误差不大于 5%，绝缘阻值不低于 1MΩ，检查电缆接线盒及电缆入口的密封情况，及时更换密封圈。

3）检查机械密封的密封情况（油中水含量大于 10%或油总量低于额定量 90%，应提前更换机械密封），并更换机械密封 CLP220 润滑油，检查电机轴承润滑情况，检查轴向间隙，加注润滑脂。

4）检查叶轮的磨损及耐磨环磨损情况，间隙过大更换耐磨环。

5）通过泵体加压检查机械密封性是否良好。

6）空载运转检查水泵运行是否平稳，运行电流、声音是否正常（空载运行不能超过 3 min），确认后复原现场，放下水泵。

3.3.3 排砂设备

1）对于旋流沉砂池每天至少进行一次现场点检，主要检查轴承是否有异响、轴承润滑是否良好、叶轮是否有异响或停滞、减速机有无漏油现象以及电控柜有无报警提示或异味。

2）对于曝气沉砂池应检查除砂桥行走是否正常、曝气是否均匀；对于气提排砂系统应检查罗茨式鼓风机运行和压力是否正常、能否正常提砂、砂水分离器的出砂量和进水排水是否正常。

3）对于排砂系统为砂泵类的，检查提砂泵工作是否正常、出砂量和进水排水是否正常。

4）重力排砂时，应关闭进水、出水闸门，对多个排砂管逐个打开排砂闸门，直到沉砂池内积砂全部排除干净；必要时可稍开启进水闸门，用污水冲洗池底残砂。应避免数天或数周不排砂，否则将导致沉砂结团而堵塞排砂口的事故发生。排砂设备应连续运转，以免积砂过多造成超负荷运行而损坏。

5）在停机的情况下，定期用标尺或者铁管探测池底砂量，以判断除砂效率。

6）定期对进出水闸门、排砂闸门进行清洁保养并定期加油。

7）定期对沉砂进行化验分析，测定含水率和灰分。

8）沉砂池操作环境较差，气体腐蚀性较强，管道、设备和闸门等容易腐蚀和磨损，因此要加强检查和保养工作，如定期检查运动机械设备的加油情况并检查设备的紧固状态、温升、振动和声响等常规项目，定期用油漆防锈。

3.3.4 潜水推流器与潜水搅拌器

3.3.4.1 潜水推流器

在经过 1 年连续运行（极限时间）后，必须对推流器进行检修。对照以下几个方面检查：

1）检查电力电缆和控制电缆的损坏情况，若有必要可更换。

2）检查螺旋桨的损坏状况，对螺旋桨进行平衡校正。

3）检查电机的绝缘状况，若绝缘电阻下降，则应分别烘干定、转子，必要时重新浸漆。

4）中速、低速推流器应检查传动齿轮的磨损状况，若磨损严重、配合精度低，则应更换。

5）检查机械密封，机械密封摩擦面应良好，自泄漏量小，否则，应予更换。

6）检查油室油质状况，如果乳化或有水渗入则应予更换。

7）推流器工作超过 2 000 h，应吊出水面检修一次，并更换齿轮箱润滑油。

8）推流器每工作两年应大修一次。

3.3.4.2　潜水搅拌器

1）绝不允许用潜水搅拌器的电缆起吊或悬挂潜水搅拌器。在搬运或悬挂潜水搅拌器时，可用带钩的链条吊在起吊板上。

2）未切断电源时，不得移动潜水搅拌器，人不得进入水中。

3）潜水搅拌器安装后，不能长期浸在水中不用，建议每半个月至少运行 4 h 以检查其功能和适应性，或提起放在干燥处备用。

4）潜水搅拌器必须保证安全接地。

3.3.5　鼓风机

3.3.5.1　离心式鼓风机

1）在正常运行条件下，压缩机在一次换油前可运行 12 000～30 000 h。在注入新油以前，要对油过滤芯进行清洗，根据过滤芯的型号进行更换。

2）如果出口导叶和入口导叶在 18 000 h 或 3 年未到时便不能平稳运行，第一次维护保养就应提前进行。以后维护保养的时间也相应调整，因为污浊的压缩机要比清洁的压缩机效率低。

3）通风廊道每月检查一次。

4）总进风帘式过滤器的滤料应定期更换。

5）油冷却器、润滑系统的设备及设施定期吸尘、清理、检修。

6）润滑油应定期采样化验，如超标立即更换。

3.3.5.2　高速磁悬浮离心式鼓风机

1）每月定期检查和更换冷却空气过滤器和进口空气过滤器，如果过滤器很脏或空气流堵塞，过滤压差超过 400 Pa，则要更换过滤器，并保持进风室干净。

2）在进行设备安装或维护保养工作以前，须切断主供电源和辅助电源。

3）禁止在远程控制模式下，对鼓风机进行任何维护保养或检修工作。

4）在设备清洁及检修维护过程中，必须停机处理，在现场工作人员的控制范围，做好防电等劳保措施，挂好警示牌，通知中控室和上级领导。

3.3.5.3 空气悬浮离心式鼓风机

1）每月定期检查和更换进口空气过滤器，防止过滤器过脏或空气流堵塞。

2）在进行设备安装或维护保养工作以前，须切断主供电源和辅助电源。

3）禁止在远程控制模式下，对鼓风机进行任何维护保养或检修工作。

4）在设备清洁及检修维护过程中，必须停机处理，在现场工作人员的控制范围，做好防电等劳保措施，挂好警示牌，通知中控室和上级领导。

3.3.5.4 罗茨式鼓风机

1）风机房应保持清洁，通风良好，机组表面无积尘和油垢。

2）定期（每月）检查风机各连接螺栓的紧固程度。

3）初次运行或大修后，风机在运行 48 h 后应将油箱内的润滑油全部换掉，一般连续工作 500 h 以上时换油；备用风机每周至少开机 1 h，通常风机运转 10 h 后应与备用风机切换一次，以延长风机的使用寿命；在正常情况下，风机运行 500 h 检查一次，2 000 h 小修一次，3 000 h 中修一次，15 000 h 大修一次。

4）长期停机要放净余水，做好防锈处理，每周盘车一次。

5）每运行 3 个月清扫空气滤清器，运行 1 年后视情况更换滤清器滤芯。

6）每年更换 V 形皮带。

7）每 3～4 年检查更换轴承、垫片、油封，检查更换齿轮。

8）每 3 个月检查一次轴承润滑脂，视情况补充或更换，采用 IL-3H 锂基润滑脂。

9）经常检查轴承有无过热现象，滚动轴承最高温度 95℃，齿轮油最高温度 65℃。

3.3.6 刮吸泥机

3.3.6.1 保养步骤

1）断电停机，并在控制柜挂上"有人工作，禁止合闸"的警示标牌。

2）打开减速机注油口。

3）对如表 3-9 所示的设备进行保养作业。

4）开机试运行。

表 3-9　刮泥机维护保养内容

保养内容	方法/工具	点检周期
更换减速机润滑油	对齿轮箱齿轮油进行更换，注入 CLP220 齿轮油	1 次/年
电控箱	检查电控系统所有电气元件连接是否正常，电流电压是否稳定	仪表检测

3.3.6.2　保养部位及要点

保养时应记录好保养前后的设备运转情况，如设备运转是否有异响或异常振动，以及设备的电流电压值和绝缘阻值大小，以便对比。

3.3.7　污泥泵

3.3.7.1　半年度电气检查

1）检测湿度传感器对地电阻、绕组 PTC 热敏电阻值、PT100 温度传感器的电阻，浮子开关功能，检验电机保护器功能是否正常。

2）检查电器元件是否完好，指示灯是否正常，紧固电控箱所有端子连接接头，清扫灰尘。

3）检查变频器运行是否正常。

4）目视检查电缆的紧固情况和提升钢绳（链条）的腐蚀情况。

3.3.7.2　年度设备维保

1）对设备进行停机，按下"急停"按钮。

2）检查电机绝缘情况，三相绕组阻值误差不大于 5%，绝缘阻值不低于 1 MΩ，检查电缆接线盒及电缆入口的密封情况，及时更换密封圈。

3）检查机械密封的密封情况（油中水含量大于 10%或油总量低于额定量 90%，应提前更换机械密封），并更换机械密封润滑油，检查电机轴承润滑情况，检查轴向间隙，加注润滑脂。

4）检查叶轮的磨损及耐磨环磨损情况，间隙过大更换耐磨环。

5）检查机械密封是否正常。

6）空载运转检查水泵运行是否平稳，运行电流、声音是否正常（空载运行不能超过 3 min），确认后复原现场，放下水泵。

3.3.8　消毒系统

3.3.8.1　紫外线消毒

1）定期检查消毒灯运行情况，清理消毒池的垃圾。

2）检查消毒灯的排架是否松动，若有抖动情况，则应加固。

3）设备在润滑维护保养作业之前要先按制度严格进行审批和断电，验电安全后再进行润滑维护保养作业。

4）更换灯管时轻拿轻放，佩戴好防护用具，灯管破损处严禁直接用手接触。

5）更换下来的废旧灯管为危险废物，需集中收集处理。

6）维保完成后，盖好遮光板再通电试机（试机前必须保证水位达到规定液位），眼睛不能直视紫外灯管，避免灼伤。

7）通电试机无问题后，再盖好盖板，恢复现场，操作按钮恢复正常运行状态并通知运维人员可以正常使用。

另外，紫外灯管表面容易被污染物遮盖导致光强值降低，影响杀菌效果，因此需要对灯管外的石英套管进行定时清洗。清洗有以下两种方式。

（1）系统清洗

可以在"系统清洗"的界面中按实际需要设置"自动清洗间隔时间""清洗时间""空压机升压时间"。分为"自动清洗"和"手动清洗"两种形式。在自动清洗条件下，选择强制清洗为清洗所有排架。在手动清洗条件下，选择强制清洗，需再选择要清洗的排架。一般情况下，将清洗设为"自动清洗"。

（2）人工清洗

紫外灯管表面被污染物遮盖影响到光强值，采用强制清洗功能清洁紫外灯管表面，如无效，则必须采用 1∶1 的磷酸盐溶液进行人工清洗。人工清洗前，将各柜的排架电源开关断开、压缩机电源开关断开，用吊车把排架吊上来，逐一清洗每一根灯管。

3.3.8.2　二氧化氯消毒和次氯酸钠消毒

1）每天至少进行一次现场检查，检查的内容为设备自动运行情况，储药罐药液液位情况，加药量与设定值对应情况，罐体、管路有无泄漏等。根据检查结果进行相应的处理或者通知设备维修人员进行检修。

2）定期测试各项保护、报警功能是否正常，计量泵润滑点按规定定时、定量加注指定型号的润滑油（脂）。

3.3.9　污泥脱水系统

3.3.9.1　离心脱水机

1）停机前，降低转速后才可以用水冲洗离心脱水机，如果转鼓未经充分清洗停车，则可能导致下次开车时振动严重。

2）定期检查螺旋磨损，转鼓上有一个检测螺旋磨损孔，通过它可不必拆卸转鼓而能确定螺旋的磨损程度，每次都应做好记录。

3）按使用说明书要求的周期，定期润滑离心脱水机部件。不同牌号的润滑剂不得混用。

3.3.9.2　带式脱水机

为保证脱水机的正常运行，延长使用寿命，正确地使用和操作是至关重要的。同时应经常进行检查，及时维护与保养。

1）正确选用滤布，既要考虑滤液的澄清度又要兼顾过滤效率。每次工作结束必须清洗一次滤布，使布面不留有残渣。滤布变硬要软化处理，若有损坏应及时修复或更换。

2）检查滤板的密封面，并清除密封面上的残渣，以免工作时漏浆、漏液。注意保护密封面，不要碰撞，放置时竖立为好，可减少变形。

3）电器控制系统若出现故障，先切断电源，停机修复或更换元件。定期对电器进行绝缘性能测试。

4）新机器安装使用 1 个月后应换油，彻底清洗油箱。以后每 6 个月对油箱进行一次清洗，并更换油箱内的液压油，液压油应符合要求。油面位于液位线中央偏上。

5）如液压缸出现故障或泄漏（包括活油管接头），请参阅液压缸示图，拆卸后更换 O 形密封圈和组合垫圈。

6）过滤料液的温度小于额定温度，一般小于 100℃，料液中不得混有易堵塞进料口的杂物和坚硬物，以免损坏滤布。

7）料液、洗涤水等阀门请按操作程序开、关，切勿混用。

8）工作结束后应及时并尽可能放尽管道内的剩余料液。

9）保持机器和周围环境的洁净。及时清除机器上残留的滤液、滤饼。活塞杆定时涂抹润滑油脂。

3.3.9.3　板框压滤机

1）机器运行过程中做好记录，对设备的异常情况、出现的问题及时记录备案并尽早停机检查维修，禁止机器在故障状态下工作。

2）每天工作完成后应及时对机器进行清扫，去除残渣碎屑，使压滤机保持清洁状态。

3）对压滤机过滤板间的密封面进行周期性检查，确保其密封性良好。一旦密封性出现问题则会出现过滤压力不足，进而导致过滤效率下降，过滤物不达标等一系列问题。所以需要按时检查密封情况，保证过滤工作的有序进行。

4）经常性对机器各部位连接螺丝零件等进行检查，一旦发现松动或损坏应及时进行紧固或更换。

5）对机器中有摩擦传动、进行相对运动的零件周期性进行清洁和润滑工作，保证其工作效率，延长使用寿命。

6）对于拆掉的过滤板应整齐平放，以防出现跷曲变形，造成损失。

7）每次机器操作前应对设备管路系统进行检查，查看进出管路是否有堵塞现象、连接处是否漏油、各阀门是否正常。此外，应查看压滤机滤板状态及进料泵状态是否正常、滤布是否清洁等。

8）检查油泵是否清洁、能否正常运行，油位是否在规定范围及电机旋转方向是否为顺时针。工作过程中也应时常注意机架结构是否完好牢固，防止出现意外情况。

3.3.10　除臭系统

3.3.10.1　保养步骤

1）断电停机，并在控制柜挂上"有人工作，禁止合闸"的警示标牌。
2）打开风机注油口。
3）对如表 3-10 所示的设备进行保养作业。
4）开机试运行。

表 3-10　除臭系统维护保养内容

保养内容	方法/工具	点检周期
视情况更换鼓风机润滑油脂，更换润滑油脂	注入油脂	次/半年
更换减速机润滑油	对齿轮箱齿轮油进行更换，注入齿轮油	1 次/年
检查控制柜中是否有电气设备	观察控制柜内各元件，是否有发热现象及烧焦气味	1 次/月

3.3.10.2　保养部位及要点

保养时应记录好保养前后的设备运转情况，如设备运转是否有异响或异常震动，以及设备的电流电压值和绝缘阻值大小，以便对比。

3.4　设备设施维修

3.4.1　格栅常见故障检查与处理

（1）电源电压异常报警
首先应改为现场手动控制方式，然后查看现场电压表显示，电压是否在正常范围内（380 V±7%），如若不在正常范围内，告知维修人员进行检修。

（2）机械或电机故障报警
首先应改为现场手动控制方式，然后查看格栅上是否夹有垃圾、电机和轴承是否发热，如若发现异常，告知维修人员进行检修。

（3）液位差超过设定值报警
首先应改为现场手动控制方式并启动运行，然后查看实际液位差是否正常、仪表显示是否正常，如液位差属实，应保持手动控制方式连续运行，必要时暂停进水提升泵的运行；如液位差异常，应告知维修人员进行检修。

（4）自动控制方式下不能正常自动开/停

首先应改为现场手动控制方式并启动运行，查看能否正常运行，如果正常运行，再改为自动控制方式。在中控室远程手动启动，看能否正常运行，如果无法正常运行，则告知设备运维人员进行检修。

3.4.2　提升泵常见故障检查与处理

提升泵常见故障检查与处理见表 3-11。

表 3-11　提升泵常见故障检查与处理

故障现象	原因分析	判断方法与表现状况	故障排除方法
提升泵流量不足	叶轮缠绕垃圾、异物	流量不足	电流正常时可重启水泵；如无改善，须通知设备人员
	管道阀门未在全开位置	流量不足	检查阀门位置，必要时通知设备人员
	运行时水位下降过快	流量不足	检查系统流量或供水量（坑深），检查液位控制情况，检查粗格栅过水情况，调整提升泵频率或开泵数量
提升泵无法启动	低液位保护或液位开关故障	无法启动	通知设备运维人员检查液位开关
	水泵进口被沉积物堵塞	无法启动	通知设备运维人员
	综合保护器报警保护	无法启动	通知设备运维人员
	超电流报警	无法启动	现场查看综合保护器报警类型，并通知设备运维人员检查
	变频器、软启动器报警保护	中控室计算机出现报警界面	现场查看报警代码，并通知设备运维人员检查 现场检查电压表是否显示正常，检查报警位置、信号代码等，停机并通知设备运维人员
	运行中提升泵自动停机	中控室计算机显示停机状态并出现报警界面	现场检查提升泵按钮位置、电流表显示，确认停机后检查保护器、变频器等报警信号，通知设备运维人员检查，经其同意后方可重启提升泵
	低液位保护自动停机	中控室计算机显示停机状态	检查液位计数值是否低于浮球开关保护设定值，如液位低于设定值可降低进水量或开大水泵前段阀门，同时需通知主管领导或设备运维人员。待液位高于低位保护设定值后方可重启提升泵
	粗格栅液位差保护自动停机	中控室计算机显示停机状态	现场检查粗格栅液位差值，如超过 0.3 m 须连续运行粗格栅，待液位差值低于 0.3 m 后方可重启提升泵
远程控制失效	信号或通信故障	中控室计算机无法远程启/停、调整水泵	现场转为手动运行，并通知设备运维人员

故障现象	原因分析	判断方法与表现状况	故障排除方法
中控数据传输缺失或不准确	通信故障	流量、电流、泵房液位、粗格栅液位差等数据中控室计算机无显示或与现场仪表偏差大	检查现场仪表显示情况，并通知设备运维人员
泵房液面翻水花	水泵出水管道或耦合器泄漏	水面大量气泡或水花翻起	停泵后开启备用泵，并通知设备运维人员

3.4.3 排砂设备常见故障检查与处理

沉砂池常见故障检查与处理见表3-12。

表3-12 沉砂池常见故障检查与处理

类型	异常情况	原因分析	处理方法
旋流式沉砂池	出砂管不出砂	出砂管堵塞	用虹吸风机倒吹出砂管，2~3 min后保持虹吸风机运行，打开出砂管阀门，多次反复操作，以疏通出砂管
		水流速度过快	调整流速
	进水量超过沉砂池的负荷	一座池停机维修时	以手动方式将各池进水渠道上的部分闸板打开或关闭，以引导污水由细格栅流入仍使用中的沉砂池
	提砂泵过载停机	载荷过大	沉砂池含砂量过高，会导致泵过载。应先停机检查格栅运行情况，排除是否由格栅故障对沉砂池的负荷过大；如不是由格栅引起的，一般为机械故障
	臭味及阻塞	停止运转时间过长	用加压水清理沉砂池及进水渠道
曝气沉砂池	不出砂	吸砂管道堵塞	反冲洗吸砂管道，若反冲洗后仍无效，则要拆卸吸砂管道，将管内杂物清除
		处理污水的含砂量小，无砂可出	
	表面泡沫堆积	污水中表面活性剂成分较多	打开洒水消泡系统
		曝气过度	调小曝气量
	表面浮渣过多	曝气过度	调小曝气量
		曝气沉砂池液位过低	提高曝气沉砂池液位或降低排渣装置水平工作界面
		清除浮渣装置故障	根据故障原因维修

3.4.4 潜水推流器与潜水搅拌器常见故障检查与处理

（1）电源灯不亮

现场查看控制柜内的电源灯开关是否跳闸，并告知维修人员进行检修。

（2）故障报警

现场查看故障灯是否点亮，并告知维修人员进行检修。

（3）自动控制方式下不能正常自动开/停

首先应改为现场手动控制方式启动操作，查看能否正常运行，如果运行正常，再改为自动控制方式，在中控室远程手动启动，查看能否正常运行，如果不能，则告知维修人员进行检修。

3.4.5　砂水分离器常见故障检查与处理

砂水分离器故障检查与处理见表 3-13。

表 3-13　砂水分离器故障检查与处理

故障现象	原因分析	判断方法与表现状况	处理方法
减速机异响	润滑油不足	声音异常	添加或更换润滑油
	油质劣化	声音异常	更换润滑油
	轴承损坏	声音异常	更换轴承
	齿轮磨损	声音异常	更换齿轮
砂水分离器振动	螺旋变形、断裂	大量垃圾堵塞、声音异常	清除垃圾、调校、维修螺旋
	耐磨衬垫磨损	电流波动大，电机声音异常，磨损超过总厚的 1/3	更换耐磨衬垫
	有异物卡滞	声音异常	清出异物

3.4.6　鼓风机常见故障检查与处理

3.4.6.1　单级高速离心式鼓风机

1）故障停机时应到现场查看是否有故障代码，启动备用风机，报维修人员检查。

2）中控室不能调节风量时应停机改为现场手动操作，检查现场能否调节风量，必要时启动备用风机，报维修人员检查。

3）风机运行声音、振动异常时应停机，启动备用风机，报维修人员检查。

4）风机温度、压力、流量、进风差压、油压异常以及漏油、管道漏气时应报维修人员检查。

3.4.6.2　空气（磁）悬浮离心式鼓风机

1）故障停机时应到现场查看是否有故障代码，启动备用风机，报维修人员检查。

2）中控室不能调节风量时应停机改为现场手动操作，检查现场能否调节风量，必要时启动备用风机，报维修人员检查。

3）风机运行声音、振动异常时应停机，启动备用风机，报维修人员检查。

4）风机温度、压力、流量、进风差压异常以及管道漏气、进风过滤网积尘时应报维修人员检修。

3.4.6.3 罗茨式鼓风机

1）故障停机时应到现场启动备用风机，报维修人员检查。

2）中控室不能调节风量时应停机改为现场手动操作，检查现场能否调节风量，必要时启动备用风机，报维修人员检查。

3）风机运行声音、振动异常时应停机，启动备用风机，报维修人员检查。

4）风机温度、压力、流量异常以及管道漏气时应报维修人员检修。

3.4.7 刮吸泥机常见故障检查与处理

1）刮吸泥机正常情况下应连续运行，当停止运行时应到现场检查电源指示灯是否有指示、故障灯是否点亮，如果电源正常且无故障指示，可按启动按钮，如果仍不能运行、故障灯点亮或者无电源指示，则应关闭进水阀门，报维修人员进行检修。

2）发现运行声音异常、刮臂变形、减速箱温度高或润滑油不足、行走轨迹跳动、卡滞或异步偏轨等较严重情况时，应停止运行，关闭进水阀门，报维修人员进行检修。

3.4.8 污泥泵常见故障检查与处理

污泥泵常见故障检查与处理见表 3-14。

表 3-14　污泥泵常见故障检查与处理

异常现象	原因分析	处理方法
流量过小，扬程过低	泵送压力过大	打开关闭的器件,加装叶片;调整叶片;咨询制造商
	压力管路上的闸阀未完全打开	完全打开闸阀
	叶片堵塞	清除水泵和（或）管道中的沉淀物
	叶片磨损	更换磨损部件
	上水管路损坏（管路和密封）	更换损坏管路，更换密封
	液体中含有空气或其他气体	咨询制造商
	转向错误	调换任意两根电源线
	单相运行	更换故障保险丝，检查电缆连接
	水泵或管路未完全密封	密封
	运行过程中水位降低过多	检查系统的供水和容量,检查水位控制
	叶轮过紧	检查叶片是否转动灵活，必要时清洁
水泵运行不平稳,有噪声	水泵运行在不允许的工作范围内（欠载或过载）	检查水泵运行数据，纠正工况点
	叶轮堵塞	清除水泵和（或）管道中的沉淀物
	叶轮过紧	检查叶轮是否转动灵活，必要时清洁
	内部部件磨损	更换磨损部件

异常现象	原因分析	处理方法
水泵运行不平稳，有噪声	液体中含有空气或其他气体	咨询制造商
	单相运行	更换故障保险丝，检查电缆连接
	转向错误	调换任意两根电源线
	电机轴承故障	咨询制造商
电机不能启动，空气断路器跳闸	电源中断、短路，接地或电机绕组短路	由电工检查电缆和电机
	保险丝熔断	根据技术数据更换保险丝
	叶轮被异物卡住	遵照安全说明停掉水泵，取走异物
不泵送液体	沉淀物堵塞水泵进口	清除水泵和（或）管道中的沉淀物
	管路故障（管路或密封）	更换管路或密封
机械轴封过量渗漏	机械轴封故障	检查，必要时更换机械轴封
电机运行，但流量和功率都低于正常值	叶轮堵塞	清洁水泵
	转向错误	检查转向
电机运转，但断路器很快跳闸	电机线路中的温度保护元件设定值太低	请电工参照数据表检查元件的设定值并调整
	电压过低使功耗升高	请电工检查电机的相间电压
	电机单相运行使功耗升高	请电工测量三相电压值
	三相电压不相同	检查接触器的触点和保险丝，必要时更换
	转向错误	调换任意两相电缆
	叶轮被异物卡住，三相电流都升高	清洁水泵
	液体密度太大	咨询制造商，或降低泵送液体密度

3.4.9　消毒系统常见故障检查与处理

3.4.9.1　紫外线消毒常见故障检查与处理

（1）系统停止运行

应到现场检查电源是否正常、是否跳闸，并通知维修人员进行检修。

（2）灯管不亮

如灯管不亮的数量低于总数的 10%，应先检查镇流器指示灯是否正常。

（3）自动清洗功能不正常

应在现场触摸屏上进行手动操作，检查确认清洗过程是否正常。

（4）灯管露出水面

应及时调节出水堰门开度，确保灯管浸没在水中。

3.4.9.2　二氧化氯消毒常见故障检查与处理

（1）电源指示灯不亮，或电源指示灯亮且缺水指示灯也亮，但无法启动设备

首先应将就地控制柜控制模式开关旋至就地手动状态，用万用表检测三相电源进线输入是否为 380～400 V，若缺水指示灯亮，则检查供水管有无水，压力开关是否无动作指示，

观察结果并告知维修人员进行检修。

（2）加注原料是无负压，但吸不进盐酸或氯酸钠溶液

首先应将就地控制柜控制模式旋至就地手动状态，检查进气阀是否关闭，吸料阀和直通阀是否打开，若正常，则检查阀门活接是否拧紧或密封胶圈密封不严导致，另外检查计量泵（增压泵）是否密封不严或者由内泄漏导致，观察结果并告知维修人员进行检修。

（3）计量泵吸不上药

首先应将就地控制柜状态旋至停止位，检查药罐内是否已经处于低液位，计量泵高压管内有空气，若以上正常，则检查计量泵是否有泄漏（隔膜膜片老化），观察结果并告知维修人员进行检修。

（4）余氯太少

观察计量泵是否流量太小或氯酸钠配比不正确，盐酸浓度不够，可调大计量泵流量，同时确认配比是否正确，若计量泵流量无法提升或相比以往运行数据流量有所下降，则应告知维修人员进行检修。

3.4.9.3　次氯酸钠消毒常见故障检查与处理

（1）计量泵吸不上药

将就地控制柜状态旋至停止位，检查药罐内药是否已经处于低液位，计量泵高压管内有空气，若以上正常则检查计量泵是否有泄漏（隔膜膜片老化），观察结果并告知维修人员进行检修。

（2）粪大肠杆菌超标

观察计量泵是否流量太小或稀释配比不正确，可调大计量泵流量，同时确认稀释配比是否正确，若计量泵流量无法提升或相比以往运行数据流量有所下降，则应告知维修人员进行检修。

3.4.10　污泥脱水系统常见故障检查与处理

离心脱水机常见故障检查与处理见表 3-15。

表 3-15　离心脱水机常见故障检查与处理

常见问题	现象	原因分析	处理方法
固体回收率低	分离液浑浊，排放废水污泥浓度高	进泥量太大	降低进泥泵频率，减少进泥量
		转速差太大	调整频率，降低转速差
		含固体量超负荷	调节贮泥池进泥，降低进泥含水率
		转鼓转速太低	调增转鼓电机频率，检修变频器或电机
		机械磨损严重，机器老化	维修更换部件
		液环层厚度薄	增大液环层厚度
泥饼含水率高	出泥呈流态，不呈固态	进泥量太大	降低进泥泵频率，减少进泥量
		加药量少或太大	选择合适絮凝剂，调整加药量

常见问题	现象	原因分析	处理方法
泥饼含水率高	出泥呈流态，不呈固态	转鼓转速太低	调增转鼓电机频率，检修变频器或电机
		转速差太大	调整差速器频率，降低转速差
设备噪声大	振动和噪声大	轴承和机械密封损坏	更换轴承或机械密封
		转鼓黏附污泥	停止进泥进行自动冲洗，打开机盖人工清除转鼓污泥
		转鼓磨损	大修更换转鼓，进行动平衡试验矫正
		基座松动	检查螺栓，紧固螺母，更换减震垫
离心机扭矩过大	报警停机	进泥量太大或进泥含水率太低	降低进泥泵频率，减少进泥量；调节污泥浓度
		转速太小，出泥不及时	调整差速器频率，增大转速差；检修差速器
		润滑系统故障	轴承加注黄油，更换轴承；检修齿轮箱
滤液浑浊	出泥呈粥状	进泥量大	根据分析原因，采取相应对策
		溢流半径大	
		差转速小	
处理率低	处理泥量低于额定能力	设备运行技术参数设定不合理	重新研究设定设备运行技术参数
		进泥泥质与设计偏差太大	选择适应进泥泥质的絮凝剂

带式脱水机常见故障检查与处理见表 3-16。

表 3-16 带式脱水机常见故障检查与处理

常见问题	现象	原因分析	处理方法
气路和气动元件的故障	滤带跑偏得不到有效控制	纠偏装置失灵	检查纠偏装置是否正常
		两侧换向阀安装位置不对	调整安装位置
		辊筒轴线不平行	调整辊筒轴线平行度
脱水泥饼效果差，固体回收率低	滤带两侧跑泥；泥饼厚度较薄，含水率高；脱水机滤液浑浊	进泥量太大	减小进泥量
		污泥含水率太高	调整污泥浓缩池（机）运行工况
		带速慢	提高带速
		楔形区调整不当	重新调整上下滤布压力
		絮凝剂投加比例不当	调整絮凝剂投药比例，重新做污泥比阻试验选择絮凝剂
		污泥管路堵塞	清通管道
		投泥泵故障	查修投泥泵
滤带经常跑偏	内、外网滤带偏移	进泥不均匀	调整进泥口
		辊筒局部损坏或者过度损坏	检查辊筒或者更换
		纠偏装置失灵	检查纠偏装置
		空压机故障压力不足	检查维修空压机
滤带打褶	滤带起褶	滤带张紧不当	重新调整滤带压力
		辊筒轴线不平行	调整辊筒轴线
		辊筒表面腐蚀不平	橡胶修补辊筒

常见问题	现象	原因分析	处理方法
滤布堵塞严重	滤带有泥，冲洗不干净	冲洗水泵压力过低	检查管路及水泵压力
		喷嘴堵塞	清理冲洗管道和喷嘴
		加药过量，黏度增加	降低絮凝剂投加量
		污泥含砂量太高	提高污水处理厂除砂效果；彻底酸洗清洗滤带
絮凝作用效果不良	混合器泥药混合效果差，絮凝体小，泥水分离不清	絮凝剂投加太多或太少	检查和调整絮凝剂的供给比例
		稀释水供给比例不正确	检查和调整供应比例或者调整搅拌箱搅拌桨转速
		混合搅拌器故障或管道混合器堵塞	检修混合搅拌器和清理管道混合器
泥饼剥离效果差	滤饼黏附滤带上	进泥量小，滤饼厚度太薄	详见絮凝剂作用不良处理方法
		絮凝剂投加量大	更换刮板
		刮板磨损	详见滤布堵塞严重处理方法
		滤带没有清洗干净	调整进泥量和絮凝剂投加量
滤带打滑	滤带打滑	进泥超负荷	降低负荷
		滤带张力小	适当增加张力
		辊压筒坏	修复或更换辊压筒

板框压滤机常见故障检查与处理见表 3-17。

表 3-17　板框压滤机常见故障检查与处理

常见问题	现象	原因分析	处理方法
滤板、滤框变形	滤板、滤框变形	进料管道堵塞、过滤压差大	检查滤布进料孔是否错位
		温度超值	降低温值（一般在 100℃）
		压紧力太大	减小压紧力
		进料时间长，滤室内充盈量过多	缩短进料时间
		密封面存有污垢	清理密封面污垢
头尾板漏液	头尾板漏液	头尾板固定螺钉塑封处有裂缝	重做塑料焊接
		进出液衬管破裂或焊接处有裂缝	更换进出液衬管或重新焊接
卸料困难	泥饼在滤布上黏结，无法自动脱落	污泥调理没做好	正确选择污泥调理药剂种类及投加量
		滤布选型不对	正确选择合适滤布材质和孔隙
		泵的压力不够或过滤时间不够	调整操作压力和过滤时间
		滤布损坏	及时更换滤布
		滤板密封性不好	检查滤板密封性，修复滤板裂缝等问题
滤板之间喷料	污泥通过滤板之间的缝隙喷出	进料压力过高或压力不均造成喷料	合理设置进料压力和过滤时间
		操作不当：如进料速度过快、未充分搅拌导致物料不均匀、滤板未完全闭合即开始加压等	加强操作人员的培训，确保他们熟悉设备的操作规程；在关键部位安装压力传感器，实时监测压力变化，一旦发现异常立即采取措施

常见问题	现象	原因分析	处理方法
滤板之间喷料	污泥通过滤板之间的缝隙喷出	滤板、滤布密封性不好：如滤板密封面有滤饼等杂物附着在表面上、滤板密封面已经有贯通沟槽或滤板本身已损坏、滤布折叠或不平整	定期对滤板、滤布及密封件进行检查，及时更换老化、破损的部件，确保密封性能良好
		物料性质变化：物料的黏度、颗粒大小、含固率等性质变化，影响其在滤室内的流动性和过滤效果	通过调整搅拌时间、添加助滤剂等手段优化物料预处理，改善物料的流动性和均匀性
滤板闭合压紧压力小	滤板闭合压紧压力小	液压站油箱液位低或液压管路泄漏	及时向液压站油箱内充液压油；及时更换液压管路接头的或油缸的密封圈
		滤板限位检测装置安装中存在较大的位置误差	调整滤板到位检测装置的位置，确保闭合压力符合要求
		滤板闭合压力设置过小	重新设置压力参数
液压系统产生噪声	液压系统产生噪声	液压泵或电机质量不佳	提高液压泵和电机的质量
		液压系统安装不当	确保正确的安装方式
		系统内部紧固件松动或液压油黏度过大	保持液压油的清洁和适当黏度
		液压油液位低或油液污染	保持液压油的清洁和适当黏度
压滤机闭合过程中滤板动作不同步	压滤机闭合过程中滤板动作不同步	卸料小车未处于初始位置	检修内部机械结构之间闭锁和联动关系
		卸料小车初始位置检测装置故障或失灵	检修卸料小车初始位置检测装置
压滤结束滤板打不开	压滤结束滤板打不开	液压系统故障	及时补充液压油

3.4.11 污水处理厂设备故障分析与改进案例

某再生水厂设计处理规模 50 万 m^3/d，采用 A^2/O+砂滤池处理工艺。其中二沉池单元共有平流沉淀池 70 个，对应非金属链条式刮泥机 70 台。

（1）存在的问题

1）链条变长、断裂

刮泥机在运行过程中，随着时间推移，非金属链条会发生老化，链条的抗拉力会减弱。在强大的拉力下，链条会发生形变（如变长）。长时间运行不能及时发现处理，会带来刮板倾倒、歪斜等问题，导致刮泥机频繁报警，排泥效率下降。长时间加大负荷运行还会导致工作链条断裂，进一步扩大设备故障，维修需要对相应沉淀池停水，导致部分池组停产，降低整体处理能力。同时分析发现工作链条过长是导致刮板倾斜、倾倒的直接原因。通过对某再生水厂 2020 年 1 月 1 日—2021 年 2 月 28 日刮泥机故障进行统计，其中链条故障占比 71.6%。

2）驱动端故障

通过对刮泥机故障统计，驱动端故障率占设备整体故障率的 17.1%。主要有剪切销断裂、驱动链条断裂、驱动链轮磨损。

（2）原因分析

1）刮泥机链条故障原因

①材料本身特性决定。该污水处理厂刮泥机工作链条为玻璃纤维加强尼龙 6 材质（以下简称 PA6 材质），本身具有质量轻、耐腐蚀的特点。但是刮泥机工作链条长期在水中浸泡，因材质本身吸湿导致强度降低；同时链条长期受拉伸力作用，导致链条变长、断裂。

②设备负荷大。该污水处理厂二沉池池长 60 m，刮泥机宽度 8 m，设备共有刮板 41个，刮板间距 2.9 m。设备运转时工作链条拉力在 400 kg 左右。夏季主汛期，工作链条受力峰值达到 550 kg。

2）驱动端故障原因

①沉淀池表面浮渣不能及时处理干净，杂质附着在链轮齿上。刮泥机工作时驱动链条磨损加剧，导致链条断裂。

②驱动链条过松，链条跳齿、磨损链轮齿。

③冬季昼夜温差大，驱动端链条和链轮暴露在二沉池上面，表面结冰现象严重，驱动链条在冬季断裂频发。

（3）改进措施

1）技术革新

①通过对设备材质进行升级，提高设备性能。对工作链条进行升级，将原来采用的 PA6材质替换为 POM（聚甲醛）材质。POM 材质不仅具有优秀的高硬度、高刚性、拉伸强度等，同时还具有摩擦系数小、自润滑性能优点。这些性能的提高，使其本身就能大幅降低因摩擦损耗导致的链条断裂问题。除此之外，选用 POM 材质进行升级换代，使其不易吸湿，POM 的吸水率为 0.2%，在污水浸泡环境中尺寸稳定性更好。

为保证设备运行，链条变长需要定期截取链节以保证链条张紧度，采用 PA6 材质延伸长度为 4～5 节链节，每年需要进行 2～3 次截取链节操作。而采用 POM 材质延长度仅为1 个链节，每年截取一次即可。工作链条升级换代后，链条断裂、变长以及链条变长导致的刮板倾倒等故障大幅下降，故障率直接降到原来的 12%。

②对驱动端池上部分做防冻罩，降低冬季运行驱动链条故障率。冬季运行，刮泥机驱动端暴露在池上部分结冰严重，影响刮泥机运行。为了解决这一问题，某再生水厂专门制作了防冻罩，并在罩箱内部敷设保温棉用来防止冬季结冰现象。

防冻罩投用后，冬季结冰现象完全消除，由此带来的设备故障也完全杜绝。

③发明创造链条张紧装置，作为附属设施安装在刮泥机上，能够及时对刮泥机松动链条进行张紧，降低或避免池体停产、泄水进行的截取链节工作，能够最大限度地保障池体正常进行水处理。

2）管理创新

①重新定义检维修策略。按照厂家给出的设备检维修手册，刮泥机链条需要每日进行检查是否有松动，该污水处理厂有二沉池刮泥机 70 台，每日检查，既做不到，又不现实。为提高效率同时保障设备完好降低故障率，根据链条特性，在未更换新材质链条时，每季度系统检查一次，并截取 1~2 节链节。升级换代后，每半年检查一次，并根据情况截取链节。

②设备大修周期由单一运行时长标准变成与泥位、磨损量相结合。该污水处理厂刮泥机一般运行 2~2.5 年会进行一次大修，主要是池组停水，清除淤泥，对池底导轨、回转轮、耐磨靴等配件进行更换。但是在实际运行过程中，由于各个池组配水量不同，泥位情况也各不相同，每日各池组刮泥机负荷也不尽相同。因此，单纯地按照运行时间去进行设备大修就显得不合理、不科学。在实际大修过程中也发现了同样的问题。有的池组刮泥机停水后检查发现设备状态还不错，设备磨损情况也在正常范围内，此时大修不仅不经济合理，还会影响处理水量。而有的池组设备还没有到达大修时间，设备已经发生链条断裂、刮板坍塌导致的设备事故，恢复起来费时、费力。

为了能够精确管理刮泥机大修，做到资源合理分配，将每个池组刮泥机运行时长与泥位和设备磨损相结合，总结刮泥机大修规律。一般情况下，二沉池泥层厚度长期处在 30 cm 以下，回转轮基圆年磨损量不超过 2 mm，设备每 3 年进行一次大修。当二沉池泥层厚度大于 30 cm，不超过 50 cm 时，回转轮基圆磨损量不超过 3 mm，齿厚减少不超过 6 mm，设备每 2.5 年进行一次大修。泥层超过 50 cm 长期运行，要保证每年检查一次水下配件磨损情况，最多不超 2 年进行一次大修，防止设备事故扩大。

（4）改进成果

刮泥机链条材质升级后，对于该污水处理厂来说，配件费用并没有明显增加。但是链条性能大幅提高，截链条次数频率不足原来的 50%，人工投入降低为原来的一半。同时通过增加、创新辅助设备以及新大修策略的实施，厂内刮泥机设备使用寿命与原来相比平均增加了 30%，并且有效降低了设备故障导致的设备坍塌等大的设备事故，大修维修工时由原来的 7 d 降为 3 d 左右。

按照设备一个大修周期的维护维修投入成本计算，平均每台设备每个周期能综合节约 5 000~7 000 元。除了经济效益以外，设备完好还能保证水厂污水处理能力，具有一定的社会效益。

3.5　设备设施事故管理

"设备事故"是指企业设备（包括生产设备、管道、建筑物、构筑物、仪表、动力、电信、运输等设备设施）因非正常损坏造成停产或效能降低，直接经济损失超过规定限额的行为和事件。

3.5.1 设备事故案例

3.5.1.1 某化工企业反渗透高压泵损坏事故

某化工企业配套工程零排放水处理系统，由除硬加药系统、微滤系统、离子交换系统、纳滤系统、反渗透系统、蒸发系统等组成，2018 年 2 月正式投产，处理水量为 50 m³/h。

事故发生当日，当班班长通过观察纳滤保安过滤器（F01）前后就地压力表压力，发现前后差压过高，要求将系统停机，更换纳滤保安过滤器滤芯。当班操作员将反渗透装置停机。因后续工艺要求系统停机不能进行冲洗步序，当班操作员在"中控"画面将冲洗水泵由"自动"位置换到"手动"位置，对其他设备没有操作（处于"自动"状态）。反渗透自动停机步序走到冲洗步序时被卡住，"中控"画面报冲洗水泵启动延时故障，步序卡住时的"中控"画面和"停机"画面一致，当班操作员认为系统已停机完毕。

班组在更换纳滤保安过滤器滤芯的过程中，中控操作员误以为设备已停机，将"冲洗水泵启动延时报警"复位。复位后系统继续自动开始冲洗步序。冲洗水泵因在"手动"位置没有启动，冲洗水阀（XV-01）和反渗透高压泵（P-02）按照自控步序自动开启，反渗透高压泵因在无水状态下启动，干磨导致轴承和平衡盘损坏。经检查，反渗透高压泵进水压力开关（PS-01）未动作。

反渗透高压泵由于属于进口设备，没有备件。采购备件加工周期需 2 个月，把损坏设备寄回厂家维修需 1 个月，可临时采购 1 台国产泵替代。该系统停车 7 d，导致上游大量废水无法处理，上游主体工艺设备降低负荷运行。该事故造成的直接经济损失约 20 万元。

3.5.1.2 江苏某公司板框压滤机解体事故

江苏某公司污水处理车间有两台诺盾牌板框式压滤机。2020 年 2 月 25 日 19 时 30 分左右，该公司污水处理车间员工陈某某等人在作业过程中，发现车间北侧一台压滤机出现故障，陈某某便到设备科找维修工潘某某过去查看。经检查，潘某某发现油管破裂，导致压力不足，压滤机不能正常工作。潘某某在更换了一根新油管后，打开压力表调试压力。20 时 30 分左右，潘某某在调试压力的过程中，压滤机突然爆裂，发生解体，潘某某仰面倒地，后经抢救无效死亡。事故造成的直接经济损失约 121.8 万元。

事故发生直接原因分析：

1）该压滤机气缸内压强过大，导致液压油缸活塞杆组件冲出，引起设备解体。

2）潘某某违反《压滤机操作和维护、维修规程》，作业时正对着主机油缸这一面。

事故发生间接原因分析：

1）该压滤机安装不到位，工作位置与设备不平齐，压滤机缺少维护，致使压滤机表面锈蚀严重，对电气设备、液压设备的正常工作产生影响，存在安全隐患。

2）事发公司隐患排查治理不到位，未采取技术、管理措施，及时发现并消除压滤机存在的事故隐患。

3.5.2　设备事故级别分类

根据设备事故造成直接和间接经济损失大小划分为一般设备事故、较大设备事故、重大设备事故三级。

3.5.2.1　一般设备事故

包括但不限于以下情况定为一般设备事故：

1）直接经济损失在 2 000 元以上、10 000 元以下（不含 2 000 元和 10 000 元）的设备事故。

2）间接经济损失在 2 万元以上、5 万元以下（不含 2 万元和 5 万元）的设备事故。

3）因设备事故，停产一条生产线在 8 h 以上、24 h 以内（不含 8 h 和 24 h）。

4）因设备事故，公司停产在 4 h 以上、12 h 以内（不含 4 h 和 12 h）。

3.5.2.2　较大设备事故

包括但不限于以下情况定为较大设备事故：

1）直接经济损失在 1 万元以上、10 万元以下（含 1 万元和 10 万元）的设备事故。

2）间接经济损失在 10 万元以上、20 万元以下（含 10 万元和 20 万元）的设备事故。

3）因设备事故，一条生产线停产在 24 h 以上、72 h 以内（含 24 h 和 72 h）。

4）因设备事故，公司停产在 12 h 以上、48 h 以内（含 12 h 和 48 h）。

5）性质较恶劣的设备事故。

3.5.2.3　重大设备事故

包括但不限于以下情况定为重大设备事故：

1）直接经济损失在 10 万元以上（不含 10 万元）的设备事故。

2）间接经济损失在 20 万元以上（不含 20 万元）的设备事故。

3）因设备事故，一条生产线停产在 72 h 以上（不含 72 h）。

4）因设备事故，公司停产在 48 h 以上（不含 48 h）。

5）凡是人为故意破坏造成设备损坏或停产以及其他性质极为恶劣的设备事故。

3.5.3　设备事故性质分类

按设备事故发生的原因分为责任设备事故、非责任设备事故两类。

3.5.3.1　责任设备事故

包括但不限于以下行为造成设备损坏或报废的，应定性为责任设备事故：

1）凡是人为故意破坏造成设备损坏或停产的。

2）因违反操作、维护、维修技术规程或管理制度造成设备损坏、提前大修或报废。

3）因管理不善造成现场设备被盗、丢失，并对生产造成直接影响的。

3.5.3.2 非责任设备事故

包括但不限于以下情况造成设备损坏或报废并造成严重损失的，应定性为非责任设备事故：

1）按规定周期维护、维修后设备自然磨损造成的设备损坏。

2）设备自身质量问题引起的设备损坏。

3）遭受不可抗拒的外因（环境）造成设备损坏或遗失。

3.5.4 设备事故处理程序及原则

1）设备事故发生后，第一发现者应根据实际情况在确保自身安全的情况下采取相应措施，防止事故扩大，同时向设备部报告，设备经理立即组织人员现场勘查情况，并对设备事故级别进行判断，按照相应的级别启动上报流程。较大设备事故运营公司首先保护好现场，并在 1 h 内向上级单位汇报。重大设备事故项目公司应在 30 min 内向上级单位汇报；在保护好相关现场证据的同时，相关领导和部门应积极组织设备的抢修及生产恢复工作，力争将损失降到最低；并按分级管理原则由相关领导或部门组织事故分析会，坚持"事故原因未查清不放过；事故责任未落实不放过；事故责任人和员工没有受到教育不放过；事故没有制定切实可行的整改措施不放过"四不放过处理原则，进行严肃认真的调查处理，接受教训，防止同类事故重复发生。

2）设备事故上报的同时，设备经理立即组织人员对设备事故进行处置，其他人员给予全力配合。

3）事后由设备经理组织相关人员对现场事故进行总结分析，完成设备事故分析表并报上级主管部门备案。

3.6 设备设施档案信息管理

设备技术档案是指在设备采购、安装、调试及运行使用全过程中形成，并经整理应归档保存的图纸、图表、文字说明或文件记录、计算资料、照片、录像、录音带等科技文件与资料，通过不断收集、整理、鉴定等工作归档建立的设备档案。

设备设施档案信息管理是指通过对数据收集、处理加工和解释，使其成为对管理决策有用的信息。它包括对数据进行收集、分类、排序、检索、修改、存储、传输、计算、输出（报表或图形）等整个过程。

3.6.1 应归档的设备技术资料内容

运营公司必须在收集整理项目原始资料中的中标标书、项目建议书、各种审批文件、初设和竣工资料图纸等资料时，将设备管理相关文件、设备随机使用维护手册以及安装、调试、验收等资料按时整理归档，必要时单独成册。

设备的前期技术资料主要是指设备的采购计划、订购合同、设计资料、使用说明书、检验合格证、装箱单、安装记录、交接验收资料等，应按每台设备建立档案卷宗，保存在资料室，主要包括：

1）设备购置（重置）计划表；

2）设备购置（重置）申报表；

3）设备订货合同书；

4）设备开箱检查验收单；

5）设备入（出）库单；

6）机械设备安装精度检验记录单；

7）设备安装、调试、试运行记录及相关图纸资料；

8）设备资产转固定资产手续。

对设备运行中产生的各种维护、检修、大修记录以及相关会议、培训、检查等原始记录应每月收集整理存入档案室，资料内容如下：

1）设备巡检记录表；

2）在线仪表维护、校验记录；

3）设备润滑记录表；

4）设备防腐记录表；

5）设备维护保养记录表；

6）设备设施维护维修费用核算表；

7）设备运行时数统计表。

年度设备大修重置改造计划及执行情况、年（月）度设备维护维修计划及执行情况、设备月报表等应每年整理归档一次。

设备管理制度、工作标准每年修订后归档一次。

设备台账修订记录应归档。

3.6.2　设备档案的分类建档

通常可将设备分为 A 类设备（关键设备）、B 类设备（重要设备）、C 类设备（一般设备）。

A 类设备的损坏将会致使生产过程中断或对生产（水质、水量）有直接重大影响，如格栅、泵、搅拌器、风机、高低压变配电设备等。

B 类设备的损坏将会影响生产工艺的过程控制功能，对生产安全稳定造成一定影响，如自控系统、在线仪表、视频监控系统及其他安全防护系统。

C 类设备的损坏通过及时处理不影响生产，如一般化验设备、工器具、车辆、厂区照明、供水系统、供暖设备、空调设备等辅助生产设备及非生产类设备。

A 类、B 类设备按台建档，每台设备的档案至少应包括以下资料：

1）固定资产卡片；

2）设备前期技术资料；

3）设备维修通知单和设备维修原始记录；

4）设备委外保养原始记录；

5）设备大修、技术改造资料；

6）设备完好率评定记录；

7）设备运行状况的分析评估报告；

8）设备关键备件的档案信息，包括技术参数、价格、消耗、储存、供应商等信息；

9）设备的检验合格证；

10）设备事故分析报告；

11）设备停用、转移、重置、报废等资产变更记录。

C 类设备按同型号归类建档，档案信息资料同上。

3.6.3　设备档案的管理

应设立专门的资料室用于存放档案资料，对档案资料实行集中管理，管理人员应经过专业的档案管理培训，做好档案的分类、整理、入档、借阅工作。资料室应有防火、防盗、防潮、防蛀等措施。

各部门必须按照规定的资料内容，按时收集整理相关资料交资料室管理人员整理入档。所有入档档案资料必须建立目录，入档、借阅、封存、销毁必须有相关规范记录。

设备交接验收单及交接资料在交接完成后，运营公司须按照以上设备档案分类原则整理归档。

习　题

一、单选题

1. 格栅间机械设备开机顺序是（　　）。

A. 格栅除污机、螺旋输送机、栅渣压榨机

B. 螺旋输送机、格栅除污机、栅渣压榨机

C. 栅渣压榨机、格栅除污机、螺旋输送机

D. 栅渣压榨机、螺旋输送机、格栅除污机

2. 以下格栅除污机的控制方式中哪种最好？（　　）

A. 栅前后液位差控制方式　　　　　　B. 定时控制方式

C. 手动现场开停　　　　　　　　　　D. 中控室远程手动开停

3. 关于离心泵启动和运行，错误的是（　　）。

A. 离心泵启动前必须打开进出口闸阀

B. 机组运行时有不正常振动应立即停机

C. 新机组应在运行 80～100 h 之后更换润滑油

D. 正式运转后泵出口压力表读数上升可能是压水管口堵塞

4. 当离心风机机体内部有碰刮或者不正常摩擦声音，应首先如何处置？（　　）

A. 打开放空阀　　B. 换润滑油　　C. 按动主电机停车按钮　　D. 关小进气导叶

5. 关于离心风机，下列说法正确的是（　　）。

A. 鼓风机并联运行时，排气压力等于每台鼓风机风压之和

B. 在进气量相同的条件下，进气温度下降，鼓风机消耗的功率上升

C. 高风压场合适用单级离心风机

D. 离心风机停车时先关闭进气节流门，再关闭排气阀

6. 水泵在运行过程中，噪声低而振动较大，可能原因是（　　）。

A. 轴弯曲　　　　B. 轴承损坏　　　　C. 负荷大　　　　D. 叶轮损坏

7. （　　）的作用是减少零件在运动中的磨损、延长设备寿命，避免故障发生。

A. 盘根　　　　　B. 轴承　　　　　C. 润滑　　　　　D. 密封

8. 带式压滤机停车操作过程中，不正确的做法是（　　）。

A. 先停加药，后停进料

B. 停进料后，随即关闭空气总阀或停运空压机

C. 停进料后，压滤机继续运转并用水将滤带、辊轮冲洗干净

D. 滤带冲洗干净后，关闭空气总阀或停运空压机，放松张紧的滤带

9. 以下哪个不是板框压滤机滤板之间喷料的原因？（　　）

A. 进料压力小　　　　　　　B. 滤布破损或滤板损坏

C. 滤板密封面有滤饼　　　　D. 滤板压紧力不够

10. 机械格栅维护中修检修周期（凡连续运转时）是（　　）。

A. 6 个月　　　B. 24～36 个月　　　C. 24 个月　　　D. 12 个月

11. 水泵的减漏环严重磨损的表现是（　　）。

A. 出水量明显减少　　B. 电机发热　　C. 根本无法工作　　D. 漏水

12. 下列电器中，在电路中起保护作用的是（　　）。

A. 熔断器　　B. 接触器　　C. 电压互感器　　　D. 电流互感器

13. 长期停止运行的横轴曝气机，必须（　　）。

A. 切断电源　　　　　　　　　B. 减速机加满润滑油

C. 定期调整水平轴的静置方位并固定　　　D. 以上三个都对

14. 变频器是用来调整（　　）的设备。

A. 电压　　B. 电机转速　　C. 电流方向　　　D. 电流

15. 用万用表测电阻时，每个电阻挡都要调零，如调零不能调到欧姆零位，说明（　　）。

A. 电池极性接反　　　　　　　B. 电源电压不足应换电池

C. 万用表调零功能已坏　　　　　　　　D. 万用表欧姆挡已坏

二、判断题

1. 螺旋输送机停机前应将槽内的泥饼全部输送完，长时间停运还要用水冲洗干净。（　　）

2. 当消毒水渠水位达不到设计水位时严禁开启浸没式紫外线消毒设备。（　　）

3. 水泵发生汽蚀，机组会有振动和噪声，应考虑提高安装高度，减少水头损失。（　　）

4. 离心泵泵壳内有空气，启动后会造成不出水或出水不足。（　　）

5. 罗茨式鼓风机可以通过出口闸阀控制曝气量。（　　）

6. 潜水搅拌器严禁频繁启动，干运行时间不允许超过 50 s。（　　）

7. 紫外线消毒系统每天检查自动清洗系统是否正常工作，每天至少自动清洗 1 次。（　　）

8. 操作闸阀时，当关闭或开启到上死点或下死点时，应回转 1.5～2 圈。（　　）

9. 检查潜水搅拌器机械密封是否需要更换，可通过检查油腔内漏水量及污染程度来确定。（　　）

10. 对横轴表曝机两侧的轴承应定期补充润滑剂，并应检查减速机的油位和减速机通气帽是否畅通。（　　）

三、问答题

1. 什么叫作"盘车"？
2. 轴承发热有哪些原因？如何处理？
3. 润滑油在设备中的作用有哪些？
4. 如何判断提升泵的运行是否正常？
5. 提升泵启动前应做哪些准备工作？

参考答案

第 4 章　水质化验管理

【本章学习目标】

1. 掌握监测点位布设原则。
2. 会进行水样、泥水混合液、污泥样品的采集。
3. 了解样品保存和预处理方法。
4. 会进行常规指标的检测操作。
5. 了解污水处理厂生产药剂验收要求。
6. 能够正确处理样品检测数据。
7. 了解实验室质量控制措施。
8. 了解污水处理厂化学药剂、危险废物管理要求。
9. 会规范填写化验报表。

4.1　样品采集、保存与预处理

4.1.1　采样点的布设

4.1.1.1　污染物排放监测点位

在污染物排放（控制）标准规定的监控位置设置监测点位。

对于环境中难以降解或能在动植物体内蓄积，对人体健康和生态环境产生长远不良影响，具有致癌、致畸、致突变特性的，根据环境管理要求确定的应在车间或生产设施排放口监控的水污染物，在含有此类水污染物的污水与其他污水混合前的车间或车间预处理设施的出水口设置监测点位，如果含此类水污染物的同种污水实行集中预处理，则车间预处理设施排放口是指集中预处理设施的出水口。如环境管理有要求，还可同时在排污单位的总排放口设置监测点位。

对于其他水污染物，监测点位设在排污单位的总排放口。如环境管理有要求，还可同时在污水集中处理设施的排放口设置监测点位。

4.1.1.2　污水处理设施处理效率监测点位

监测污水处理设施的整体处理效率时，在各污水进入污水处理设施的进水口和污水处理设施的出水口设置监测点位；监测各污水处理单元的处理效率时，在各污水进入污水处理单元的进水口和污水处理单元的出水口设置监测点位。

4.1.1.3 雨水排放监测点位

排污单位应雨污分流，雨水经收集后由雨水管道排放，监测点位设在雨水排放口；如环境管理要求雨水经处理后排放的，监测点位按污染物排放监测点位设置。

4.1.2 样品采集

4.1.2.1 水样采集

污水处理厂进水水质实时变化，生产工艺各参数需要根据水质情况做出相应调整以确保处理效果。取样是水质分析的第一步，取样过程是否科学、规范，直接影响污水处理厂的净化效果。

样品采集一共包含 6 个步骤，分别是取样任务发布、取样准备、现场取样、样品保存、取样记录和样品交接。

（1）取样任务发布

取样任务包括常规取样任务和临时取样任务。常规取样任务由污水处理厂运营人员制定，临时取样任务通过样品采样任务单发布。

（2）取样准备

首先，采样工作人员做好个人防护，正确穿着实验服、佩戴好实验室用橡胶手套和一次性口罩，避免污水与皮肤接触。其次，根据采样要求准备采样物件，如取样桶、500 mL 塑料试剂瓶、漏斗、量筒、pH 试纸、制式防水标签、采样信息登记表、黑色记号笔等。最后，确定取样点位、方法和频次。在任务单对取样无特殊要求的情况下，按照表 4-1 开展取样工作。

表 4-1　取样方法、频次和取样点

样品名称	取样点	样品数量	取样方法	总量	采样频次
总进水	粗格栅前	500 mL/次	水面 1 m 以下	6 L	每 2 h 一次，取 24 h 混合样
总出水	消毒渠后	500 mL/次	出水槽汇水口	6 L	每 2 h 一次，取 24 h 混合样
活性污泥混合液	好氧池末端	1 L	水面 0.5 m 以下	1 L	每日一次

注：沿程分析取样点位根据工艺要求点位开展取样。

（3）现场取样

1）取样作业

取样过程严格按照表 4-2 进行，对于含有微生物的取样过程严格按照表 4-3 进行。

表 4-2　取样（水）作业指导书

步骤		技术要求
操作步骤	1. 任务接收	值班人员发布任务
	2. 根据任务内容准备取样瓶	采集无机样品选用聚乙烯、氟塑料和碳酸脂类容器；采集有机物、生物指标选用玻璃瓶、光敏类物质选用棕色玻璃瓶；采集微量有机物样品可选用不锈钢容器
	3. 采样人员获取取样瓶	复核确认取样内容
	4. 采样人员根据任务内容到达取样点	取样点：粗格栅、出水口
	5. 取样	1. 取样桶、取样瓶需润洗 2～3 次 2. 进水：水面 1 m 以下 3. 出水：出水槽汇水口 4. 取样体积为 500 mL/次
	6. 张贴取样标签，登记取样记录表	
	7. 运行班完成取样，0.5 h 内送至化验室完成流转工作	如不能规定时间送至化验室，须冰箱保存，保存温度应设置为 4℃左右（2～6℃）
使用工具及辅料表	超过 10 m 细绳的取样桶、取样瓶、对讲机、橡胶手套、工作服、工作鞋	
安全作业注意事项	1. 取样时防止跌落滑倒，必要时穿戴救生衣，使用绳索、梯子或其他设备来防止坠落 2. 取样全程佩戴口罩、橡胶手套 3. 避免与眼睛、皮肤接触 4. 必要时，危险的取样要两人进行	

表 4-3　取样（微生物）作业指导书

步骤		技术要求
操作步骤	1. 任务接收	运营部发布任务
	2. 化验室根据任务内容准备取样瓶	根据《取样容器及水样保存方法》要求准备；取样容器进行有效灭菌
	3. 运行班获取取样瓶	复核确认取样内容
	4. 运行班根据任务内容到达取样点	取样点：出水口
	5. 取样	1. 将取样器浸入废水内略加漂洗，然后再取所需量的样品 2. 装入已灭菌容器内，装入量不应超过其容器容量的 3/4 3. 样品采集时，不得用水样刷洗已灭菌的采样瓶，并避免手指和其他物品对瓶口的沾污
	6. 张贴取样标签，登记取样记录表	采样完毕，容器封口
	7. 运行班完成取样，0.5 h 内送至化验室完成流转工作	如不能规定时间送至化验室，须冰箱保存，保存温度应设置为 4℃左右（2～6℃）
使用工具及辅料表	超过 10 m 细绳的取样桶、取样瓶、对讲机、橡胶手套、工作服、工作鞋	
安全作业注意事项	1. 取样时防止跌落滑倒，必要时穿戴救生衣，使用绳索、梯子或其他设备来防止坠落 2. 取样全程佩戴口罩、橡胶手套 3. 避免与眼睛、皮肤接触 4. 必要时，危险的取样要两人进行	

2）注意事项

取样过程中涉及需要现场检测的项目，如水温、DO，必须在现场取样时进行检测。

3）样品标签

取样后必须粘贴好样品标签；样品标签内容包含取样点、样品类型、取样时间、固定剂、取样人。

（4）样品保存

除微生物指标外，厂内常规项目检测样品在 12 h 内检测或暗处冷藏保存。微生物指标样品必须保证 6 h 内检测。

送外检样品取样后 12 h 内送至委托检测单位，由委托单位做好样品的保存。

外部取样必须现场保留平行样并现场密封，冷藏。

（5）取样记录

取样结束后，现场做好取样记录，应包含以下内容：样品类别、气象条件、采样日期、采样时间、采样点位、现场测试项目、水样感官指标的描述、保存方法、采样人及其他需要说明的有关事项等。

核对现场记录与实际样品数，如有错误或遗漏，应立即补采或重采。如采样现场未按实际要求采集到样品，应详细记录实际情况。如当天未开展污泥脱水工作、停产等。

（6）样品交接

现场取样人员与化验室接样人员进行样品交接时，须清点和检查样品，并在样品流转记录上填写相关信息和签字。样品流转记录内容包括交接样品的日期和时间、样品数量和性状、测定项目、保存方式、交样人、接样人等。

4.1.2.2　泥水混合样采集

泥水混合样一般是指污泥与水的混合样品。通常用于测定 MLSS、MLVSS、SVI、SV_{30} 和含水率等指标。采样地点在好氧池末端和脱泥间，实际采集位置应在采样断面的中心处，采样频率为每日一次。

样品采集一共包含 6 个步骤，分别是取样任务发布、取样准备、现场取样、样品保存、取样记录和样品交接。

（1）取样任务发布

取样任务包括常规取样任务和临时取样任务。常规取样任务由污水处理厂运营人员制定，临时取样任务通过样品采样任务单发布。

（2）取样准备

首先，采样人员做好个人防护，正确穿着实验服、佩戴好实验室用橡胶手套和一次性口罩，避免污泥与皮肤接触。其次，根据采样要求准备采样物件，如取样桶、1 L 广口取样瓶、漏斗、制式防水标签、采样信息登记表、黑色记号笔等。最后，确定取样点位、方法和频次。

（3）现场取样

取样过程严格按照表 4-4 进行。

表 4-4 样品取样（泥水混合物）作业指导书

	步骤	技术要求
操作步骤	1. 任务接收	运营部发布任务
	2. 化验室根据任务内容准备取样瓶	根据《取样容器及水样保存方法》要求准备
	3. 运行班获取取样瓶	复核确认取样内容
	4. 运行班根据任务内容到达取样点	取样点：好氧池末端、脱泥间
	5. 取样	1. 取样桶、取样瓶需润洗 2～3 次 2. 好氧池水面 0.5 m 以下 3. 脱泥间进泥须放空 5 min 4. 如需检测 SV_{30} 取样量 1 L/次，其余取样量 200 mL/次
	6. 张贴取样标签，登记取样记录表	样品标签内容包含取样点、样品类型、取样时间、取样人
	7. 运行班完成取样，0.5 h 内送至化验室完成流转工作	
使用工具及辅料表	超过 10 m 细绳的取样桶、取样瓶、对讲机、橡胶手套、工作服、工作鞋	
安全作业注意事项	1. 取样时防止跌落滑倒，必要时穿戴救生衣，使用绳索、梯子或其他设备来防止坠落 2. 取样全程佩戴口罩、橡胶手套 3. 避免与眼睛、皮肤接触 4. 必要时，危险的取样要两人进行	

（4）样品保存

采集的样品应放入密封容器中尽快分析测定。如需放置，应密闭贮存在 4℃冷藏冰箱中，保存时间不能超过 24 h。

（5）取样记录

取样结束后，现场做好取样记录，应包含以下内容：样品类别、气象条件、采样日期、采样时间、采样点位、样品感官指标的描述、保存方法、采样人及其他需要说明的有关事项等。

核对现场记录与实际样品数，如有错误或遗漏，应立即补采或重采。如采样现场未按实际要求采集到样品，应详细记录实际情况。如当天未开展污泥脱水工作、停产等。

（6）样品交接

现场取样人员与化验室接样人员进行样品交接时，须清点和检查样品，并在样品流转记录上填写相关信息和签字。样品流转记录内容包括交接样品的日期和时间、样品数量和性状、测定项目、保存方式、交样人、接样人等。

4.1.2.3 污泥样品的采集

城镇污水处理厂污泥是指在污水净化处理过程中产生的含水率不同的半固态或固态物质，不包括栅渣、浮渣和沉砂池砂粒。依据《排污单位自行监测技术指南 水处理》（HJ 1083—2020），污泥监测指标及频次如表 4-5 所示。

表 4-5 污泥监测指标及频次

监测指标	监测频次	备注
含水率	日	适用于采用好氧堆肥污泥稳定化处理方式的情况
蠕虫卵死亡率、粪大肠菌群菌值	月	
有机物降解率	月	适用于采用厌氧消化、好氧消化、好氧堆肥污泥稳定化处理方式的情况

（1）污泥样品的采集要求

需要在沉淀池、消化池、氧化塘或者干燥床采集污泥样品，由于原污泥和消化污泥均匀性差且存在大颗粒物，所以采样时需严格按照以下要求进行：

1）用勺铲或其他合适的工具，在物料的一定部位随机多点采取样品后迅速混匀。

2）用导管采样时，为了减少堵塞的可能性，采样管的内径不应小于 50 mm。取样时间间隔要短，样品应有代表性。

3）当从沉淀池、消化池、氧化塘或者干燥床采样时，要从各种深度和位置采集大量样品，难以接近的采样点采用专门设备。

4）采集后的湿污泥样品须平铺在瓷托盘上，用玻璃棒等压散，除去泥样中的石子和动植物残体等异物，混匀备用；干污泥样品除去石子和动植物残体等异物后，用四分法把样品缩分至 1 kg，均分于 3 个容器内，密封、贴标签（标签应注明样品名称、采样单位名称、批号、取样日期、取样人等重要信息）。

（2）样品采集

样品采集一共包含 6 个步骤，分别是取样任务发布、取样准备、现场取样、样品保存、取样记录和样品交接。

1）取样任务发布

取样任务包括常规取样任务和临时取样任务。常规取样任务由污水处理厂运营人员制定，临时取样任务通过样品采样任务单发布。

2）取样准备

首先，采样人员做好个人防护，正确穿着实验服、佩戴好实验室用橡胶手套和一次性口罩，避免污泥与皮肤接触。其次，根据采样要求准备采样物件，如超过 10 m 细绳的取样桶、取样密封袋、勺铲、制式防水标签、采样信息登记表、黑色记号笔等。最后，确定取样点位、方法和频次。

3）现场取样

取样过程严格按照表 4-6 进行。

表 4-6 样品取样（泥水混合物）作业指导书

	步骤	技术要求
操作步骤	1. 任务接收	运营部发布任务
	2. 化验室根据任务内容准备取样密封袋	
	3. 运行班获取取样密封袋	复核确认取样内容
	4. 运行班根据任务内容到达取样点	取样点：泥斗
	5. 取样	取样量为 500 g/次
	6. 张贴取样标签，登记取样记录表	
	7. 运行班完成取样，0.5 h 内送至化验室完成流转工作	
使用工具及辅料表	超过 10 m 细绳的取样桶、取样瓶、对讲机、橡胶手套、工作服、工作鞋	
安全作业注意事项	1. 取样时防止跌落滑倒，必要时穿戴救生衣，使用绳索、梯子或其他设备来防止坠落 2. 取样全程佩戴口罩、橡胶手套 3. 避免与眼睛、皮肤接触 4. 必要时，危险的取样要两人进行	

4）样品保存

采集的样品应放入密封容器中尽快分析测定。如需放置，应密闭贮存在 4℃冷藏冰箱中，保存时间不能超过 24 h。

5）取样记录

取样结束后，现场做好取样记录，应包含以下内容：样品类别、气象条件、采样日期、采样时间、采样点位、样品感官指标的描述、保存方法、采样人及其他需要说明的有关事项等。

核对现场记录与实际样品数，如有错误或遗漏，应立即补采或重采。如采样现场未按实际要求采集到样品，应详细记录实际情况。如当天未开展污泥脱水工作、停产等。

6）样品交接

现场取样人员与化验室接样人员进行样品交接时，须清点和检查样品，并在样品流转记录上填写相关信息和签字。样品流转记录内容包括交接样品的日期和时间、样品数量和性状、测定项目、保存方式、交样人、接样人等。

4.1.3 样品保存

样品采集后应尽快运送实验室分析，并根据监测目的、监测项目和监测方法的要求，可按照《污水监测技术规范》（HJ 91.1—2019）附录 A 要求在样品中加入保存剂。监测项目具体的样品保存方法与措施也可参见《水质 样品的保存和管理技术规定》（HJ 493—

2009），表 4-7 为部分水质样品的保存技术。

表 4-7 部分样品的保存技术（摘自 HJ 493—2009）

项目	采样容器	保存方法及保存剂用量	可保存时间	最少采样量/mL	容器洗涤方法	备注
pH	P 或者 G		2 h	250	Ⅰ	尽量现场测定
浊度	P 或者 G		12 h	250	Ⅰ	尽量现场测定
悬浮物	P 或者 G	1～5℃暗处冷藏	14 d	500	Ⅰ	
化学需氧量	G	用 H_2SO_4 酸化至 pH≤2	2 d	500	Ⅰ	
	P	−20℃冷冻	1 m	100		最长 6 m
氨氮	P 或者 G	用 H_2SO_4 酸化至 pH≤2	24 h	250	Ⅰ	
总氮	G	用 H_2SO_4 酸化至 pH≤2	7 d	250	Ⅰ	
	P	−20℃冷冻	1 m	500		
总磷	P 或者 G	用 H_2SO_4 酸化，HCl 酸化至 pH≤2	24 h	250	Ⅳ	
	P	−20℃冷冻	1 m	250		
六价铬	P 或者 G	用 NaOH 至 pH=8～9	14 d	250	酸洗Ⅲ	
油类	溶剂洗 G	用 HCl 酸化至 pH≤2	7 d	250	Ⅱ	

注：①P 为聚乙烯瓶（桶），G 为硬质玻璃瓶。

②m 表示月，d 表示天，h 表示小时。

③Ⅰ、Ⅱ、Ⅲ、Ⅳ表示四种洗涤方法，如下：

Ⅰ：洗涤剂洗一次，自来水洗三次，蒸馏水洗一次。对于采集微生物和生物的采样容器，须经 160℃干热灭菌 2 h。经灭菌的微生物和生物采样容器必须在两周内使用，否则应重新灭菌。经 121℃高压蒸汽灭菌 15 min 的采样容器，如不立即使用，应于 60℃将瓶内冷凝水烘干，两周内使用。细菌检测项目采样时不能用水样冲洗采样容器，不能采混合水样，应单独采样 2 h 后送实验室分析。

Ⅱ：洗涤剂洗一次，自来水洗二次，（1+3）HNO_3 荡洗一次，自来水洗三次，蒸馏水洗一次。

Ⅲ：洗涤剂洗一次，自来水洗二次，（1+3）HNO_3 荡洗一次，自来水洗三次，去离子水洗一次。

Ⅳ：铬酸洗液洗一次，自来水洗三次，蒸馏水洗一次，如果采集污水样品可省去用蒸馏水、去离子水清洗的步骤。

4.1.3.1 容器的选择

采集和保存样品的容器应充分考虑以下几个方面，特别是被分析组分以微量存在时。

1）避免污染：应最大限度地防止容器及瓶塞对样品的污染。

2）避免反应：容器或容器塞的化学和生物性质应该是惰性的，防止容器吸收或吸附待测组分，引起待测组分浓度的变化。

3）避光：深色玻璃能降低光敏作用。

4）专用原则：尽可能使用专用容器。如不能使用专用容器，那么最好准备一套容器进行特定污染物的测定，以减少交叉污染。同时应注意防止以前采集高浓度分析物的容器因洗涤不彻底污染随后采集的低浓度污染物的样品。

5）清洗：容器内壁应易于清洗、处理，以减少如重金属或放射性核类的微量元素对容器的表面污染。对于新容器，一般应先用洗涤剂清洗，再用纯水彻底清洗。

4.1.3.2　样品保存方法

（1）样品的冷藏、冷冻

从采集样品后至运输到实验室期间，在 1～5℃冷藏并避光保存。冷藏并不适用长期保存，对废水的保存时间更短。−20℃的冷冻温度一般能延长贮存期。分析挥发性物质不适用冷冻程序。如果样品包含细胞、细菌或微藻类，同样不适用冷冻。一般选用塑料容器，强烈推荐聚氯乙烯或聚乙烯等塑料容器。

（2）过滤和离心

如欲测定水样中组分的全量，采样后立即加入保存剂，分析测定时充分摇匀后再取样。如果测定可滤态（溶解态）组分的含量，用滤器（滤纸、聚四氟乙烯滤器、石英滤器）等过滤样品或将样品离心分离都可以除去其中的悬浮物、沉淀、藻类及其他微生物，滤后的水样稳定性好，有利于保存。国内外均采用 0.45 μm 的微孔滤膜过滤的方法。

一般测定有机项目时选用砂芯漏斗和玻璃纤维漏斗，用自然沉降后取上清液测定可滤态组分是不恰当的。而在测定无机项目时常用 0.45 μm 的滤膜过滤。测定不可过滤的金属时，应保留过滤水样用的滤膜备用。如没有 0.45 μm 微孔滤膜，对泥沙型水样可用离心方法处理。

（3）添加保存剂包括控制溶液 pH、加入抑制剂、加入氧化剂或还原剂

1）控制溶液 pH

测定金属离子的水样常用硝酸酸化至 pH=1～2，既可以防止重金属的水解沉淀，又可以防止金属在器壁表面上的吸附，同时在 pH=1～2 的酸性介质中还能抑制生物的活动。用此方法保存，大多数金属可稳定数周或数月。测定六价铬的水样应加氢氧化钠调至 pH=8，因在酸性介质中，六价铬的氧化电位高，易被还原。

2）加入抑制剂

为了抑制生物作用，可在样品中加入抑制剂。如在测氨氮、硝酸盐氮和 COD 的水样中，加入氯化汞、三氯甲烷或甲苯作防护剂以抑制生物对亚硝酸盐、硝酸盐、铵盐的氧化还原作用。

3）加入氧化剂或还原剂

水样中痕量汞易被还原，引起汞的挥发性损失，加入硝酸-重铬酸钾溶液可使汞维持在高氧化态，汞的稳定性大为改善。含余氯水样能氧化氰离子，可使酚类、烃类、苯系物氯化生成相应的衍生物，为此在采样时加入适当的硫代硫酸钠予以还原，除去余氯干扰。样品保存剂（如酸、碱或其他试剂）在采样前应进行空白试验，其纯度和等级必须达到分析的要求。

所加入的保存剂有可能改变水中组分的化学性质或物理性质，因此选用保存剂时一定要考虑到对测定项目的影响。如待测项目是溶解态物质，酸化会引起胶体组分和固体的溶

解，则必须在过滤后酸化保存。

必须做保存剂空白试验，特别是对微量元素的分析。要充分考虑加入保存剂所引起的待测元素含量的变化。例如，酸类保存剂本身含有铁、铜、砷、铅等金属元素，可能对检测结果造成误差。因此，样品中加入保存剂后，应保留做空白实验。

4.1.4 样品运输

空样品容器运送到采样地点，装好样品后运回实验室分析，要谨慎小心，避免破损。包装箱可用多种材料（如泡沫塑料、波纹纸板等），以使运送过程中样品的损耗减少到最低限度。包装箱的盖子一般都衬有隔离材料，用以对瓶塞施加轻微的压力。气温较高时，防止生物样品发生变化，应对样品冷藏防腐或用冰块保存。

4.1.5 样品预处理

样品的预处理可以分为样品消解、样品富集与分离。

4.1.5.1 样品消解

消解的目的是破坏有机物，溶解悬浮性固体，将各种价态的待测元素氧化成单一高价态或转变成易于分离的无机化合物。消解后的水样应清澈、透明、无沉淀。常用消解水样的方法有湿式消解法、干式分解法（干灰化法）和微波消解法。

（1）湿式消解法

湿式消解法又分为酸消解法、碱消解法和氧化剂消解法。酸消解法根据使用的酸的种类和数量不同，有一元酸法（多为硝酸）、二元酸法和多元酸法（三元以上酸或氧化剂）。

1）一元酸法

对于较清洁的水样，可用硝酸消解。方法要点：取 50～200 mL 水样于烧杯中，加入 5～10 mL 浓硝酸。在电热板上加热煮沸，蒸发至小体积，试液应清澈透明，呈浅色或无色，否则应补加硝酸继续消解。蒸至近干，取下烧杯，稍冷后加入 2% HNO_3（或 HCl）20 mL，温热溶解可溶盐。若有沉淀，应过滤，滤液冷至室温后定容备用。

2）二元酸法

①硝酸-高氯酸消解法。两种酸都是强氧化性酸，联合使用可消解含难氧化有机物的水样。方法要点：取适量水样于烧杯或锥形瓶中，加入 5～10 mL 硝酸，在电热板上加热、消解至大部分有机物被分解。取下烧杯，稍冷，加入 2～5 mL 高氯酸，继续加热至开始冒白烟，如试液呈深色，再补加硝酸，继续加热至冒浓厚白烟将尽（不可蒸至干涸）。取下烧杯冷却，用 2%HNO_3 溶解，如有沉淀，应过滤，滤液冷至室温定容备用。因为高氯酸能与羟基化合物反应生成不稳定的高氯酸酯，有发生爆炸的危险，消解时应先加入硝酸，氧化水样中的羟基化合物，稍冷后再加入高氯酸处理。

②硝酸-硫酸消解法。两种酸都有较强的氧化能力，其中硝酸沸点低，而硫酸沸点高，二者结合使用，可提高消解温度和消解效果。常用的硝酸与硫酸的比例为 5：2。消解时，

先将硝酸加入水样中，加热蒸发至小体积，稍冷，再加入硫酸、硝酸，继续加热蒸发至冒大量白烟，冷却，加入适量水，温热溶解可溶盐，若有沉淀，应过滤。为提高消解效果，常加入少量过氧化氢。该方法不适用于处理测定易生成难溶硫酸盐组分（如铅、钡、锶）的水样。

③硫酸-磷酸消解法。两种酸的沸点都比较高，其中，硫酸氧化性较强，磷酸能与一些金属离子（如 Fe^{3+} 等）络合，二者结合消解水样，有利于测定时消除 Fe^{3+} 等离子的干扰。

④硫酸-高锰酸钾消解法。该方法常用于消解测定汞的水样。高锰酸钾是强氧化剂，在中性、碱性、酸性条件下都可以氧化有机物，其氧化产物多为草酸根，但在酸性介质中还可继续氧化。方法要点：取适量水样，加适量硫酸和 5%高锰酸钾，混匀后加热煮沸，冷却，滴加盐酸羟胺溶液破坏过量的高锰酸钾。

3）多元酸法

为提高消解效果，在某些情况下需要采用三元以上酸或氧化剂消解体系，例如，处理测定总铬的水样时，用硫酸、磷酸和高锰酸钾消解法。

4）碱分解法

当用酸体系消解水样造成易挥发组分损失时，可改用碱分解法，即在水样中加入氢氧化钠和过氧化氢溶液，或者氨水和过氧化氢溶液，加热煮沸至近干，用水或稀碱溶液温热溶解即成为可供直接分析的试样。

（2）干式分解法（干灰化法）

干灰化法又称高温分解法。其处理过程：取适量水样于白瓷或石英蒸发皿中，水浴蒸干，移入马弗炉，450～550℃灼烧到残渣呈灰白色，使有机物完全分解除去。取出蒸发皿，冷却，用适量 2%HNO_3（或 HCl）溶解样品灰分，过滤，滤液定容后供测定。本方法不适用于处理测定易挥发组分（如砷、汞、镉、硒、锡等）的水样。

（3）微波消解法

微波酸消解是结合高压消解和微波快速加热的一项预处理技术。水样和酸的混合物吸收微波能量后，酸的氧化反应活性增加，加快了样品分解速率，提高了加热效率，并且消解在密闭容器中进行，避免了易挥发组分的损失和有害气体排放对环境造成污染。《水质　金属总量的消解　微波消解法》（HJ 678—2013）介绍了水中金属总量的微波酸消解预处理方法，适用于地表水、地下水、生活污水和工业废水中镉（Cd）、钴（Co）、铬（Cr）、铜（Cu）、铁（Fe）、锰（Mn）等 20 种金属元素总量的微波酸消解预处理。

注意事项：微波酸消解的操作过程须在通风橱内进行，应按规定要求佩戴防护手套等防护器具，避免接触皮肤和衣物。

4.1.5.2　样品富集与分离

当水样中的待测组分含量低于测定方法的测定下限时，就必须进行样品的富集或浓缩；当有共存组分干扰时，就必须采取分离或掩蔽措施。富集与分离过程往往是同时进行的，常用的方法有过滤、气提、蒸馏、萃取、吸附、离子交换、共沉淀等，要根据具体情况选择使用。

（1）挥发分离法

挥发分离法是利用某些污染组分挥发度大，或者将待测组分转变成易挥发物质，然后用惰性气体带出而达到分离的目的。例如，用冷原子荧光法测定水样中的汞时，先将汞离子用氯化亚锡还原为原子态汞，再利用汞易挥发的性质，通入惰性气体将其带出并送入仪器测定。测定废水中的砷时，将其转变成砷化氢（AsH_3）气体，用吸收液吸收后用分光光度法测定。

（2）蒸发浓缩法

蒸发浓缩法是指在电热板上或水浴中加热水样，使水分缓慢蒸发，达到缩小水样体积、浓缩待测组分的目的。该方法无须化学处理，简单易行，尽管存在缓慢、易吸附损失等缺点，但无更适宜的富集方法时仍可采用。

（3）蒸馏法

蒸馏法是利用水样中各污染组分具有不同的沸点而使其彼此分离的方法，分为常压蒸馏法、减压蒸馏法、水蒸气蒸馏法、分馏法等。蒸馏具有消解、富集和分离 3 种作用。例如，测定水样中的挥发酚、氰化物、氟化物时，均需先在酸性介质中进行预蒸馏分离。蒸汽蒸馏装置虽然对控温要求较严格，但排除干扰效果好，不易发生暴沸，使用较安全。测定水中氨氮时，需在微碱性介质中进行预蒸馏分离。

（4）萃取法

用于水样预处理的萃取方法有溶剂萃取法、固相萃取法等。

溶剂萃取法是基于物质在不同的溶剂相中分配系数不同，达到组分的富集与分离的目的。例如，用 4-氨基安替比林光度法测定水样中的挥发酚时，当酚含量低于 0.05 mg/L 时，则水样经蒸馏分离后需再用三氯甲烷进行萃取浓缩；用紫外分光光度法测定水中的油和用气相色谱法测定有机农药（如六六六、DDT）时，需先用石油醚萃取等。用红外分光光度法测定水样中的石油类和动植物油时，需要用四氯化碳萃取等。例如，用分光光度法测定水中的 Cd^{2+}、Hg^{2+}、Zn^{2+}、Pb^{2+}、Ni^{2+} 等，二硫腙（螯合剂）能使上述离子生成难溶于水的螯合物，可用三氯甲烷（或四氯化碳）从水相中萃取后测定，三者构成二硫腙-三氯甲烷-水萃取体系。

固相萃取法的萃取剂是含 C_{18} 或 C_8、氰基、氨基等基团的固体特殊填料。其萃取原理基于水样中待测组分和共存干扰组分与固相萃取剂作用力强弱不同，使它们彼此分离。例如，测定环境水体中挥发性有机物如苯、甲苯、乙苯、二甲苯、多环芳烃、有机氯农药、有机磷农药（除草剂）、多氯联苯等污染物水样的预处理。

（5）共沉淀法

共沉淀法是指溶液中一种难溶化合物在形成沉淀（载体）过程中，将共存的某些痕量组分一起载带沉淀出来的现象。例如，用分光光度法测定水样中 Cr^{6+} 时，当水样有色、浑浊、Fe^{3+} 含量低于 200 mg/L 时，可于 pH 为 8~9 条件下用氢氧化锌作共沉淀剂吸附分离干扰物质。

4.2 污水和污泥检测

4.2.1 水质检测

4.2.1.1 日检指标

（1）化学需氧量测定

化学需氧量（COD_{Cr}）是指在一定条件下，经重铬酸钾氧化处理时，水样中的溶解性物质和悬浮物所消耗重铬酸盐相对应的氧的质量浓度，以 mg/L 表示。COD_{Cr} 反映水中受还原性物质污染的程度，代表了水质污染程度，也可以反映水中有机物的含量，对衡量水质的好坏具有重要意义。水样中的还原性物质主要有亚硝酸盐、硫化物、亚铁盐等。

1）测定方法：《水质 化学需氧量的测定 重铬酸盐法》（HJ 828—2017）、《水质 化学需氧量的测定 快速消解分光光度法》（HJ/T 399—2007）等。此处主要介绍《水质 化学需氧量的测定 重铬酸盐法》的测定原理和数据处理。

2）测定原理：在水样中加入已知的过量的重铬酸钾溶液，并在强酸性溶液下以银盐为催化剂，经沸腾回流后，以试亚铁灵作指示剂，用硫酸亚铁铵溶液滴定水样中未被还原的重铬酸钾，根据所消耗的重铬酸钾量计算出消耗氧的质量浓度。此方法的检出限为 4 mg/L，测定下限为 16 mg/L。未经稀释的水样测定上限为 700 mg/L，超过此限时须稀释后测定。用 0.25 mol/L 的重铬酸钾溶液可测定大于 50 mg/L 的 COD_{Cr} 值，用 0.025 mol/L 的重铬酸钾溶液可测定 5～50 mg/L 的 COD_{Cr} 值，但准确度较差。

3）数据处理：COD_{Cr} 计算公式见式（4-1），以氧的 mg/L 表示。当 COD_{Cr} 的测定结果＜100 mg/L 时，保留 3 位有效数字；当 COD_{Cr} 的测定结果≥100 mg/L 时，保留整数。

$$\rho = \frac{(V_0 - V_1) \times c \times 8 \times 1000}{V} \times f \qquad (4\text{-}1)$$

式中：ρ——化学需氧量质量浓度，mg/L；

c——硫酸亚铁铵标准溶液的浓度，mol/L；

V_0——滴定空白时硫酸亚铁铵标准溶液用量，mL；

V_1——滴定水样时硫酸亚铁铵标准溶液的用量，mL；

V——水样的体积，mL；

8——氧（1/2O）摩尔质量，g/mol；

f——样品稀释倍数。

（2）生化需氧量测定

生化需氧量是指在规定的条件下，好氧微生物在分解水中的某些可氧化的物质，特别是分解有机物的生物化学氧化过程中消耗的溶解氧的量，以氧的 mg/L 表示。BOD_5 是反映水体被有机物污染程度的综合指标，同时也是污水处理厂污水常规监测项目。

1）测定方法：《水质　五日生化需氧量（BOD₅）的测定　稀释与接种法》（HJ 505—2009）和《水质　生化需氧量（BOD）的测定　微生物传感器快速测定法》（HJ/T 86—2002）等，其中《水质　五日生化需氧量（BOD₅）的测定　稀释与接种法》是测定 BOD₅ 的常规方法。此处主要介绍该方法的测定原理和数据处理。

2）测定原理：水样经稀释处理后在（20±1）℃条件下培养 5 d，分别测定样品培养前后的 DO，二者之差即为 BOD₅ 值，以氧的 mg/L 表示。该方法检出限为 0.5 mg/L，测定下限为 2 mg/L，非稀释法和非稀释接种法的测定上限为 6 mg/L，稀释与稀释接种法的测定上限为 6 000 mg/L。

3）数据处理：结果小于 100 mg/L，保留 1 位小数；结果 100～1 000 mg/L，取整数位；结果大于 1 000 mg/L 以科学计数法报出。结果报告中应注明样品是否经过过滤、冷冻或均质化处理。计算公式见式（4-2）、式（4-3）、式（4-4）。

非稀释法按式（4-2）计算样品 BOD₅ 的测定结果：

$$\rho = \rho_1 - \rho_2 \qquad\qquad (4\text{-}2)$$

式中：ρ——五日生化需氧量质量浓度，mg/L；

ρ_1——水样在培养前的 DO 质量浓度，mg/L；

ρ_2——水样在培养后的 DO 质量浓度，mg/L。

非稀释接种法按式（4-3）计算样品 BOD₅ 的测定结果：

$$\rho = (\rho_1 - \rho_2) - (\rho_3 - \rho_4) \qquad\qquad (4\text{-}3)$$

式中：ρ——五日生化需氧量质量浓度，mg/L；

ρ_1——接种水样在培养前的 DO 质量浓度，mg/L；

ρ_2——接种水样在培养后的 DO 质量浓度，mg/L；

ρ_3——空白样在培养前的 DO 质量浓度，mg/L；

ρ_4——空白样在培养后的 DO 质量浓度，mg/L。

稀释法与稀释接种法按式（4-4）计算样品 BOD₅ 的测定结果：

$$\rho = \frac{(\rho_1 - \rho_2) - (\rho_3 - \rho_4)\, f_1}{f_2} \qquad\qquad (4\text{-}4)$$

式中：ρ——五日生化需氧量质量浓度，mg/L；

ρ_1——接种稀释水样在培养前的 DO 质量浓度，mg/L；

ρ_2——接种稀释水样在培养后的 DO 质量浓度，mg/L；

ρ_3——空白样在培养前的 DO 质量浓度，mg/L；

ρ_4——空白样在培养后的 DO 质量浓度，mg/L；

f_1——接种稀释水或稀释水在培养液中所占的比例；

f_2——原样品在培养液中所占的比例。

（3）悬浮物测定

悬浮物是指水样通过孔径为 0.45 μm 的滤膜，截留在滤膜上并于 103～105℃烘干至恒重的固体物质。

1）测定方法：《水质 悬浮物的测定 重量法》（GB 11901—89）。

2）测定原理：量取充分混合均匀的适量水样抽吸过滤后，将载有悬浮物的滤膜放在已经恒重的称量瓶里，在103～105℃下烘干至恒重，冷却至室温，称重，根据过滤前后的重量之差，计算单位体积下悬浮物的浓度。

3）数据处理：计算公式见式（4-5）。

$$C = \frac{(A-B) \times 10^6}{V} \tag{4-5}$$

式中：C——水中悬浮物质量浓度，mg/L；

A——悬浮物+滤膜+称量瓶重量，g；

B——滤膜+称量瓶重量，g；

V——试样体积，mL。

（4）pH测定

1）测定方法：pH是最常用的水环境监测指标之一。测定方法为《水质 pH的测定 电极法》（HJ 1147—2020），适用于地表水、地下水、生活污水和工业废水中pH的测定。

2）测定原理：水体pH由测量电池的电动势所得，电池通常由参比电极和氢离子指示电极组成。溶液每变化1个pH单位，在同一温度下电位差的改变是常数，根据此原理，在pH测量仪器上直接显示pH的读数。

3）数据处理：测定结果保留小数点后1位，并注明样品测定时的温度。当测量结果超出测量范围（0～14）时，以"强酸，超出测量范围"或"强碱，超出测量范围"报出。

（5）总氮测定

水中的总氮是指氨氮、硝酸盐氮、亚硝酸盐氮、有机氮的总称。总氮是衡量水质的重要指标之一。

1）测定方法：《水质 总氮的测定 碱性过硫酸钾消解紫外分光光度法》（HJ 636—2012）、《水质 总氮的测定 气相分子吸收光谱法》（HJ/T 199—2005）等。其中《水质 总氮的测定 碱性过硫酸钾消解紫外分光光度法》（HJ 636—2012）适用于地表水、地下水、工业废水和生活污水中总氮的测定，此处主要介绍该方法的测定原理和数据处理。

2）测定原理：在120～124℃的碱性介质条件下，用过硫酸钾作氧化剂，不仅可将水样中的氨氮和亚硝酸盐氮氧化成硝酸盐，同时将水样中大部分有机氮化合物氧化为硝酸盐。用紫外分光光度计分别于波长220 nm和275 nm处测定其吸光度A_{220}和A_{275}，按式（4-6）计算校正吸光度A，从而计算总氮的含量。

$$A = A_{220} - 2A_{275} \tag{4-6}$$

式中：A——校正吸光度；

A_{220}——波长220 nm的吸光度；

A_{275}——波长275 nm的吸光度。

当样品量为10 mL时，方法的检出限为0.05 mg/L，测定范围为0.20～7.00 mg/L。原水样中总氮的含量超过7.00 mg/L时须稀释后测定。

3）数据处理：零浓度的校正吸光度 A_b、其他标准系列的校正吸光度 A_s 及其差值 A_r 详见式（4-7）、式（4-8）、式（4-9）。当总氮的测定结果 <1.00 mg/L 时，保留到小数点后 2 位；当总氮的测定结果 ≥1.00 mg/L 时，保留 3 位有效数字。

$$A_b = A_{b220} - 2A_{b275} \tag{4-7}$$

$$A_s = A_{s220} - 2A_{s275} \tag{4-8}$$

$$A_r = A_s - A_b \tag{4-9}$$

式中：A_b——零浓度（空白）溶液的校正吸光度；

A_{b220}——零浓度（空白）溶液于波长 220 nm 处的吸光度；

A_{b275}——零浓度（空白）溶液于波长 275 nm 处的吸光度；

A_s——标准溶液的校正吸光度；

A_{s220}——标准溶液于波长 220 nm 处的吸光度；

A_{s275}——标准溶液于波长 275 nm 处的吸光度；

A_r——标准溶液校正吸光度与零浓度（空白）溶液校正吸光度的差。

水样中总氮的质量浓度计算公式见式（4-10）。

$$\rho = \frac{(A_r - a) \times f}{b \times V} \tag{4-10}$$

式中：ρ——水样中总氮（以 N 计）的质量浓度，mg/L；

A_r——水样的校正吸光度与空白试验校正吸光度的差值，计算公式见式（4-7）、式（4-8）、式（4-9）；

a——校准曲线的截距；

b——校准曲线的斜率；

V——试样体积，mL；

f——稀释倍数。

（6）总磷测定

总磷包括溶解性磷、颗粒态磷、有机磷和无机磷。采集水样未经 0.45 μm 微孔滤膜过滤直接消解测定的是总磷。采集水样经 0.45 μm 微孔滤膜过滤，滤液直接测定得到可溶性正磷酸盐的含量，滤液经消解后测定得到可溶性总磷酸盐的含量。总磷是衡量水质的重要指标之一。

1）测定方法：《水质　总磷的测定　钼酸铵分光光度法》（GB 11893—89）、《水质　总磷的测定　流动注射-钼酸铵分光光度法》（HJ 671—2013）、《水质　磷酸盐和总磷的测定　连续流动-钼酸铵分光光度法》（HJ 670—2013）等。其中《水质　总磷的测定　钼酸铵分光光度法》（GB 11893—89）适用于地表水、污水、工业废水中总磷的测定，此处主要介绍该方法的测定原理和数据处理。

2）测定原理：在中性条件下，用过硫酸钾法将水样消解后，将含磷化合物转化成正磷酸盐。在酸性条件下，正磷酸盐与钼酸铵反应，在锑盐存在的条件下生成磷钼杂多酸，立即被抗坏血酸还原生成钼蓝（蓝色络合物），测定其吸光度。当取样体积为 25.00 mL 时，方法最低检出浓度为 0.01 mg/L，测定上限为 0.6 mg/L。在酸性条件下，砷、铬、硫干扰测定。

3）数据处理：总磷的测定结果保留 3 位有效数字。计算公式见式（4-11）。

$$\rho_P = \frac{A_s - A_b - a}{b \times V} \tag{4-11}$$

式中：ρ_P——水样中总磷的质量浓度，mg/L；

$\qquad A_s$——水样吸光度；

$\qquad A_b$——空白试验的吸光度；

$\qquad a$——标准曲线的截距；

$\qquad b$——标准曲线的斜率；

$\qquad V$——试样体积，mL。

（7）氨氮测定

水中的氨氮是指以游离氨（NH_3）或离子氨（NH_4^+）形式存在的氮，两者的组成比取决于水的 pH 和水温。当 pH 偏低时，离子氨的比例较高。当水温较低时，游离氨的比例较高。对于地面水，常要求测定游离氨。

1）测定方法：《水质　氨氮的测定　纳氏试剂分光光度法》（HJ 535—2009）、《水质　氨氮的测定　水杨酸分光光度法》（HJ 536—2009）、《水质　氨氮的测定　气相分子吸收光谱法》（HJ/T 195—2023）、《水质　氨氮的测定　蒸馏-中和滴定法》（HJ 537—2009）等。其中《水质　氨氮的测定　纳氏试剂分光光度法》（HJ 535—2009）适用于地表水、地下水、生活污水和工业废水中氨氮的测定，此处主要介绍该方法的测定原理和数据处理。

2）测定原理：碘化汞和碘化钾的碱性溶液与氨反应生成黄棕色胶态化合物，此颜色在较宽的波长范围内具强烈吸收。通常测量用波长在 410～425 nm 范围。

当水样体积为 50 mL、使用 20 mm 比色皿时，本方法的检出限为 0.025 mg/L，测定下限为 0.10 mg/L，测定上限为 2.0 mg/L（均以 N 计）。本方法具有操作简便、灵敏等特点，水中钙、镁和铁等金属离子、硫化物、醛和酮类、颜色，以及浑浊等均干扰测定，需作相应的预处理。

3）数据处理：氨氮的测定结果保留 2 位有效数字，当修约后结果为 0 时，保留 1 位有效数字。计算公式见式（4-12）。

$$\rho_N = \frac{A_s - A_b - a}{b \times V} \tag{4-12}$$

式中：ρ_N——水样中氨氮的质量浓度（以 N 计），mg/L；

$\qquad A_s$——水样的吸光度；

$\qquad A_b$——空白试验的吸光度；

$\qquad a$——校准曲线的截距；

$\qquad b$——校准曲线的斜率；

$\qquad V$——水样体积，mL。

4.2.1.2 周检指标

（1）粪大肠菌群的测定

粪大肠菌群又称耐热大肠菌群，是总大肠菌群中的一部分，主要来自粪便。44.5℃培养 24 h，能发酵乳糖产酸产气的需氧及兼性厌氧革兰氏阴性无芽孢杆菌。水体中的粪大肠菌群超标很容易使人体患痢疾等肠道疾病，引起呕吐、腹泻等症状，危害人体健康安全。因此，粪大肠菌群作为污水处理厂周检指标之一，其检测结果的准确性、及时性显得尤为重要。

1）测定方法：《水质　粪大肠菌群的测定　滤膜法》（HJ 347.1—2018）、《水质　粪大肠菌群的测定　多管发酵法》（HJ 347.2—2018）。其中《水质　粪大肠菌群的测定　多管发酵法》（HJ 347.2—2018）具有适用范围广、准确性高等特点，是我国目前普遍采用的水体粪大肠菌群指标检测方法，此处主要介绍该方法的测定原理和数据处理。

2）测定原理：将样品加入含乳糖蛋白胨培养基的试管中，37℃初发酵富集培养，大肠菌群在培养基中生长繁殖分解乳糖产酸产气，产生的酸使溴甲酚紫指示剂由紫色变为黄色，产生的气体进入管中，指示产气。44.5℃复发酵培养，培养基中的胆盐三号可抑制革兰氏阳性菌的生长，最后产气的细菌确定为粪大肠菌群。通过查最大可能数（MPN）表，得出粪大肠菌群浓度值。

MPN 又称稀释培养计数，是一种基于泊松分布的间接计数法。利用统计学原理，根据一定体积不同稀释度样品经培养后产生的目标微生物阳性数，查 MPN 表估算一定体积样品中目标微生物存在的数量（单位体积存在目标微生物的最大可能数）。

该方法的检出限：12 管法为 3MPN/L；15 管法为 20MPN/L。

3）数据处理：测定结果保留至整数位，最多保留两位有效数字，当测定结果 ≥ 100MPN/L 时，以科学计数法表示；当测定结果低于检出限时，12 管法以"未检出"或"＜3MPN/L"表示；15 管法以"未检出"或"＜20MPN/L"表示。粪大肠菌群检验记录及报告推荐格式参见《水质　粪大肠菌群的测定　多管发酵法》（HJ 347.2—2018）附录 B。

接种 12 份样品时，查《水质　粪大肠菌群的测定　多管发酵法》（HJ 347.2—2018）附录 A 中表 A.1 可得每升粪大肠菌群 MPN 值。

接种 15 份样品时，查《水质　粪大肠菌群的测定　多管发酵法》（HJ 347.2—2018）附录 A 中表 A.2 得到 MPN 值，再按照式（4-13）换算样品中粪大肠菌群数（MPN/L）：

$$C = \frac{MPN值 \times 100}{f} \qquad (4\text{-}13)$$

式中：C——样品中粪大肠菌群数，MPN/L；

　　　MPN 值——每 100 mL 样品中粪大肠菌群数，MPN/100 mL；

　　　100——10×10 mL，其中，10 将 MPN 值的单位 MPN/100 mL 转换为 MPN/L，

　　　　　　10 mL 为 MPN 表中最大接种量；

　　　f——实际样品最大接种量，mL。

（2）总硬度的测定

水总硬度是指水中钙离子和镁离子的总量，包括暂时硬度和永久硬度。水中 Ca^{2+}、Mg^{2+} 以酸式碳酸盐形式存在的部分，因其遇热即形成碳酸盐沉淀而被除去，称为暂时硬度；而以硫酸盐、硝酸盐和氯化物等形式存在部分，因其性质比较稳定，不能够通过加热的方式除去，故称为永久硬度。硬度是水质的一个重要监测指标。

1）测定方法：水总硬度的分析方法主要可分为化学分析法和仪器分析法。目前我国水总硬度的测定依据为《生活饮用水标准检验方法 第 4 部分：感官性状和物理指标》（GB/T 5750.4—2023）及《水质 钙和镁总量的测定 EDTA 滴定法》（GB/T 7477—1987）。此处主要介绍《生活饮用水标准检验方法 第 4 部分：感官性状和物理指标》（GB/T 5750.4—2023）中乙二胺四乙酸二钠（Na₂EDTA）滴定法的测定原理和数据处理。

2）测定原理：水样中的钙、镁离子与铬黑 T 指示剂形成紫红色螯合物，这些螯合物的不稳定常数大于乙二胺四乙酸钙和镁螯合物的不稳定常数。当 pH=10 时，乙二胺四乙酸二钠先与钙离子，再与镁离子形成螯合物，滴定至终点时，溶液呈现出铬黑 T 指示剂的纯蓝色。

此方法最低检测质量 0.05 mg，若取 50 mL 水样测定，则最低检测质量浓度为 1.0 mg/L。

3）数据处理：总硬度按式（4-14）计算。

$$\rho_{(CaCO_3)} = \frac{(V_1 - V_0) \times c \times 100.09}{V} \times 1\,000 \qquad (4-14)$$

式中：$\rho_{(CaCO_3)}$——总硬度（以 $CaCO_3$ 计），mg/L；

V_1——滴定中消耗 Na₂EDTA 标准溶液的体积，mL；

V_0——空白滴定所消耗 Na₂EDTA 标准溶液的体积，mL；

c——Na₂EDTA 标准溶液的浓度，mol/L；

100.09——与 1.00 mL Na₂EDTA 标准溶液 [c（Na₂EDTA）=1.000 mol/L] 相当的以毫克表示的总硬度（以 $CaCO_3$ 计），g/mol；

V——水样体积，mL。

（3）总碱度的测定

水体的总碱度是指水体中能与强酸发生中和作用的物质的总量，这类物质包括强碱、弱碱、强碱弱酸盐等。天然水中的碱度主要是由重碳酸盐、碳酸盐和氢氧化物引起的，其中重碳酸盐是水中碱度的主要形式。碱度指标常用于评价水体的缓冲能力及金属在其中的溶解性和毒性，是对水和废水处理过程控制的判断性指标。

1）测定方法：用标准酸滴定水中碱度是测定水样中碱度方法的基础。有两种常用的方法，即酸碱指示剂滴定法和电位滴定法。电位滴定法根据电位滴定曲线在终点时的突跃，确定特定 pH 下的碱度，它不受水样浊度、色度的影响，适用范围较广；用酸碱指示剂判断滴定终点的方法简便快速，适用于控制性试验及例行分析。根据《水和废水监测分析方法》（第四版增补版）第三篇第一章中的《水质碱度（总碱度、重碳酸盐和碳酸盐）的测定 酸碱指示剂滴定法》，此处只介绍使用酸碱指示剂滴定法测定水质中的总碱度。

2）测定原理：水样用标准酸溶液滴定至规定的 pH，其终点可由加入的酸碱指示剂在该 pH 时颜色的变化来判断。当滴定至酚酞指示剂由红色变为无色时，溶液的 pH 为 8.3，指示水中氢氧根离子（OH^-）已被中和，碳酸盐（CO_3^{2-}）均被转为重碳酸盐（HCO_3^-），当滴定至甲基橙指示剂由橘黄色变成橘红色时，溶液的 pH 为 4.4～4.5，指示水中的重碳酸盐（包括原有的和由碳酸盐转化成的）已被中和，根据上述两个终点到达时所消耗的盐酸标准滴定溶液量的总和，可以计算出水中的总碱度。

3）数据处理：为说明方便，令以酚酞作指示剂时滴定至颜色变化所消耗盐酸标准溶液的量为 P mL，以甲基橙作指示剂时盐酸标准溶液用量为 M mL，则盐酸标准溶液总消耗量为

$$T = P + M \tag{4-15}$$

水样中总碱度可按式（4-16）、式（4-17）计算：

$$总碱度（以CaO计，mg/L）= c \times T \times 28.04 \times 1000 / V \tag{4-16}$$

$$总碱度（以CaCO_3计，mg/L）= c \times T \times 50.05 \times 1000 / V \tag{4-17}$$

式中：c——盐酸标准溶液浓度，mol/L；

T——盐酸标准溶液总消耗量，mL；

V——水样的体积，mL；

28.04——氧化钙（$1/2CaO$）摩尔质量，g/mol；

50.05——碳酸钙（$1/2CaCO_3$）摩尔质量，g/mol。

（4）氯化物的测定

氯化物主要指 $NaCl$、$CaCl_2$、KCl 等溶解度较大的含氯化合物，在水中常以氯离子（Cl^-）形式存在。水中氯化物含量较高时，会对农业、工业生产、生活饮用水等产生一定影响。使用氯化物含量较高的水灌溉农田，会引起农作物生病、产量下降。在拌和混凝土时，水中含有过量的氯化物则易使钢筋锈蚀，降低构筑物的安全性、耐久性。生活饮用水中氯化物浓度超标时，会使人感到水有咸味、苦涩味，甚至导致头晕、腹泻等。综上所述，氯化物的监测对维持人类身体健康和工农业生产具有重要的意义。

1）测定方法：《水质　氯化物的测定　硝酸银滴定法》（GB 11896—89）、《水质　氯化物的测定　硝酸汞滴定法（试行）》（HJ/T 343—2007）、《水质　无机阴离子（F^-、Cl^-、NO_2^-、Br^-、NO_3^-、PO_4^{3-}、SO_3^{2-}、SO_4^{2-}）的测定　离子色谱法》（HJ 84—2016）、《水质　氯化物的测定　全自动电位滴定法》（DB61/T 1306—2019）。其中《水质　氯化物的测定　硝酸银滴定法》（GB 11896—89）适用于天然水、经过适当稀释的高矿化度水，以及经过预处理除去干扰物的生活污水或工业废水中氯化物的测定，此处主要介绍该方法测定原理和数据处理。

2）测定原理：将水样的 pH 调整至中性至弱碱性范围内（6.5～10.5），加入铬酸钾为指示剂。用硝酸银滴定氯离子时，银离子与水样中的氯离子、铬酸盐均能反应生成沉淀，因为铬酸银的溶解度大于氯化银的溶解度，氯离子首先以氯化银的形式沉淀出来。当氯离子沉淀完全后，才能生成砖红色的铬酸银沉淀，指示到达滴定终点。

此方法测定的氯化物浓度范围为 10～500 mg/L。高于此浓度的水样可经稀释后测定。

3）数据处理：氯离子浓度的计算见式（4-18）：

$$\rho = \frac{(V_2 - V_1) \times c \times 35.45 \times 1\,000}{V} \tag{4-18}$$

式中：ρ——氯离子质量浓度，mg/L；

V_1——蒸馏水消耗硝酸银标准溶液体积，mL；

V_2——水样消耗硝酸银标准溶液体积，mL；

V——水样的体积，mL；

c——硝酸银标准溶液浓度，mol/L；

35.45——氯离子摩尔质量，g/mol。

（5）硝酸盐氮测定

硝酸盐氮是含氮有机化合物经无机化作用最终阶段的分解产物，在各种形态的含氮化合物中最为稳定。亚硝酸盐可氧化为硝酸盐，硝酸盐在无氧条件下，也可被微生物还原为亚硝酸盐。它的主要来源有制革、酸洗污水，某些生化处理设施的出水及农田排水。人体摄入硝酸盐后，经肠道中微生物作用转变成亚硝酸盐而出现毒性作用。由此可见，污水处理厂将硝酸盐氮作为周检指标具有重要的意义。

1）测定方法：《水质 硝酸盐氮的测定 紫外分光光度法（试行）》（HJ/T 346—2007）、《水质 硝酸盐氮的测定 酚二磺酸分光光度法》（GB/T 7480—1987）、《水质 硝酸盐氮的测定 气相分子吸收光谱法》（HJ/T 198—2005）。其中《水质 硝酸盐氮的测定 酚二磺酸分光光度法》（GB/T 7480—1987）具有范围较宽、显色稳定、受温度影响小等优点，适用于饮用水、地下水和清洁地面水中硝酸盐氮的测定。在污水处理厂的日常检测中也最为常用，此处主要介绍该方法测定原理和数据处理。

2）测定原理：硝酸盐在无水情况下与酚二磺酸反应，生成硝基二磺酸酚，在碱性溶液中生成黄色化合物，于 410 nm 进行定量测定。

此方法最低检出浓度为 0.02 mg/L，测定上限为 2.0 mg/L。

3）数据处理：

①未经去除氯离子的水样，按式（4-19）计算：

$$C_N = \frac{m}{V} \times 1\,000 \tag{4-19}$$

式中：C_N——硝酸盐氮含量，mg/L；

m——从标准曲线上查得的硝酸盐氮量，mg；

V——分取水样体积，mL。

②经去除氯离子的水样，按式（4-20）计算：

$$C_N = \frac{m}{V} \times 1\,000 \times \frac{V_1 + V_2}{V_1} \tag{4-20}$$

式中：V_1——供去氯离子的试样取用量，mL；

    V_2——硫酸银溶液加入量，mL。

（6）亚硝酸盐氮测定

亚硝酸盐氮在水中不稳定，可氧化成硝酸盐氮，也可被还原成氨。亚硝酸盐氮作为污水处理厂周检指标之一，其检测结果的准确性、及时性显得尤为重要。

1）测定方法：《水质　亚硝酸盐氮的测定　分光光度法》（GB/T 7493—1987）、《水质　亚硝酸盐氮的测定　气相分子吸收光谱法》（HJ/T 197—2005）等。由于《水质　亚硝酸盐氮的测定　分光光度法》（GB/T 7493—1987）具有方法灵敏、选择性强的特点，在日常监测工作中最为常用，此处主要介绍该方法的测定原理和数据处理。

2）测定原理：在 pH 为 1.8±0.3 的酸性介质中，亚硝酸盐与对氨基苯磺酰胺反应，与重氮盐 N-（1-萘基)-乙二胺偶联生成红色染料，于 540 nm 处进行比色测定。适用于饮用水、地下水、地面水及废水中亚硝酸盐氮的测定。

此方法检出限为 0.003～0.20 mg/L。

3）数据处理：水样中亚硝酸盐氮的浓度计算见式（4-21）：

$$C = \frac{m}{V} \tag{4-21}$$

式中：C——水样中亚硝酸盐氮的浓度，mg/L；

    m——通过水样测得的校准吸光度，从校准曲线上查得相应的亚硝酸盐氮的含量，μg；

    V——所取水样的体积，mL。

（7）溶解性总固体的测定

溶解性总固体（total dissolved solid，TDS）又称总含盐量或总矿化度，是溶解在水中的无机盐和有机物的总称。其主要成分为钙离子、镁离子、钠离子、钾离子、碳酸离子、碳酸氢离子、氯离子、硫酸离子和硝酸离子。溶解性总固体的量与饮用水的味觉直接有关。

1）测定方法：测定溶解性总固体可采用《生活饮用水标准检验方法　第 4 部分：感官性状和物理指标》（GB/T 5750.4—2023），通过称重法测定水中的溶解性固体。

2）测定原理：本方法是取过滤后的一定量的水样，置于已知质量的蒸发皿中蒸干，在指定温度下烘干至恒重，所得固体残留物作为溶解性固体。包括不易挥发的可溶性盐类、有机物及能通过滤器的不溶性微粒等。

烘干温度一般采用（105±3）℃，但在 105℃下烘干不能彻底除去高矿化水样中盐类所含的结晶水。而采用（180±3）℃的烘干温度时结果较准确。若水样中含有多量氯化钙、硝酸钙、氯化镁、硝酸镁时，由于这些化合物具有强烈的吸湿性使称量不能恒定质量，可通过加入碳酸钠溶液而得到改进。

3）数据处理：水样中溶解性总固体的质量浓度的计算见式（4-22）：

$$C = \frac{m_1 - m_2}{V} \times 1\,000 \tag{4-22}$$

式中：C——水样中溶解性总固体的质量浓度，mg/L；

m_1——蒸发皿和溶解性总固体的质量，mg；

m_2——蒸发皿的质量，mg；

V——水样体积，mL。

4.2.2　泥质检测

4.2.2.1　污泥含水率的测定

污泥中所含水分的重量与污泥总重量之比的百分数称为污泥含水率。污泥中水的存在形式有空隙水、毛细水、表面吸附水和内部结合水。含水率的多少与污泥烘干、处理工艺、污泥状态及流动性能密切相关。通常含水率在 85% 以上时，污泥呈流态；含水率在 70%～75% 时，污泥呈柔软状态，不易流动；一般脱水只可将含水率降到 60%～65%，此时几乎成为固体，含水率低到 35%～40% 时，呈聚散状态；进一步低到 10%～15% 则呈粉末状。

《城镇污水处理厂污染物排放标准》（GB 18918—2002）明确规定城镇污水处理厂的污泥应进行污泥脱水处理，脱水后污泥含水率应小于 80%。因此在污泥生产工艺中，水分检测是必不可少的。

1）测定方法：有重量法、体积法和显微法，《城镇污泥标准检验方法》（CJ/T 221—2023）中规定了用重量法测定城镇污泥中的含水率，此处主要介绍重量法测定原理和数据处理。

2）测定原理：将均匀的污泥样品放在称至恒重的蒸发皿中于水浴上蒸干，放在 103～105℃烘箱内烘至恒重，减少的重量以百分率计，即污泥含水率。

3）测定步骤：将已恒重为 m_1 的蒸发皿放置于天平调零后，称取污泥样品约 20 g，准确衡量至 0.001 g，记为 m。

对于含水较高的污泥样品，应先将盛放样品的蒸发皿置于水浴锅上蒸干后，再放入 103～105℃烘箱中干燥 2 h。对于经脱水后的污泥样品，可直接放入 103～105℃烘箱中干燥 2 h，取出蒸发皿放入干燥器中冷却至室温后称至恒重，记为 m_2。

4）数据处理：污泥中的含水率 w 的数值以%表示，按式（4-23）计算。当计算结果不小于 10% 时，保留三位有效数字；当计算结果小于 10% 时，保留两位小数。

$$w = \frac{m - (m_2 - m_1)}{m} \times 100\% \qquad (4\text{-}23)$$

式中：m——称取污泥样品质量，g；

m_2——恒重后蒸发皿加恒重后污泥样品的质量，g；

m_1——恒重空蒸发皿的质量，g。

4.2.2.2　混合液污泥浓度（MLSS）的测定

1）测定方法：《城镇污泥标准检验方法》（CJ/T 221—2023）中规定了用重量法测定污水处理厂混合液污泥浓度。

2）测定原理：测定单位体积混合液内所含有的经过 0.45 μm 滤膜过滤后的活性污泥固

体物的总重量，即混合液污泥浓度。

3）测定步骤：用无齿扁嘴镊子夹取微孔滤膜放于瓷坩埚里，移入烘箱中，于 103～105℃温度下烘干 0.5 h 后取出，置于干燥器内冷却至室温后称重。反复烘干，直至恒重为 m_1。将已恒重的微孔滤膜正确地放在滤膜过滤器的滤膜托盘上，加盖配套的漏斗，并用镊子固定好，以蒸馏水湿润滤膜，并不断吸滤。

取好氧池末端活性污泥混合液，充分混合均匀，量取 50 mL 抽吸过滤，使水分全部通过滤膜，再以每次 10 mL 蒸馏水连续洗涤 3 次，停止吸滤后，仔细取出载有污泥样品的滤膜，放在与滤膜一起恒重好的瓷坩埚里，移入烘箱中，于 103～105℃温度下烘干 2 h 后，移入干燥器内，冷却至室温后称重。反复烘干，直至恒重为 m_2。滤膜上截留过多的悬浮物时，可酌情少取试样。滤膜上悬浮物过少时，可增大试样体积。

同一样品，平行测量 3 次，取平均值作为混合液污泥浓度（MLSS）的数值。

4）数据处理：混合液污泥浓度（MLSS）的数值以 mg/L 表示，按式（4-24）计算。计算结果保留三位有效数字。

$$\text{MLSS} = \frac{m_2 - m_1}{V} \times 10^6 \qquad (4\text{-}24)$$

式中：m_2——恒重后样品+滤膜+瓷坩埚的质量，g；

m_1——恒重后滤膜+瓷坩埚的质量，g；

V——试样体积，mL。

4.2.2.3 混合液挥发性悬浮固体浓度（MLVSS）的测定

1）测定方法：《城镇污泥标准检验方法》（CJ/T 221—2023）规定了用重量法测定污水处理厂混合液挥发性悬浮固体浓度。

2）测定原理：先测定样品的混合液污泥浓度，再将已测定过混合液污泥浓度的样品在（550±50）℃的高温下灼烧 1 h，冷却后称重，从减少的部分中扣除所使用的滤膜或滤纸的质量，可计算出混合液挥发性悬浮固体浓度。

3）测定步骤：将干净的瓷坩埚放入烘箱中，于 103～105℃温度下烘干 0.5 h 后取出，置于干燥器内冷却至室温后称重。反复烘干，直至恒重为 m_1。

干净的滤膜放于称至恒重的瓷坩埚中，移入烘箱，在 103～105℃温度下烘干 0.5 h 后取出，置于干燥器内冷却至室温后称重。反复烘干，直至恒重为 m_2。

量取充分混合均匀的混合液 50 mL，用烘至恒重的滤膜过滤，等水分全部通过滤膜后，以每次 10 mL 蒸馏水连续洗涤 3 次，再次等水分全部通过滤膜后，仔细取出载有污泥样品的滤膜，放在与滤膜一起恒重好的瓷坩埚里，移入烘箱中，于 103～105℃温度下烘干 2 h 后，移入干燥器内，冷却到室温后称重。反复烘干，直至恒重为 m_3。滤膜上截留过多的悬浮物时，可酌情少取试样。滤膜上悬浮物过少时，可增大试样体积。

将恒重后的样品、滤膜和瓷坩埚放入马弗炉中，加热至（550±50）℃灼烧约 1 h，灼烧时间可根据样品灼烧的完全程度延长或缩短。关掉电源，待炉内温度降至 200℃以下取出，放入干燥器中，冷却至室温，称重为 m_4。

同一样品，平行测量 3 次，取平均值作为混合液挥发性悬浮固体浓度（MLVSS）的数值。

4）数据处理：混合液挥发性悬浮固体浓度，以 mg/L 表示，按式（4-25）计算。计算结果保留三位有效数字。

$$\rho = \frac{m_3 - m_4 - (m_2 - m_1)}{V} \times 10^6 \quad (4\text{-}25)$$

式中：m_1——恒重后瓷坩埚的质量，g；

　　　m_2——恒重后滤膜+瓷坩埚的质量，g；

　　　m_3——恒重后样品+滤膜+瓷坩埚质量，g；

　　　m_4——灼烧后样品+瓷坩埚质量，g；

　　　V——试样体积，mL。

4.2.2.4　污泥沉降比的测定

污泥沉降比测定简单快速，故常用于评定活性污泥浓度及质量。

1）测定步骤：取好氧池出口处 1 000 mL 混合液于干净的量筒中，静置沉降 30 min 后，沉淀的污泥容积与原体积之比即污泥沉降比。

2）数据处理：污泥沉降比 SV_{30}，以%表示，按式（4-26）计算：

$$SV_{30} = \frac{V_{30}}{V} \times 100\% \quad (4\text{-}26)$$

式中：V_{30}——第 30 min 的污泥容积，mL；

　　　V——试样体积，mL。

4.2.2.5　污泥有机物含量和灰分的测定

干污泥经（550±50）℃灼烧后剩下的不挥发固体残渣称为污泥灰分，其值标示活性污泥无机成分总量。干污泥经（550±50）℃灼烧后的减量为污泥中有机物的量。

1）测定原理：将混合均匀的污泥样品，放在称至恒重的蒸发皿内，先将水分大的样品放置于水浴锅上蒸干，然后放进烘箱内烘至恒重，干燥样品直接放入烘箱烘至恒重，再将其放进马弗炉内灼烧。根据公式计算有机物含量和灰分。

2）测定步骤：用已恒重为 m_1 的蒸发皿在天平上称取约 10 g 的样品。将称有样品的蒸发皿放在水浴锅上蒸，待其中水分蒸发近干，将其移入烘箱内 103～105℃烘干 2 h，取出放入干燥器内，冷却至室温后称重，反复烘干，直至恒重为 m_2。烘干恒重应视为连续两次称重差值不大于 0.001 g。将烘干后的样品和蒸发皿放入马弗炉，在（550±50）℃高温下灼烧约 1 h，灼烧时间可根据样品燃烧的完全程度延长或缩短。关掉电源，待炉内温度降至 200℃左右时取出，放入干燥器，冷却至室温后称重为 m_3。

3）数据处理：污泥有机物含量 w_1，污泥中灰分 w_2，均以%表示，可分别按式（4-27）、式（4-28）计算。当计算结果不小于 10% 时，保留三位有效数字；当计算结果小于 10% 时，保留两位小数。

$$w_1 = \frac{m_2 - m_3}{m_2 - m_1} \times 100\% \tag{4-27}$$

$$w_2 = \frac{m_3 - m_1}{m_2 - m_1} \times 100\% \tag{4-28}$$

式中：m_1——恒重蒸发皿的质量，g；

  m_2——恒重蒸发皿+烘干后样品的质量，g；

  m_3——恒重蒸发皿+灼烧后样品的质量，g。

4.3 生产药剂质检

为提升水处理效果，提高处理效率以及保护水处理设备，在污水处理过程中常需要使用一些化学药剂，如絮凝剂、杀菌剂、缓蚀剂、消泡剂等。所有药剂在出厂前应由生产厂的质量监督检验部门按相关标准的规定进行检验，生产厂应保证所有出厂的产品都应符合标准要求。每批出厂的产品都应附有质量证明书，内容包括生产厂名、产品名称、类别、净质量、批号和生产日期、产品质量符合标准的证明和标准编号。使用单位有权按照标准的规定对所收到的产品进行验收，核实其质量是否符合标准的要求。

4.3.1 聚合氯化铝

4.3.1.1 基本性质

聚合氯化铝（PAC）简称聚铝，是介于 $AlCl_3$ 和 $Al(OH)_3$ 之间的一种水溶性无机高分子聚合物，化学通式为 $[Al_2(OH)_nCl_{6-n}]_m$，其中 m 代表聚合程度，n 表示 PAC 产品的中性程度。$n=1\sim5$ 为具有 Keggin 结构的高电荷聚合环链体，对水中胶体和颗粒物具有高度电中和及桥联作用，并可强力去除微有毒物及重金属离子，性状稳定。

PAC 有较强的架桥吸附性能，在水解过程中，伴随发生凝聚、吸附和沉淀等物理化学过程。聚合氯化铝絮凝沉淀速度快，适用 pH 范围宽，对管道设备无腐蚀性，净水效果明显，常作为絮凝剂和除磷药剂应用于污水处理中。

4.3.1.2 外观要求

液体：无色至黄色或黄褐色液体，无异味。固体：白色至黄色或黄褐色颗粒或粉末。

4.3.1.3 指标要求

聚合氯化铝质检指标要求应符合表 4-8。

表 4-8　聚合氯化铝质检指标要求

指标名称	指标	
	液体	固体
氧化铝（Al$_2$O$_3$）的质量分数/%	≥8.0	≥28.0
密度（20℃）/（g/cm^3）	≥1.12	—
盐基度/%	20.0～98.0	
不溶物的质量分数/%	≤0.4	
pH（10 g/L 水溶液）	3.5～5.0	
铁（Fe）的质量分数/%	≤1.5	
氨氮（以 N 计）的质量分数/%	≤0.05	
砷（As）的质量分数/%	≤0.000 5	
铅（Pb）的质量分数/%	≤0.002	
镉（Cd）的质量分数/%	≤0.000 5	
汞（Hg）的质量分数/%	≤0.000 05	
铬（Cr）的质量分数/%	≤0.005	

注：表中所列产品的不溶物、铁、氨氮、砷、铅、镉、汞、铬的指标均按 Al$_2$O$_3$ 质量分数为 10%计，当 Al$_2$O$_3$ 含量≠10%时，应将实际含量折算成 Al$_2$O$_3$ 为 10%产品比例，计算出相应的质量分数。实验检测方法参照《水处理剂　聚氯化铝》（GB/T 22627—2022）。

4.3.1.4　检验规则

1）采用《水处理剂　聚氯化铝》（GB/T 22627—2022），该标准规定的全部指标项目为型式检验项目，在正常生产情况下，每 3 个月至少进行一次型式检验。其中氧化铝、密度、盐基度、不溶物、pH、铁、氨氮指标项目应逐批检验。若需判定每批聚合氯化铝的混凝性能，需按该标准相关规定进行混凝沉淀试验。

2）每批产品液体应不超过 300 t，固体应不超过 100 t。

3）按以下要求进行采样、核验：

①按《化工产品采样总则》（GB/T 6678—2003）规定确定采样单元数。

②对于桶装液体产品，采样时应将采样器深入桶内，从上、中、下部位采样量不少于100 mL。将所采样品混匀，从中取出约 800 mL，分装于两个清洁、干燥的塑料瓶中，密封。

③对于贮罐装液体产品，采样时应用采样器从罐的上、中、下部位采样。每个部位采样量不少于 250 mL。将所采样品混匀，取出约 800 mL，分装于两个清洁、干燥的塑料瓶中，密封。

④对于袋装固体产品，采样时应将采样器垂直插入到袋深的 3/4 处采样，每袋所采样品不少于 100 g。将所采样品混匀，用四分法缩分至约 500 g，分装于两个清洁、干燥的塑料瓶中，密封。

⑤在密封的样品瓶上粘贴标签，注明：生产厂名、产品名称、批号、采样日期和采样

者姓名。一瓶供检验用，另一瓶备查，保存期为 3 个月。

4）检验结果按《数值修约规则与极限数值的表示和判定》（GB/T 8170—2008）规定的修约值比较法进行判定。检验结果中如果有一项不符合该标准要求，则应重新在两倍量的包装单元中采样进行核验，核验结果仍有一项指标不符合该标准要求，该批产品为不合格。

5）聚合氯化铝的外包装上应有涂刷牢固清晰的标志，内容包括生产厂名、产品名称、商标、类别、净质量、批号和生产日期、本标准编号以及《包装储运图示标志》（GB/T 191—2008）规定的"怕雨"标志。

4.3.2 三氯化铁

4.3.2.1 基本性质

氯化铁，化学式为 $FeCl_3$，熔点为 300℃，沸点为 316℃。其蒸汽在 400℃为三氯化铁的二聚物，750℃时为三氯化铁分子。吸湿性强，在空气中易潮解，可生成六水合物。溶于水，其水溶液呈酸性，具腐蚀性。溶于甲醇、乙醇、丙酮、乙醚、异丙醚、液体二氧化硫、三溴化磷、三氯氧磷、乙胺、苯胺，溶于二硫化碳，不溶于甘油、三氯化磷和氯化锡。为强氧化剂，与铜、锌等金属能发生氧化还原反应，与许多溶剂生成络合物。在高温时分解为 $FeCl_2$ 和 Cl_2。溶液为强酸，与碱剧烈反应。与钾、钠和其他活泼金属形成对振动和摩擦敏感的爆炸性物质。与烯丙基氯、烯丙醇、环氧乙烷接触发生反应。在潮湿的条件下可腐蚀金属。

氯化铁常用作水处理的除磷药剂和污泥脱水剂，具有效果好、价格便宜等优点，但同时也会导致水色泛黄。

4.3.2.2 外观要求

液体：红褐色溶液。固体：无水氯化铁应为褐色晶体，六水氯化铁应为黄褐色晶体。

4.3.2.3 指标要求

三氯化铁质检指标要求应符合表 4-9 的规定。

表 4-9 三氯化铁质检指标要求

项目	指标					
	I 类			II 类		
	液体	固体		液体	固体	
		无水	六水		无水	六水
铁（Fe^{3+}）的质量分数/%	≥14.0	≥33.0	≥20.0	≥13.0	≥32.0	≥19.2
亚铁（Fe^{2+}）的质量分数/%	≤0.10	≤0.15		≤0.10	≤0.15	
不溶物的质量分数/%	≤0.50	≤1.0		≤0.50	≤1.0	

项目	指标					
	I 类			II 类		
	液体	固体		液体	固体	
		无水	六水		无水	六水
游离酸（以 HCl 计）的质量分数/%	≤0.40	≤0.80		≤0.40	≤0.80	
密度（20℃）/（g/cm³）	≥1.4	—		≥1.4	—	
锌（Zn）的质量分数/%	≤0.000 5			≤0.05		
砷（As）的质量分数/%	≤0.000 2			≤0.000 8		
铅（Pb）的质量分数/%	≤0.000 5			≤0.003		
汞（Hg）的质量分数/%	≤0.000 01			≤0.000 08		
镉（Cd）的质量分数/%	≤0.000 1			≤0.001 6		
铬（Cr）的质量分数/%	≤0.000 8			≤0.008		

注：实验检测方法参照《水处理剂　氯化铁》（GB/T 4482—2018）。

4.3.2.4　检验规则

1）采用《水处理剂　氯化铁》（GB/T 4482—2018），该标准规定的全部指标项目为型式检验项目，在正常生产情况下，每 3 个月至少进行一次型式检验。其中铁（Fe^{3+}）含量、亚铁（Fe^{2+}）含量、不溶物含量、游离酸含量、密度指标项目应逐批检验。

2）水处理剂氯化铁每批产品不超过：固体 20 t，液体 60 t。

3）按以下规定进行采样、核验：

①按《化工产品采样总则》（GB/T 6678—2003）规定确定采样单元数。

②对桶装液体氯化铁产品采样时，应将的采样器深入桶内，从上、中、下部位采样量不少于 100 mL。将所采样品混匀，从中取出约 800 mL。

③对贮罐装运的液体氯化铁产品采样时，应用采样器从罐的上、中、下部位采样。每个部位采样量不少于 250 mL。将所采样品混匀，从中取出约 800 mL。

④对固体氯化铁产品采样时，应扒开表面约 5 cm 厚的试样，将采样器自包装单元的中心垂直插入至料层深度的 3/4 处采样。每次所采样品不得少于 100 g。将所采样品混匀，用四分法缩分至 500 g。该操作应迅速进行，避免吸潮。

⑤将采取的样品分装于两个干净、干燥、带磨口塞的试剂瓶中，密封。试剂瓶上粘贴标签，注明生产厂名称、产品名称、类别、批号、采样时间和采样者姓名。一瓶供检验用，另一瓶备查，保存期为 3 个月。

4）采用《数值修约规则与极限数值的表示和判定》（GB/T 8170—2008）规定的修约值比较法进行判定检验结果是否符合标准。检验结果如果中有一项不符合该标准要求，则应重新在两倍量的包装单元中采样进行核验，核验结果即使有一项指标不符合该标准要求，该批产品为不合格。

5）水处理剂氯化铁包装容器上应有牢固清晰的标志，内容包括生产厂名、产品名称、商标、类别、净质量、批号和生产日期、本标准编号以及《危险货物包装标志》（GB/T 190—2009）规定的"腐蚀性物质"标志。

4.3.3 乙酸钠

4.3.3.1 基本性质

乙酸钠，又称醋酸钠，是一种有机物，分子式为 CH_3COONa，分子量为82.03。乙酸钠常以水合物的形式存在。三水合物乙酸钠的化学式为 $CH_3COONa \cdot 3H_2O$，性状为白色结晶体，相对密度为1.45，熔点为58℃，在干燥空气中风化，在120℃时失去结晶水，温度再高时分解；无水乙酸钠为无色透明结晶体，熔点为324℃。

乙酸钠作为碳源具有反硝化响应速度快的优势，一般用于应急使用，但乙酸钠产泥量大，会增加污泥处理费用，且价格较高。

4.3.3.2 感官要求

固体：乙酸钠含量为58%～60%，无色或白色透明结晶。液体：乙酸钠含量≥20%、乙酸钠含量25%、乙酸钠含量30% 3种，清澈透明液体，无刺激性异味。

4.3.3.3 理化指标

因目前市场液体碳源使用更普及，此处主要介绍液体碳源乙酸钠质检要求。生化法处理废（污）水用碳源乙酸钠质检指标要求应符合表4-10的规定。

表 4-10 乙酸钠质检指标要求

项目	指标	
	Ⅰ 型	Ⅱ 型
乙酸钠（CH_3COONa）的质量分数/%	≥20.0	≥25.0
密度（20℃）/（g/cm^3）	≥1.10	≥1.12
化学需氧量（COD_{Cr}）/（mg/L）	≥1.56×10^5	≥1.95×10^5
COD 折算比	0.70～0.76	
pH	7.5～9.0	
总磷（以 P 计）的质量分数/%	≤0.000 5	
氨氮（以 N 计）的质量分数/%	≤0.001	
水不溶物的质量分数/%	≤0005	
氯化物（以 Cl 计）的质量分数/%	≤0.10	
砷（As）的质量分数/%	≤0.000 5	
汞（Hg）的质量分数/%	≤0.000 02	
铬（Cr）的质量分数/%	≤0.000 5	
镉（Cd）的质量分数/%	≤0.000 2	
铅（Pb）的质量分数/%	≤0.000 5	

注：COD 折算比指化学需氧量折算成乙酸钠的比值。实验检测方法参照《生化法处理废（污）水用碳源 乙酸钠》（HG/T 5959—2021）。

4.3.3.4 检验规则

1）采用《生化法处理废（污）水用碳源 乙酸钠》（HG/T 5959—2021），该标准规定的全部指标项目为型式检验项目，在正常生产情况下，每 6 个月至少进行一次型式检验。其中乙酸钠含量、密度、化学需氧量（COD_{Cr}）含量、COD 折算比、pH、总磷含量、氨氮含量、水不溶物含量、氯化物含量应逐批检验。

2）每批产品不超过 50 t。

3）按以下规定进行采样、核验：

①按《化工产品采样总则》（GB/T 6678—2003）的规定确定采样单元数。

②对桶装产品采样时，先充分搅匀，用采样器深入桶内 2/3 处采样，总量不少于 1 000 mL，分装于两个清洁、干燥的塑料瓶中，密封，贴上标签，注明生产厂名称、产品名称、类别、批号、采样时间和采样者姓名。一瓶供检验用，另一瓶备查，保存期为 3 个月。

③罐车装产品采样时，按《液体化工产品采样通则》（GB/T 6680—2003）的规定进行采样。

4）采用《数值修约规则与极限数值的表示和判定》（GB/T 8170—2008）规定的修约值比较法进行判定检验结果是否符合标准。检验结果如果中有一项不符合该标准要求，则应重新在两倍量的包装单元中采样进行核验，核验结果即使有一项指标不符合该标准要求，该批产品为不合格。

5）乙酸钠包装桶上应有牢固清晰的标志，内容包括生产厂名、产品名称、商标、类别、净质量、批号和生产日期、该标准编号以及《包装储运图示标志》（GB/T 191—2008）规定的"向上""怕雨"标志。

4.3.4 葡萄糖

4.3.4.1 基本性质

葡萄糖是有机化合物，分子式为 $C_6H_{12}O_6$，是自然界分布最广且最为重要的一种单糖，是一种多羟基醛。纯净的葡萄糖为无色晶体，有甜味但甜味不如蔗糖，易溶于水，微溶于乙醇，不溶于乙醚。天然葡萄糖水溶液旋光向右，故属于"右旋糖"。

葡萄糖作为碳源易被微生物吸收利用，但容易引起细菌的大量繁殖，导致污泥膨胀，使用导致污泥产量大，同时也会影响出水 COD_{Cr}。

4.3.4.2 感官要求

葡萄糖质检感官要求应符合表 4-11 的规定。

表 4-11 葡萄糖质检感官要求

项目	要求	
	一水葡萄糖	无水葡萄糖
状态	结晶性粉末或颗粒，无正常视力可见杂质	
色泽	白色	
气味	具有葡萄糖特有气味，无异常气味	

4.3.4.3 理化指标

葡萄糖质检指标要求应符合表 4-12 的规定。

表 4-12 葡萄糖质检指标要求

项 目	一水葡萄糖		无水葡萄糖	
	优级品	一级品	优级品	一级品
葡萄糖含量（以干基计，质量分数）/%	≥99.5	≥99	≥99.5	≥99
比旋光度/（°）	52.0～53.5			
水分/%	≤10		≤2	
pH	4.0～6.5			
氯化物/%	≤0.01			
硫酸灰分/%	≤0.25			

注：一水葡萄糖以一水计，实验检测方法参照《食用葡萄糖》（GB/T 20880—2018）。

4.3.4.4 检验规则

（1）组批

同原料、同配方、同工艺、同一生产线当天包装出厂（成入库的），质量均一、规格相同的产品为一批。

（2）抽样

整批产品中抽取样品时，应先从整批中抽取若干包装单位，然后在抽出的包装单位中抽取均匀试样。

整批产品中包装单位的抽取，抽取包装单位的数量，根据式（4-29）计算。

$$A = \sqrt{N/2} \tag{4-29}$$

式中：A——应抽取的包装单位数，袋；

N——批量的总包装单位数，袋。

计算结果取整数。

（3）均匀试样

均匀试样的抽取应用清洁、干燥的取样工具，每袋等量取样，取样总量应不少于 1 kg，将抽取的样品迅速混匀，然后平均分装于两个洁净、干燥的容器中，密封，注明产品名称、批号、取样时间、取样人姓名等，一份供检测用，另一份封存备查。

（4）出厂检验

产品出厂前，应由生产厂的质检部门按该标准规定逐批进行检验。检验合格后方可出厂。

出厂检验项目：感官要求、葡萄糖含量、比旋光度、水分、pH、氯化物。

（5）型式检验

检验项目为该标准要求中规定的全部项目。一般情况下，型式检验每半年进行一次。有下列情况之一的，也应进行型式检验：

1）原辅材料有较大变化时；

2）更改关键工艺或设备时；

3）新试制的产品或正常生产的产品停产 3 个月后，重新恢复生产时；

4）出厂检验结果与上次型式检验结果有较大差异时；

5）国家质量监督检验机构按有关规定需要抽检时。

（6）判定规则

抽取样品经检验，所检项目全部合格，判定该批产品为合格。

检验结果如有 1～2 项指标不合格，应重新自同批产品中抽取两倍量样品进行复检，以复检结果为准，若仍有一项不合格，判定该批产品为不合格。检验结果如有 3 项及以上指标不合格，判定该产品为不合格。

4.3.5　聚丙烯酰胺

4.3.5.1　基本性质

聚丙烯酰胺（PAM）是一种线型高分子聚合物，化学式为 $(C_3H_5NO)_n$。在常温下为坚硬的玻璃态固体，产品有胶液、胶乳和白色粉粒、半透明珠粒和薄片等。热稳定性良好。能以任意比例溶于水，水溶液为均匀透明的液体。

PAM 的分子量很大，它的酰胺基可与许多物质亲和、吸附而形成氢键。高相对分子质量聚丙烯酰胺在被吸附的粒子间形成桥联，生成絮团，有利于微粒下沉。

污水处理常用 PAM 按离子特性可分为非离子型、阴离子型和阳离子型 3 种类型。阴离子型和非离子型 PAM 主要用作饮用水、工业用水及废水、污水处理的絮凝剂和污泥脱水剂。阳离子型 PAM 主要用作工业用水、废水和污水处理及污泥脱水处理的絮凝剂。此处介绍阴离子型和非离子型 PAM 质检要求。

4.3.5.2　外观要求

阴离子型和非离子型聚丙烯酰胺固体产品为白色或微黄色颗粒或粉末；阴离子型和非离子型聚丙烯酰胺胶体产品为无色或微黄色胶状物。

4.3.5.3 理化指标

阴离子型和非离子型聚丙烯酰胺质检指标要求应符合表 4-13 的规定。

表 4-13 聚丙烯酰胺质检指标要求

项目	指标	
	一等品	合格品
固含量（固体）/%	≥90.0	≥88.0
丙烯酰胺单体含量（干基）/%	≤0.02	≤0.05
溶解时间（阴离子型）/min	≤60	≤90
溶解时间（非离子型）/min	≤90	≤120
筛余物（1.00 mm 筛网）/%	≤2	
筛余物（180 μm 筛网）/%	≥88	
水不溶物/%	≤0.3	≤1.0
氯化物含量/%	≤0.5	
硫酸盐含量/%	≤1.0	

注：实验检测方法参照《水处理剂　阴离子和非离子型聚丙烯酰胺》（GB/T 17514—2017）。

4.3.5.4 检验规则

1）采用《水处理剂　阴离子和非离子型聚丙烯酰胺》（GB/T 17514—2017），所规定的全部指标项目为出厂检验项目。

2）阴离子型和非离子型聚丙烯酰胺每批产品不超过 20 t。

3）按《化工产品采样总则》（GB/T 6678—2003）确定采样单元数。

4）固体产品采样时，用采样器垂直插入至料层深度 3/4 处采样。用四分法将所采样品缩分至不少于 200 g，分装入两个清洁、干燥的塑料瓶中，密封。瓶上粘贴标签，注明生产厂名、产品名称、批号、采样日期和采样者姓名。一瓶供检验用，另一瓶保存 3 个月备查。

5）胶体产品按《液体化工产品采样通则》（GB/T 6680—2003）的规定采样。

6）采用《数值修约规则与极限数值的表示和判定》（GB/T 8170—2008）规定的修约值比较法判定检验结果是否符合要求。检验结果中如有一项指标不符合该标准要求时，应重新自两倍量的包装单元中采样核验。核验结果仍有一项不符合该标准要求时，整批产品为不合格。

4.4 化验仪器设备维护

4.4.1 高压灭菌锅

1）电压要求稳定。

2）室温要求 17～25℃。

3）室内通风良好。

4）突然停电时，应将仪器电源关断。

5）压力表使用日久后，压力指示不正确或不能回至零位，应及时检修，平时应定期与标准压力表相对照，若不正常，应换新表。

6）平时应将设备保持清洁干燥，方可延长使用年限，橡胶密封圈使用日久会老化，应定期更换。

7）安全阀应定期检查其可靠性，如压力表指针已超过 0.165 MPa 时安全阀不起跳，则必须立即停止使用，更换合格的安全阀。否则安全阀不工作，无法泄压导致锅内压力超标，会造成压力容器爆裂事故。

8）每周清洁仪器表面。

4.4.2　分析天平

1）使用天平前，应先清洁天平箱内外的灰尘，检查天平的水平和零点是否合适，砝码是否齐全。

2）称量的质量不得超过天平的最大载荷。称量物应放在一定的容器（如称量瓶）内进行称量，具有吸湿性或腐蚀性的物质必须放在密闭的称量瓶中才能称量。

3）称量物的温度必须与天平箱内的温度相同，否则会造成上升或下降的气流，推动天平盘，使称得的质量不准确。

4）取放称量物或砝码不能用前门，只能用侧门，关闭天平门时应轻缓。拿称量瓶时应戴手套或用纸条捏取。

5）启闭升降枢钮须用左手，动作要缓慢平稳，取放称量物及砝码，一定要先关闭升降枢，将天平梁托起，以免损伤刀口。

6）称量时应适当地估计添加砝码，然后开启天平，按指针偏移方向，增减砝码，到投影屏中出现静止到 10 mg 内的读数为止。

7）全机械加码天平通过旋转指数盘增减砝码时，务必要轻缓，不要过快转动指数盘，致使圈砝码跳落或变位。半机械加码天平加 1 g 以上至 100 g 砝码时；微量天平加 100 mg 以上至 20 g 砝码时，一定要用专用镊子由砝码盒内根据需要值轻轻夹取使用。

8）物体及大砝码要放在天平盘的中央，小砝码应依顺序放在大砝码周围。

4.4.3　紫外可见分光光度计

1）若实验中需大幅改变测试波长，需稍等片刻，等灯热平衡后，重新校正"0"点和"100%"点。然后再测量。

2）指针式仪器在未接通电源时，电表的指针必须位于零刻度上。若不是这种情况，需进行机械调零。

3）比色皿使用完毕后，请立即用蒸馏水冲洗干净，并用干净柔软的纱布将水迹擦去，以防止表面光洁度被破坏，影响比色皿的透光率。

4）操作人员不应轻易动灯泡及反光镜灯，以免影响光效率。

5）一般的分光光度计，由于其光电接收装置为光电倍增管，它本身的特点是放大倍数大，因而可以用于检测微弱光电信号，而不能用来检测强光。否则容易产生信号漂移，灵敏度下降。针对其上述特点，在维修、使用此类仪器时应注意不让光电倍增管长时间暴露于光下，因此在预热时应打开比色皿盖或使用挡光杆，避免长时间照射使其性能漂移而导致工作不稳定。

6）放大器灵敏度换挡后，必须重新调零。

7）比色皿必须配套使用，否则将使测试结果失去意义。在进行每次测试前均应进行比较。具体方法如下：分别向被测的两只比色皿里注入同样的溶液，把仪器置于某一波长处。将某一入池的透射比值调至 100%，测量其他各池的透射比值，记录其示值之差及通光方向，如透射比之差在+0.5%的范围内则可以配套使用，若超出此范围应考虑其对测试结果的影响。

4.4.4 显微镜

1）必须熟练掌握并严格执行使用规程，按照严格的流程和说明书来操作显微镜。

2）取送显微镜时一定要一手握住弯臂，另一手托住底座。显微镜不能倾斜，以免目镜从镜筒上端滑出。取送显微镜时要轻拿轻放。

3）观察时，不能随便移动显微镜的位置。

4）凡是显微镜的光学部分，只能用特殊的擦镜头纸擦拭，不能乱用他物擦拭，更不能用手指触摸透镜，以免汗液沾污透镜。

5）保持显微镜的干燥、清洁，避免灰尘、水及化学试剂的沾污。

6）转换物镜镜头时，不要搬动物镜镜头，只能转动转换器。

7）切勿随意转动调焦手轮。使用微动调焦旋钮时，用力要轻，转动要慢，转不动时不要硬转。

8）不得任意拆卸显微镜上的零件，严禁随意拆卸物镜镜头，以免损伤转换器螺口，或螺口松动后使低/高倍物镜转换时不对焦。

9）使用高倍物镜时，勿用粗动调焦手轮调节焦距，以免移动距离过大，损伤物镜和玻片。

10）用毕送还前，必须检查物镜镜头上是否沾有水或试剂，如有则要擦拭干净，并且要把载物台擦拭干净，然后将显微镜放入箱内，并注意锁箱。

11）显微镜的保存最好在干燥、清洁的环境中，避免灰尘以及化学品沾污。

4.4.5 pH 计

（1）pH 计玻璃电极的贮存

pH 计短期内不用时，可充分浸泡在饱和氯化钾溶液中。但若长期不用，应将其干放，切忌用洗涤液或其他吸水性试剂清洗。

（2）pH 计玻璃电极的清洗

玻璃电极球泡受污染可能使电极响应时间加长。可用 CCl_4 或皂液揩去污物，然后浸入蒸馏水一昼夜后继续使用。污染严重时，可用 5%HF 溶液浸 10~20 min，立即用水冲洗干净，然后浸入 0.1 mol/L HCl 溶液一昼夜后继续使用。

（3）玻璃电极老化的处理

玻璃电极的老化与胶层结构渐进变化有关。旧电极响应迟缓，膜电阻高，斜率低。用氢氟酸浸蚀掉外层胶层，经常能改善电极性能。若能用此方法定期清除内外层胶层，则电极的寿命几乎是无限的。

（4）参比电极的贮存

银-氯化银电极最好的贮存液是饱和氯化钾溶液，高浓度氯化钾溶液可以防止氯化银在液接界处沉淀，并维持液接界处于工作状态。此方法也适用于复合电极的贮存。

4.4.6 便携式二氧化氯仪

1）保持检测仪器的干燥，严禁接触水珠，并避免直接接触腐蚀性液体。

2）严禁在高温环境中使用气体检测仪，高温使用仪器，很可能会永久性地损坏传感器。请参阅仪器的温度使用范围。

3）对于未做防尘处理的检测仪器，勿在粉尘密度过高的环境中使用仪器。

4）气体检测仪开机时都有预热时间，对于 120 s 的倒计时跳动，并非仪器问题，需耐心等待，勿敲打仪器。

5）经常检查检测仪进气孔是否有泄漏及堵塞现象，保持进气孔的畅通。

6）严禁使用二氧化氯检测仪检测未知浓度的环境，以免永久性损坏传感器。

7）检测仪器在不慎的情况下进水，勿开启仪器，拆开外壳，及时处理仪器上的水珠，并置于通风处 48 h，并退回生产厂商重新检验校准。

8）对于气体检测仪出现异常时，须及时与生产厂商技术人员沟通。勿私自拆装或维修检测仪。由于检测仪出厂前都经过标准气体标定。

4.4.7 便携式溶解氧仪和电导率仪

（1）溶解氧仪表的日常维护

主要包括定期对电极进行清洗、校验、再生。

1）1~2 周应清洗一次电极，如果膜片上有污染物，会引起测量误差。清洗时应小心，注意不要损坏膜片。将溶解氧仪电极放入清水中涮洗，如污物不能洗去，用软布或棉布小心擦洗。

2）2~3 个月应重新校验一次零点和量程。

3）电极的再生大约 1 年进行一次。当测量范围调整不过来时，就需要对溶解氧测定仪电极再生。溶解氧测定仪电极再生包括更换内部电解液、更换膜片、清洗银电极。如果银电极有氧化现象，可用细砂纸抛光。

4）在使用中如发现电极泄漏，就必须更换电解液。

（2）电导率仪日常维护和保养

1）仪器必须有良好的接地。

2）在测量高纯水时应避免污染，最好采用密封、流动的测量方式。

3）因温度补偿系采用固定的 2%的温度系数补偿的，故对高纯水测量尽量采用不补偿方式进行测量，测量后查表。

4）为确保测量精度，电极使用前应用小于 0.5 S/cm 的蒸馏水（或去离子水）冲洗 2 次，然后用被测试样冲洗 3 次方可测量。

5）电极插头座绝对防止受潮，以避免不必要的测量误差。

6）电极应定期进行常数标定。

4.4.8 消解设备

（1）石墨消解仪维护和保养

1）石墨消解仪主机定期对仪器的电源线及其所接电源（如插排、墙插等）进行检查，如有损坏、老化应及时更换。

2）使用设备后应及时断电处理，并进行清洁。

3）消解或加热后不再用到消解管时应及时清理，并可以留待下次实验再次使用，以节省成本。

4）定期对石墨消解仪进行检测，如发现不能正常使用应及时与厂家联系。

（2）微波消解仪维护和保养

1）在使用之前，要先检查微波消解仪的转盘、炉腔是否清洁干燥，如果不是请马上进行清洁并做干燥处理。

2）检查温度传感器是否清洁干燥，温度指示是否显示正常的室温。

3）每次使用完微波消解仪，应当使用干净、干燥的纱布将微波消解仪的炉腔擦拭干净，避免实验过程产生的气雾留在炉腔内表面腐蚀腔体，炉腔的涂层应避免磕碰、划伤，擦拭时使用脱脂棉纱为佳。

4）在实验过程中，消解罐的外罐和锁紧盖会承受很大的压力，在每次实验前都应仔细检查表面，如发现外罐有裂纹、沾染污渍等，应及时更换、清洁，确保实验安全。

5）消解罐的内罐容易划伤，请小心使用。建议：做不同类型的样品时应分别用不同的微波消解罐，减少潜在的样品交叉感染。内表面不断地与强酸接触微波消解罐有可能变色，应注意及时清洗。内罐不宜用坚硬的毛刷清洗，可以使用去污粉进行浸泡，再用超声波进行清洗，然后进行干燥。

6）消解罐使用前后勤观察，如有裂痕或其他疵病，一定及时更换；TFM 内罐可常用 5%的稀硝酸浸泡，减少残留吸附。如能按常用酸的种类将罐分开使用，可以减少交叉污染。

7）每次实验结束后，应当及时认真清洗微波炉腔和消解罐。

4.4.9 高温电炉（马弗炉）

1）使用或长期停用后再次使用时，应先进行烘炉，炉子温度在 200～600℃，时间为 4 h。

2）该设备在使用时，必须有良好的接地线。

3）每周至少一次对设备及其附件外围卫生进行清扫。

4）每次开机前，检查设备状态是否完好。

5）每月清理炉内氧化物及其杂质。

6）每月检查热电偶接线及热电偶情况。

7）定期检查电炉炉丝与接线螺栓的接触情况。

4.4.10 电热干燥箱（烘箱）

1）打扫表面及鼓风干燥箱工作室灰尘，保持干燥箱干净、卫生。

2）定期检查电热鼓风干燥箱风机运转是否正常，有无异常声音，如有立即关闭机器检查。

3）定期检查电热鼓风干燥箱通风口是否堵塞，并定时清理积尘。

4）定期检查电热鼓风干燥箱温控器是否准确，如不准确，请调整温控器的静态补偿或传感器修正值。

5）定期检查电热鼓风干燥箱发热管有无损坏，线路有无老化。

6）突然停电，要把电热鼓风干燥箱的电源开关和加热开关关闭，防止来电时自动启动。

4.4.11 电热恒温培养箱

1）培养箱内外应经常保持清洁，长期不用应盖好塑料防尘罩，放在干燥室内。

2）要做好培养箱的日常维护保养工作，使用、维护应由专职人员进行，保养时必须先切断电源，保证安全。

3）培养箱外壳必须有效接地，使用完毕后，应将电源关闭，以保证使用安全。

4）培养箱应放置在具有良好通风条件的室内，在其周围不可放置易燃易爆物品，培养箱内物品放置切勿过挤，必须留出空间。

4.4.12 电热恒温水浴锅

1）水箱应放在固定的平台上，仪器所接电源电压应为 220 V，电源插座应采用三孔插座，并必须安装地线。

2）加水之前切勿接通电源，而且在使用过程中，水位必须高于隔板，切勿无水或水位低于隔板加热，否则会损坏加热管。

3）注水时不可将水流入控制箱内，以防发生触电，使用后箱内水应及时放净，并擦拭干净，保持清洁以利于延长使用寿命。

4）最好用纯净水，以避免产生水垢。

4.5　化验数据处理与质量控制

4.5.1　化验数据处理

4.5.1.1　有效数字

在分析测试工作中实际能测量得到的数字，我们称为有效数字。从一个数的左边第一个非零数字开始，到该数右边最后一个数字为止，所有数字的总数称为该数的有效位数。

在化验分析工作中，不仅要准确地进行测量，还应当正确地进行记录和计算，当记录及表达数据结果时，不仅要反映测量值的大小，还要反映测量值的准确程度。通常我们用有效数字来体现测量值的可信程度。

4.5.1.2　有效数字的使用

（1）非零数字都是有效数字

例：3.141 59 有 6 个有效数字位数。

（2）第一个非零数字前的 0 不是有效数字，非零数字以及之后的所有数字（包括 0）都是有效数字。

例：0.002 68 有 3 个有效数字位数，0.200 68 有 5 个有效位数，0.268 00 有 5 个有效数字位数。

（3）当计算的数值为 lg 或者 pH 等对数时，由于小数点以前的部分只表示数量级，故有效数字位数仅由小数点后的数字决定。

例：$\lg x=9.04$ 为两位有效数字（0、4），pH=10.28 为两位有效数字（2、8）。

4.5.1.3　有效数字的修约

（1）确定修约间隔

1）指定修约间隔为 10^{-n}（n 为正整数），或指明将数值修约到 n 位小数；

2）指定修约间隔为 1，或指明将数值修约到"个"数位；

3）指定修约间隔为 10^{n}（n 为正整数），或指明将数值修约到 10^{n} 数位，或指明将数值修约到"十""百""千"……数位。

（2）进舍规则（四舍六入五留双）

1）拟舍弃数字的最后一位数字小于 5，则舍去，保留其余各位数字不变。例：将 11.149 6 修约到个数位，得 11；将 11.149 6 修约到一位小数，得 11.1。

2）拟舍弃数字的最后一位数字大于 5，则进一，即保留数字的末位数字加 1。例：将

1 169 修约到"百"数位，得 $12×10^2$（特定场合可写为 1 200）。

3）拟舍弃数字的最后一位数字是 5，且其后有非 0 数字时进一，即保留数字的末位数字加 1。例：将 10.500 2 修约到个数位，得 11。

4）拟舍弃数字的最后一位数字为 5，且其后无数字或皆为 0 时，若所保留的末位数字为奇数（1，3，5，7，9）则进一，即保留数字的末位数字加 1；若所保留的末位数字为偶数（0，2，4，6，8），则舍去。

例 1：将下列数据修约为四位有效数字：

拟修约数值	修约值
2.437 4	2.437
2.437 6	2.438
2.436 5	2.436
2.437 5	2.438
2.438 5	2.438
2.436 51	2.437

例 2：修约间隔为 0.1（或 10^{-1}）

拟修约数值	修约值
1.050	$10×10^{-1}$（特定场合可写为 1.0）
0.35	$4×10^{-1}$（特定场合可写为 0.4）

例 3：修约间隔为 1 000（或 10^3）

拟修约数值	修约值
2 500	$2×10^3$（特定场合可写为 2 000）
3 500	$4×10^3$（特定场合可写为 4 000）

5）负数修约时，先将它的绝对值进行修约，然后在所得值前面加上负号。例：将下列数字修约到"十"数位：

拟修约数值	修约值
−355	−36×10（特定场合可写为−360）
−325	−32×10（特定场合可写为−320）

（3）不允许连续修约

拟修约数字应在确定修约间隔或指定修约数位后一次修约获得结果，不得多次连续修约。

例 1：修约 97.46，修约间隔为 1。

正确的做法：97.46→97；

不正确的做法：97.46→97.5→98。

例 2：修约 15.454 6，修约间隔为 1。

正确的做法：15.454 6→15；

不正确的做法：15.454 6→15.455→15.46→15.5→16。

4.5.1.4 有效数字的运算

（1）加法和减法

近似值相加减时，其和或差的有效数字位数，与各近似值中小数点后位数最少者相同。运算过程中，可以多保留一位小数，计算结果按数值修约规则处理。例：

39.54+0.074+2.037 5→39.54+0.074+2.038→41.652→41.65

（2）乘法和除法

近似值相乘除时，所得积与商的有效数字位数，与各近似值中有效数字位数最少者相同。

运算过程中，可先将各近似值修约至比有效数字位数最少者多保留一位，最后将计算结果按数值修约规则处理。例：0.024 3×7.105×70.06/164.2=0.073 666 04，最后计算结果应保留三位有效数字：0.073 7。

（3）乘方和开方

近似值乘方或开方时，计算结果的有效数字位数与原近似值有效数字位数相同。例：2.22^2=4.928 4，最后计算结果应保留 3 位有效数字：4.93。

（4）对数和反对数

在近似值的对数计算中，结果的小数点后的位数（不包括首数）应与原数的有效数字位数相同。例：H^+ 浓度为 $7.00×10^{-2}$ mol/L 的 pH 计算。pH = $-lg[H^+]$ = $-lg[7.00×10^{-2}]$ = 1.154 901……（真数 $7.00×10^{-2}$ 是 3 位有效数字），最后计算结果是求对数，小数点后的位数应保留 3 位有效数字：1.155。

（5）平均值

求 4 个或 4 个以上准确度接近的数值的平均值时，其有效位数可增加一位。例：（2.20+2.22+2.23+2.24）÷4=2.222 5，最后计算结果应保留 4 位有效数字：2.222。

4.5.2 分析质量控制

检测数据是客观反映污水处理厂污水治理效果、保证污水处理设施正常运行的技术依据，污水处理厂通过实施质量管理来保证检测数据的准确、可靠。

质量管理是指在检测的全过程中为保证检测数据和信息的代表性、准确性、精密性、可比性和完整性所实施的全部活动和措施，包括采样分析前质量策划及质量保证，采样分析过程中质量控制、采样分析后质量改进和质量监督等内容。

4.5.2.1 质量策划及质量保证

（1）质量管理体系要求

污水处理厂应将检测全过程（点位布设、样品采集、现场测试、样品运输和保存、样品制备、分析测试、数据传输、记录、报告编制和档案管理等）及覆盖检测活动所涉及的全部场所纳入企业质量管理体系，通过质量管理体系文件（质量手册、程序文件、记录表和作业指导书），确保质量管理工作程序化、文件化、制度化、规范化，并保证质量管理工作有效运行。

污水处理厂制定质量管理计划，通过日常质量监督、内部审核、管理评审、质量控制活动和人员培训等活动，通过实施纠正措施和预防措施等持续改进质量体系，确保质量管理目标的实现。

（2）采样分析技术人员要求

污水处理厂采样分析技术人员需掌握与所处岗位相适应的环境保护基础知识、法律法规、评价标准、监测标准或技术规范、质量控制要求，以及有关化学、生物、辐射等安全防护知识，确保检测结果的准确性、可靠性。

采样分析技术人员工作前应经过必要的培训，并通过理论考试、现场操作技能考核、实样测试及盲样测试等考核后确认具备采样、分析岗位基本素质和技能后方可上岗。未经能力确认的人员应在已获能力确认人员的指导和监督下开展工作。

（3）采样分析仪器与设备要求

1）采样分析仪器设备配备要求

污水处理厂需配备仪器、设备以满足现场监测和采样、样品保存运输和制备、实验室分析及数据处理等工作需要。设备包括监测所必需并影响结果的仪器、软件、测量标准、标准物质、参考数据、试剂、消耗品、辅助设备或者相应组合。

2）采样分析仪器设备管理要求

污水处理厂须建立仪器设备档案，并实行动态管理。所有仪器设备都应唯一性标识。现场测试和采样设备实施出入库管理并有相应记录，使用前后按照监测标准规范对其关键性能进行校验和核查，并进行记录。

3）采样分析仪器设备量值溯源

对检测结果的准确性或有效性有影响的仪器设备（含辅助设备），制定量值溯源计划并定期实施，仪器设备在有效期内使用。

量值溯源方式包括检定和校准：属于国家强制检定的仪器与设备，应依法送检，并在检定合格有效期内使用；属于非强制检定的仪器与设备，应按照相关校准规程自行校准或核查，或送有资质的计量检定机构进行校准，校准合格并在有效期内使用。仪器设备经校准后给出一组修正信息时，应确保其得到正确应用。所有经过检定、校准或有有效期的设备应使用绿色（合格）、黄色（准用）、红色（停用）的"三色"标签标识其状态，以便使用人员易于识别检定、校准的状态或有效期。对监测结果的准确性或有效性有影响的仪器设备，在使用前、维修后恢复使用前、脱离实验室直接控制返回后，均应进行校准或核查。

4）监测仪器设备期间核查

不太稳定、使用频率高、使用条件恶劣、容易产生漂移，因出现过载可能造成损坏的、能力验证结果有问题的、对监测数据有疑问的、单纯校准不能保证在有效期内正确可靠的仪器设备，应进行期间核查，如流速仪、分光光度计、pH 计、溶解氧测定仪、标准物质等。仪器设备期间核查是在两次检定或校准期间进行的，核查设备的检定或校准状态的稳定性。其间核查方式包括仪器比对、方法比对、标准物质验证（包括加标回收）、单点自校、用稳定性好的样品重复核查等进行。若通过核查标准来实现时，核查标准的量程、准确度等级应接近被测对象，但稳定性更高。

（4）工作场所及环境条件要求

分析实验室的基础条件将影响监测结果的代表性、准确性、精密性。分析实验室的基础条件包括实验室环境（清洁、安全）、实验用水、实验室器皿、化学试剂、试剂和标准溶液及仪器设备。实验室环境和基本设施应当满足监测方法、仪器设备正常运转、样品制备和贮存、信息传输与数据处理、技术档案贮存、保障人员安全健康及环境保护等要求。当使用的监测方法标准或技术规范对环境条件有要求或环境条件影响环境监测结果时，应监测、控制和记录环境条件，确保其满足环境监测工作的要求，如分析天平应设置专室，做到避光、防震、防尘、防腐蚀性气体，避免对流空气，天平室内记录室温及湿度。在五日生化需氧量分析期间，培养箱内温度控制在 20℃±1℃，定时测量，并对监测期间温度进行记录。

相互干扰的项目不在同一实验室内操作。设置专门的样品存放区域、采样仪器设备存放区域、现场监测仪器设备存放区域，并实施分类管理。

（5）监测方法的选择与使用

监测方法（包括采样方法）应优先选用质量标准或排放（控制）标准中规定的标准分析方法；若适用性满足要求，其他国家标准、行业标准分析方法也可选用。这些方法在首次使用前需进行方法验证或确认，选用分析方法的测定下限应低于《城镇污水处理厂污染物排放标准》（GB 18918—2002）中污染物排放限值。

4.5.2.2 质量控制

质量控制是指为了达到质量要求所采取的所有技术方法。污水处理厂水质分析质量控制贯穿采样、分析全过程，分采样质量控制和实验室质量控制两部分进行描述。采样分析各环节原始数据及报告均实行三级审核制度。水质监测实验室质量控制指标（建议）见表 4-14。

表 4-14　水质监测实验室质量控制指标（建议）

项目	样品含量范围/（mg/L）	精密度/%		准确度/%			适用的监测分析方法
		实验室内相对偏差	实验室间相对偏差	加标回收率	实验室内相对误差	实验室间相对误差	
氨氮	0.02~0.1	≤20	≤25	90~110	≤±10	≤±15	纳氏试剂分光光度法
	0.1~1.0	≤15	≤20	95~105	≤±5	≤±10	
亚硝酸盐氮	<0.05	≤20	≤25	85~115	≤±15	≤±20	N-（1-萘基）-乙二胺分光光度法
	0.05~0.2	≤15	≤20	85~105	≤±5	≤±10	
硝酸盐氮	<0.5	≤20	≤30	85~115	≤±15	≤±20	酚二磺酸分光光度法
	0.5~4	≤20	≤25	90~110	≤±10	≤±15	

项目	样品含量范围/（mg/L）	精密度/%		准确度/%			适用的监测分析方法
		实验室内相对偏差	实验室间相对偏差	加标回收率	实验室内相对误差	实验室间相对误差	
总氮	0.025～1.0	≤10	≤15	90～110	≤±10	≤±15	过硫酸钾氧化-紫外分光光度法
	>1.0	≤5	≤10	95～115	≤±5	≤±10	
总磷	<0.025	≤25	≤30	85～115	≤±15	≤±10	钼酸铵分光光度法
	0.025～0.6	≤10	≤15	90～110	≤±10	≤±15	
溶解氧	<4.0	≤10	≤15	—	—	—	碘量法、膜电极法、便携式溶解氧法
	>4.0	≤5	≤10	—	—	—	
化学需氧量	5～50	≤20	≤25	—	≤±15	≤±20	重铬酸钾法
	50～100	≤15	≤20	—	≤±10	≤±15	
	>100	≤10	≤15	—	≤±5	≤±10	
五日生化需氧量	<3	≤25	≤25	—	≤±25	≤±30	稀释法（20℃±1℃）
	3～100	≤20	≤20	—	≤±20	≤±25	
	>100	≤15	≤15	—	≤±10	≤±15	

（1）采样质量控制措施

采样过程主要由样品采集、样品运输、样品交接、样品保存等环节构成，其中每一个过程有不同的质量控制内容，主要有：

1）制订采样计划

采样前需制定常规采样计划或临时采样计划。采样计划一般包括采样点位、采样周期、采样频次、监测项目，必要时增加样品采集方法和要求、采样及分析方法和依据、采样人员和分工、采样器材以及安全保障等。

2）采样点位布设

根据监测任务的目的和要求，按国家生态环境标准（原国家环境保护标准）、国家标准和其他行业标准、相关技术规范和规定设置采样点，以保证监测信息的代表性和完整性。采集的样品的时空分布应能反映主要污染物的浓度水平、波动范围和变化规律。重要的采样点位应设置专用标志。

3）样品采集

根据采样计划所确定的采样点位、污染物项目、频次、时间和方法进行采样。采样人员应充分了解监测任务的目的和要求，了解监测点位的周边情况，掌握采样方法、监测项目、采样质量保证措施、样品的保存技术和采样量等，做好采样前的准备。采集样品时，应满足相应的规范要求，并对采样准备工作和采样过程实行必要的质量监督。必要时，可使用定位仪或照相机等辅助设备证实采样点位置。

4）样品管理

①样品运输与交接：样品运输过程中应采取措施保证样品性质稳定，避免沾污、损失和丢失。样品接收、核查和发放各环节应受控；样品交接记录、样品标签及其包装应完整。若发现样品有异常或处于损坏状态，应如实记录，并尽快采取相关处理措施，必要时重新采样。

②样品保存样品应分区存放，并有明显标志，以免混淆。样品保存条件应符合相关标

准或技术规范要求。具体要求如下：

A. 基本要求：按选用的标准分析方法要求采集质量控制样品。水环境质量监测采样器具和污染源监测采样器具应分架存放，不得混用。采样前对清洗干净的采样器具进行空白本底抽检，每个采样批次每种器具至少抽取 3%，检测结果应低于方法检出限或方法规定的限值。对监测质量有影响的试剂耗材使用前应进行抽检，被测目标物检测结果应低于方法检出限或方法规定的限值。

B. 全程序空白样品采集：全程序空白样品是将实验用水置于容器，运至采样现场代替实际样品装入样品瓶，按与实际样品一致的保存、运输、分析步骤等进行测定。按分析方法中的要求采集全程序空白样品，空白测定值应满足标准分析方法规定的要求，一般应低于方法检出限。如分析方法中未明确，每批次水样均应采集全程序空白样品，与水样一起送实验室分析，以判断分析结果的准确性，确认采样、保存、运输、前处理和分析全过程中是否存在污染和干扰。

C. 现场平行样品采集：现场平行样是在同一个采样点，采用等体积轮流分装方式或使用分样工具同时分装方式采集现场平行样品，同步进行水样前处理、水样分装、保存剂添加、冷藏和冷冻储存等操作步骤。现场平行样品中的一份交付实验室分析，另一份以明码或密码方式交付实验室分析。

现场平行对均匀样品，凡可做平行双样的监测项目（除现场监测项目、悬浮物、石油类、动植物油、微生物等）应采集现场平行样品，按照每批次水样应采集不少于10%的平行样（自动采样除外），样品数量较少时，至少做 1 份样品的平行样的要求采集。参考标准分析方法中平行样相对偏差的判定要求，若现场平行样品测定结果差异较大，应查找原因，必要时重新采样。

（2）实验室分析质量控制

实验室分析质量控制一般分为内部质量控制和外部质量控制两类。

1）内部质量控制

实验室内部质量控制是实验室自我控制质量的常规程序，分析人员除了执行相应监测方法中的质量保证与质量控制规定，还可以采取以下内部质量控制措施：

①实验室空白样品分析：是指将实验用水代替实际样品，按照与实际样品一致的分析步骤进行测定。每批次水样分析时，空白样品对被测项目有响应的，至少做 2 个实验室空白，测定结果应满足分析方法中的要求，一般应低于方法检出限。对出现空白值明显偏高时，应仔细检查原因，以消除空白值偏高的因素。

②校准曲线：校准曲线是用于描述待测物质的浓度或含量与相应的测量仪器的响应量或其他指示量之间定量关系的曲线。校准曲线包括工作曲线（绘制校准曲线的标准溶液的分析步骤与样品分析步骤完全相同）和标准曲线（不经水样预处理，用标准溶液直接测定）。用线性回归方程计算出校准曲线的斜率、截距及相关系数等需满足标准方法的要求，一般要求相关系数 $|r| \geqslant 0.999$。校准曲线需定期核查，不得长期使用，不同实验人员、实验仪器之间不得相互借用。

③精密度检验：精密度是指使用特定的分析程序，在受控条件下重复分析测定均一样品所获得的测定值之间的一致性程度。一般采用分析平行双样相对偏差、测量值的标准偏差或相对标准偏差等来控制精密度。监测项目的精密度控制指标按照分析方法中的要求确定。

平行双样可采用密码或明码编入。测定的平行双样相对偏差符合规定质量控制指标，最终结果以双样测试结果的算术平均值报出；平行双样测定值均低于测定下限的，不做相对偏差的计算要求。相对偏差计算见式（4-30），算术平均值见式（4-31）。

$$相对偏差（\%）= \frac{x_i - \bar{x}}{\bar{x}} \times 100\% \tag{4-30}$$

$$\bar{x} = \frac{x_1 + x_2 + \cdots + x_n}{n} \tag{4-31}$$

式中：x_i——样品某一测量值；

$\bar{x}$——样品 n 次测量平均值。

④准确度检验：准确度是指测量值与假定或公认的真实值的接近程度，其决定了分析结果的可靠性。控制监测项目准确度的方法有分析标准样品、自配标准溶液或实验室内加标回收等。

A. 标准样品/有证标准物质测定：采用标准样品/有证标准物质作为控制手段，每批样品带一个与绘制标准曲线的标准溶液来源不同的已知浓度的质控样品，与样品同步测定。如果实验室自行配制质控样，要注意与标准样品有证标准物质比对，不得使用与绘制校准曲线相同的标准溶液，须另行配制。

B. 加标回收：加标回收试验包括基体加标及基体加标平行等。每批相同基体类型的样品应随机抽取一定比例的样品进行加标回收及其平行样测定。

基体加标及基体加标平行是在样品前处理之前加标，加标样品与样品在相同的前处理和测定条件下进行分析。加标量一般为样品含量的 0.5～3 倍，但加标后的总浓度应不超过校准曲线的线性范围。样品中待测浓度在方法检出限附近时，加标量应控制在校准曲线的低浓度范围。加标后样品体积应无显著变化，否则应在计算回收率时考虑该项因素。加标回收率计算见式（4-32）。

$$加标回收率（\%）= \frac{加标样品测量值 - 样品测量值}{加标量} \times 100\% \tag{4-32}$$

例：测定水中氨氮含量与吸光度的回归方程为 $Y = 0.351\ 5X$（mg）$-0.001\ 0$。操作过程中取水样 20.00 mL，测得吸光度为 0.163，并另外取水样 20.00 mL，加入 25 mg/L 的氨氮标准溶液 5.00 mL，测得吸光度为 0.208，空白吸光度为 0.015。求样品中氨氮的浓度及回收率。

答：加标前氨氮含量 $= \dfrac{0.163 - 0.015 + 0.001\ 0}{0.351\ 5} = 0.423\ 9$ mg

加标后氨氮的含量 $= \dfrac{0.208 - 0.015 + 0.001}{0.351\ 5} = 0.551\ 9$ mg

$$氨氮回收率 = \frac{0.551\ 9 - 0.423\ 9}{25 \times 5.00} \times 100\% = 102\%$$

⑤其他

A. 绘制质量控制图，如空白值控制图、平行样控制图和加标回收率控制图等。质量控制图是用以评价和控制重复分析结果的统计学工具，分析结果连续描点在图上，测定值落在中心附近、上下警告限内，则表示分析正常，此批样品测定结果可靠；如果测定值落在上下控制限之外，表示分析失控，测定结果不可信，应检查原因，纠正后重新测定；如果测定值落在上下警告限和上下控制限之间，虽然分析结果可接受，但有失控倾向，应予以注意。

图 4-1 为加标回收率控制图。

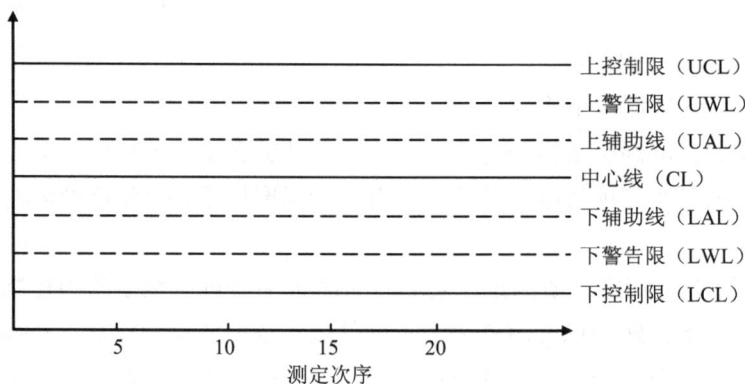

图 4-1　加标回收率控制图

用加标样品测得的百分回收率绘制的控制图，用于控制样品分析的回收率。在一定时间内累积 20 个数据，平均回收率 $\overline{P}$，s_p 为标准偏差，用这些数据计算控制限绘制该图，如图 4-2 所示。

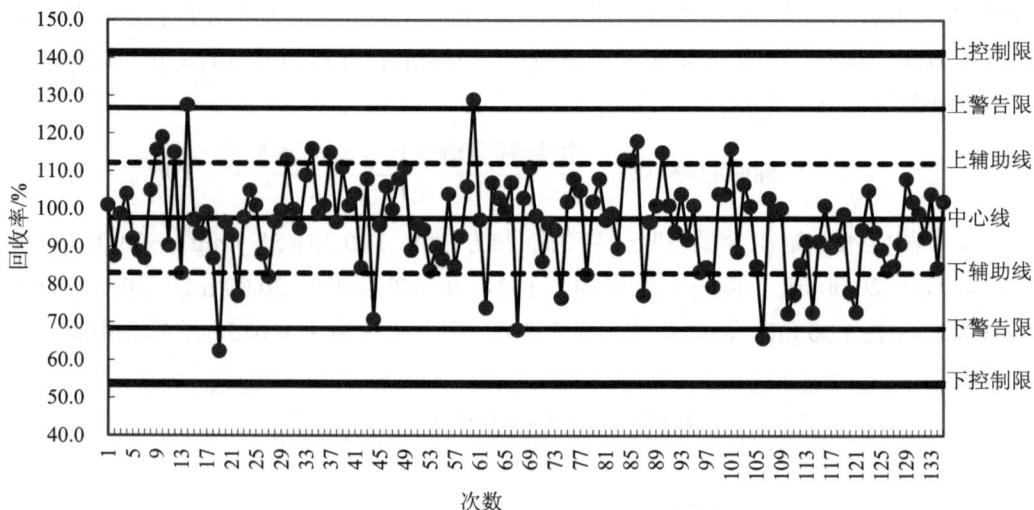

图 4-2　回收率控制图

控制限计算：

中心线 $CL = \overline{P}$

上控制限 $UCL = \overline{P} + 3s_p$

上警告限 $UWL = \overline{P} + 2s_p$

上辅助线 $UAL = \overline{P} + s_p$

下辅助线 $LAL = \overline{P} - s_p$

下警告限 $LWL = \overline{P} - 2s_p$

下控制限 $LCL = \overline{P} - 3s_p$

B. 进行方法比对或仪器比对，对同一样品或一组样品可用不同的方法或不同的仪器进行比对测定分析，以检查结果的一致性。

2）外部质量控制

实验室外部质量控制简称"外部控制"，用于检验室内质量控制工作的情况、了解实验室技能、评价其测定工作的质量。外部控制实际上是实验室间测定数据的对比试验。

实验室外部质量控制目的是检查各实验室内部质量控制的效果是否存在系统误差，进一步找到误差来源（如试剂的纯度、检测用水的质量等问题），提高实验室分析水平。外部质量控制可以采取污水处理厂内部比对、实验室间比对等方式进行控制。

①污水处理厂内部比对：

A. 密码平行样：质量管理人员根据实际情况，按一定比例随机抽取样品作为密码平行样，交付监测人员进行测定。若平行样测定偏差超出规定允许偏差范围，应在样品有效保存期内补测；若补测结果仍超出规定的允许偏差，说明该批次样品测定结果失控，应查找原因，纠正后重新测定，必要时重新采样。

B. 密码质量控制样及密码加标样：由质量管理人员使用有证标准样品/标准物质作为密码质量控制样品，或在随机抽取的常规样品中加入适量标准样品/标准物质制成密码加标样，交付监测人员进行测定。如果质量控制样品的测定结果在给定的不确定度范围内，则说明该批次样品测定结果受控。反之，该批次样品测定结果作废，应查找原因，纠正后重新测定。

C. 人员比对：不同分析人员采用同一分析方法、在同样的条件下对同一样品进行测定，比对结果应达到相应的质量控制要求。

D. 留样复测：对于稳定的、测定过的样品保存一定时间后，若仍在测定有效期内，可进行重新测定。将两次测定结果进行比较，以评价该样品测定结果的可靠性。

②实验室间比对。可采用能力验证、比对测试或质量控制考核等方式进行实验室间比对，证明各实验室间的监测数据的可比性。

4.6　化学药剂管理

4.6.1　药品、易耗品采购

1）药品、易耗品采购由化验员每月月底填写采购计划，计划中应标明物品的名称、数量、用途及规格。

2）所申购的常规药品、易耗品由化验室及时提交给运营部审核，提交综合部采购。

3）根据实际需用情况有计划地进行采购，避免库中药品因采购累积而变质，造成浪费；同时应根据实际使用剩余情况，及时提出采购申请，以避免采购不及时导致实验无法开展。

4.6.2　化验室库房管理

1）化验药品存放处应干燥、阴凉；化验仓库应通风，远离火、水、电、震源，配备消防设备，定期检查各种消防设备的完好程度，遇有失效或损坏情况应及时更换。

2）化学试剂的保存应符合其要求，如避光、温度、湿度、热源等。

3）化验室只宜存放少量短期内需用的药品，注意化学药品的存放期限。

4）化学药品必须按性质分类储存并标识清楚，药品试剂、试剂瓶标签完整，对外放置，方便取用。对相互接触能引起燃烧、爆炸的化学品，不得同库储存。具体分类如下：

①剧毒品

氰化物：氰化钾、氰化钠、氰化亚铜。

砷化物：三氧化二砷、五氧化二砷、砷酸、亚砷酸钾。

汞盐：氯化汞、氧化汞、溴化汞、碘化汞、汞。

②易燃品：乙醇、丙醇、石油醚、汽油、煤油、二硫化碳、甲酸乙酯、苯、无水乙醇、甲苯等有机液体试剂，氢、乙炔、氧等气体。

③易爆品：过氧化钠、过氯酸盐、硝酸盐、过氯酸。

④腐蚀性酸：盐酸、硝酸、硫酸、高氯酸、氢氟酸、氢溴酸、磷酸、过氧化氢、溴水、碘、冰乙酸、氢碘酸。

⑤腐蚀性碱：氢氧化铵、氢氧化钾、氢氧化钠。

5）危险化学品仓库管理执行《危险化学品管理制度》。

6）每月最后一日对库存药品进行一次盘点、检查，并将盘点结果登记在化验室月库存盘点表中。如发现有变质或异常现象要进行原因分析，并进行改进。

4.6.3　药剂使用

1）普通药剂可直接找仓库管理员领用，做好出库记录即可。

2）分装或配制试剂后必须立即贴上标签，标签万一掉失应照原样贴牢。绝不可在瓶中装上不是标签指明的物质，无标签的试剂不可乱倒，要慎重处理。药剂标签包含配制人、配制日期、药剂名称、浓度、有效期。

3）试剂储存必须按照药剂性质进行储存，如纳氏试剂、酚二磺酸、抗坏血酸、三氯甲烷、硫酸亚铁铵、钼酸铵、硝酸、硝酸盐类、色度标准色列、铬黑 T、硫代硫酸钠、氨基苯磺酰胺、亚硝酸盐溶液等需棕色瓶或暗处保存；碱性过硫酸钾、氢氧化钠、氢氧化钾、EDTA 二钠等碱性物质类物质聚乙烯瓶保存；抗坏血酸、钼酸铵等需冷藏。

4.7 化验室危险废物管理

危险废物是指列入国家危险废物名录或根据国家规定的危险废物鉴别标准和鉴别方法认定的具有危险特性的废物。污水处理厂涉及的化验室危险废物主要有：实验室 COD_{Cr}、氨氮检测废液、进出水在线检测废液。

4.7.1 危险废物暂存容器要求

1）实验室废液和在线监测站房废液使用高密度聚乙烯开孔直径不得超过 70 mm 并有放气孔的桶。

2）危险废物桶上必须粘贴危险废物标签，危险废物标签底色为橙黄色，如图 4-3 所示。

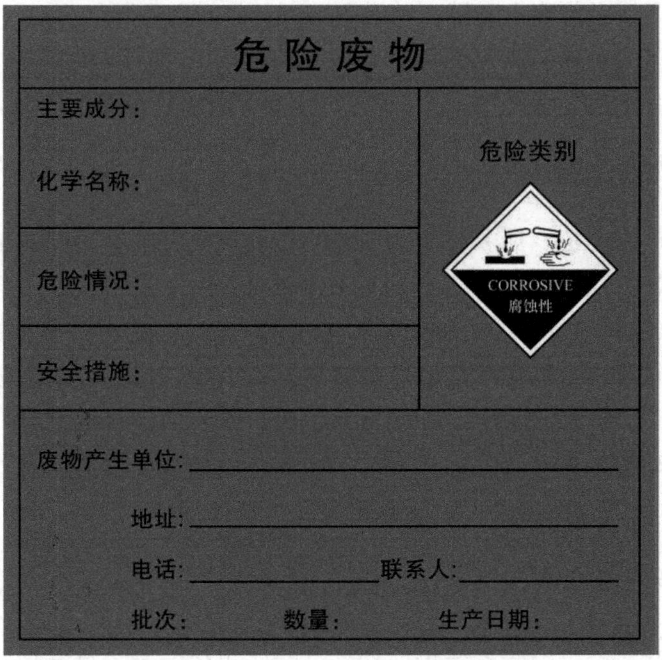

图 4-3 危险废物标签

3）危险废物不可盛装过满，应保留容器约 10% 的剩余容积，或容器顶部与废物之间保留一定的空间，投放危险废物后，应及时密闭容器。

4）剧毒废物、易燃易爆废物应独立包装，采取防止泄漏、碰撞措施，做好防盗等相关安全防护措施。

5）含有毒有害物质的废弃试剂瓶应密封后瓶口朝上码放于包装容器中，确保稳固，防止泄漏、碰撞。其中易制毒硫酸、盐酸试剂瓶可清洗后按普通药剂试剂瓶处理，但清洗中前3次的自来水必须按危险废物收集。

4.7.2 危险废物台账

1）危险废物等按不同性质由各负责单位填写危险废物台账，记录包含每次贮存废物的时间、数量、出库时间、出库数量、出库去向、经办人等信息，台账应分类别每年汇总一次，随危险废物转移联单保存至少3年。

2）生产废物必须设置专人管理，记录废物的数量、性质、处置情况。

4.7.3 危险废物暂存库（区）要求

1）设置独立的危险废物暂存库，地面必须设置防渗层，防渗层至少为2 mm厚高密度聚乙烯或其他人工材料，渗透系数≤10^{-10} cm/s。

2）暂存库（区）内存放两种及以上不存在交互反应的危险废物时，应分类别分区、分隔存放，每一种类间隔距离至少60 cm。

3）暂存库（区）必须双人双锁，并设置防爆灯、消防器材。

4）暂存库（区）须保持良好的通风条件，并远离火源，避免高温、日晒和雨淋，在确保不影响安全性与稳定性的前提下，固态实验室危险废物可多层码放。

4.7.4 危险废物处置要求

1）危险废物产生单位，应委托有相应类别危险废物经营许可证的单位及时对实验室危险废物进行处置、利用，并严格执行危险废物申报登记、管理计划、转移联单等基本管理制度。如同一家危险单位不能同时处置厂内产生的废物，需分开单独签订委托协议。

2）危险废物转移由危险废物处置单位委托给持有危险废物或危险废物运输资质的公司进行。

3）按照《危险废物转移管理办法》如实填写相关信息并加盖公章，联单应随车同行并按规定交付联单上指定的接收人，联单需保存5年以上。

4.7.5 危险废物仓库巡检

1）危险废物管理员每周至少巡检一次，并且严格按巡查项目进行检查，发现问题及时处理并上报至部门，并认真按时填写记录。

2）检查是否有异常气味，温度是否异常。

3）对仓库周围一圈进行巡检，如发现动火、接电等可能造成打火的作业，务必要求立即转移停止。

4）如仓库内包装桶是否有破损、胀桶等现象，可采取紧急处理，并安排好上报工作。

5）检查仓库内的安全设施（如排风扇、沙土、灭火器等）是否完备。

4.8 化验报表填写

4.8.1 化验报表要求

1）污水处理厂现场采样、样品保存、样品运输、样品交接、样品预处理和化验分析均需要有相关原始记录，原始记录是监测工作的重要凭证，污水处理厂化验人员应在记录表格或专用记录本上按规定格式，对各栏目认真填写。原始记录表（本）应有统一编号，个人不得擅自销毁，用完按期归档保存。

2）监测人员必须具有严肃认真的工作态度，对各项记录负责，及时记录，不得以回忆方式填写。每次报出数据前，原始记录上必须有填报人和校核人签名。一般情况下，化验报表由化验室化验人员负责填报，化验室班长负责审核数据的真实性、准确性。

3）化验数据宜采用计算机处理和管理，包括数据采集、运算、记录、报告、存储和检索的全过程。

4）化验报表填报应及时、准确、规范，化验报表应进行整理、报送和归档。

5）厂外人员需查阅化验报表及原始记录时，须经有关领导批准后方可执行。

6）化验报表及原始记录不得在非监测场合随身携带，不得随意复制、外借。

4.8.2 数据处理

1）常规数据处理原则：数据的有效数字按照"四舍六入五成双"原则保留，检测项目的有效位数可按照表 4-15 执行。

表 4-15 常规水质指标化验结果表示标准

指标	检测方法	有效数字位数	示例	检出限
pH	《水质 pH 值的测定 玻璃电极法》（GB 6920—1986）	根据仪器的精确度，保留到小数点后 1 位或 2 位（一般 2 位）	7.03	
COD_{Cr}	《水质 化学需氧量的测定 重铬酸钾法》（HJ 828—2017）	≥100 mg/L 时，保留三位有效数字；<100 mg/L 时，保留至整数位	$1.23×10^3$ mg/L；123 mg/L；12 mg/L；5 mg/L；<4 mg/L	4 mg/L
BOD_5	《水质 五日生化需氧量（BOD_5）的测定 稀释与接种法》（HJ 505—2009）	≥1 000 mg/L 时，以科学计数法报出；100～1 000 mg/L 时，保留整数位；<100 时，保留小数点后 1 位	$1.23×10^3$ mg/L；123 mg/L；12.3 mg/L；1.2 mg/L；0.6 mg/L；<0.5 mg/L	0.5 mg/L

指标	检测方法	有效数字位数	示例	检出限
TN	《水质 总氮的测定 碱性过硫酸钾消解紫外分光光度法》（HJ 636—2012）	≥1.00 mg/L 时，保留三位有效数字；<1.00 mg/L 时，保留到小数点后 2 位	123 mg/L； 12.3 mg/L； 1.23 mg/L； 0.12 mg/L； 0.06 mg/L； <0.05 mg/L	0.05 mg/L
NH$_3$-N	《水质 氨氮的测定 纳氏试剂分光光度法》（HJ 535—2009）	≥1.00 mg/L 时，保留三位有效数字；<1.00 mg/L 时，保留小数点后 3 位	123 mg/L； 12.3 mg/L； 1.23 mg/L； 0.120 mg/L； 0.030 mg/L； <0.025 mg/L	0.025 mg/L
NH$_3$-N	《水质 氨氮的测定 水杨酸分光光度法》（HJ 536—2009）	≥1.00 mg/L 时，保留三位有效数字；<1.00 mg/L 时，保留小数点后 2 位	123 mg/L； 12.3 mg/L； 1.23 mg/L； 0.12 mg/L； 0.01 mg/L； <0.01 mg/L	0.01 mg/L
TP	《水质 总磷的测定 钼酸铵分光光度法》（GB 11893—1989）	≥1.00 mg/L 时，保留三位有效数字；<1.00 mg/L 时，保留小数点后 2 位	12.3 mg/L； 1.23 mg/L； 0.12 mg/L； 0.02 mg/L； <0.01 mg/L	0.01 mg/L
粪大肠菌群	《水质 粪大肠菌群的测定 多管发酵法/纸片法/酶底物法》（HJ 347.2—2018）	保留至整数，最多保留两位有效数字；≥100 MPN/L 时，以科学计数法报出；低于检出限时，以"<3（或 20） MPN/L"表示	1.2×10^4 MPN/L； 1.2×10^3 MPN/L； 1.2×10 MPN/L； 30 MPN/L； <3（或 20）MPN/L	12 管法为 3 MPN/L；15 管法为 20 MPN/L
SS	《水质 悬浮物的测定 重量法》（GB 11901—1989）			小于 5 mg/L 时，应增加水样体积（出水宜取 500～1 000 mL）
氯化物	《硝酸银滴定法》（GB/T 11896—89）	≥1 000 mg/L 时，以科学计数法报出；<1 000 mg/L 时，保留整数位	1.23×10^3 mg/L； 123 mg/L； 12 mg/L； 5 mg/L	10 mg/L
总碱度	《水和废水监测分析方法（第四版，增补版）》酸碱滴定法			
总硬度	《EDTA 滴定法》（GB/T 7477—87）			0.05 mmol/L
SV$_{30}$、MLSS、MLVSS、SVI	《城镇污泥标准检验方法》（CJ/T 221—2023）			—

2）校准曲线中有效位数保留原则：以一元线性回归方程计算时，校准曲线斜率 b 的有效位数，应与自变量 x_i 的有效数字位数相等，或最多比 x_i 多保留一位。截距 a 的最后一位数，则和因变量 y_i 数值的最后一位取齐，或最多比 y_i 多保留一位数。校准曲线相关系数只舍不入，保留到小数点后第一个非 9 数字，如 0.999 89，保留为 0.999 8。如果小数点后多于 4 个 9，最多保留四位有效数字。校准曲线的斜率和截距有时小数点后位数很多，最多保留三位有效数字，并以幂表示，如 0.000 023 4，表示为 2.34×10^{-5}。

4.8.3　记录要求

1）化验报表原始记录使用墨水笔或档案用圆珠笔书写，做到字迹端正、清晰。如原始记录上数据有误而要改正时，应在错误的数据上画一斜线，并签上修改人名字。如需改正的数据成片，也可将其画以框线，并添加"作废"两字，再在错误数据的上方写上正确的数字，并在右下方签名（或盖章），不得在原始记录上涂改或撕页。

2）化验原始记录必须由检验者本人填写，确认无误后，由化验室内部化验员复核/审核。

4.8.4　数据审核

实验室数据审核修改数据或改变数据处理方法至结果合格或删除不合格数据、存在重大偏差的数据、审核数据逻辑性等问题。

4.8.5　日报表和归档

1）化验室编制日报表，经化验室内部审核后，于当日 17:00 之前报运行部负责人。

2）化验室记录报表归档按照相关的档案管理办法执行，化验室记录报表按月归档，归档的文件包括对实验结果产生影响的各种记录和日报表（表 4-16）等，其余具体检测指标过程原始记录表因篇幅较大不作示例，可在实训过程中一并学习。

表 4-16　检测日报表（样表）

日期：

类别	项目	总进水	总出水	缺氧池	好氧池	二沉池
水质指标	水温/℃					
	pH（量纲一）					
	COD_{Cr}/（mg/L）					
	NH_3-N/（mg/L）					
	TP/（mg/L）					
	TN/（mg/L）					
	SS/（mg/L）					
	BOD_5/（mg/L）					
	粪大肠菌群/（MPN/L）					
	硝酸盐氮/（mg/L）					
	色度/度					

类别	项目	总进水	总出水	缺氧池	好氧池	二沉池
水质指标	氯化物/（mg/L）					
	总碱度/（mg/L）					
	总硬度/（mg/L）					
生物池混合液	项目	生物池	脱水间			
	SV_{30}/%					
	MLSS/（mg/L）					
	SVI/（mg/L）					
	MLVSS/（mg/L）					
	有机物含量/%					
污泥指标	项目	脱水后污泥				
	含水率/%					
	有机物含量/%					
	pH（量纲一）					
镜检						
备注						

填表人：　　　　　　　　　　　　　　　　　　　审核人：

习　题

一、单选题

1. 下列不是五位有效数字的是（　　）。

A. 5.008 5　　　　B. 0.585 0　　　　C. 5.850 0　　　　D. 5.850 0×10⁴

2. 取样时不需要现场固定的是（　　）。

A. 溶解氧　　　B. 挥发酚　　　　C. 氰化物　　　D. 电导率

3. 测量 pH 时要用到 3 种 pH 标准物质，其中不包括（　　）。

A. 邻苯二甲酸氢钾溶液　　　　B. 硼砂溶液

C. 硫酸盐缓冲溶液　　　　　　D. 磷酸盐缓冲溶液

4. 悬浮物是指水样通过孔径为（　　）μm 的滤膜，截留在滤膜上并于 103～105℃烘干至恒重的固体物质。

A. 0.55　　　　B. 0.43　　　　C. 0.53　　　　D. 0.45

5. 测定 COD_{Cr} 时，用（　　）去除氯离子的干扰。

A. 硫酸汞　　B. 氯化汞　　　C. 氯化银　　　D. 硫酸银

6. 测量 BOD_5 时，稀释程度一般经过 5 d 培养后消耗的溶解氧不少于（　　）mg/L。

A. 2　　　　B. 4　　　　C. 3　　　　D. 1.5

7. 配制硫代硫酸钠时，需加入（　　），使溶液呈微碱性以防硫代硫酸钠分解。

A. 碳酸钙　　B. 硫酸钠　　　C. 碳酸钠　　　D. 硫酸钙

8. 在总磷测定中，抗坏血酸的作用是（　　）。

A. 氧化剂　　　　B. 还原剂　　　　C. 催化剂　　　　D. 中和剂

9. 加入纳氏试剂后，最后溶液显色的 pH 适宜范围是（　　）。

A. 11.8～12.4　　B. 11.5～12.6　　C. 10.5～11.7　　D. 10.7～11.8

10. 可用（　　）方法减小测定过程中的随机误差。

A. 对照试验　　　B. 空白试验　　　C. 仪器检验　　　D. 增加平行试验的次数

11. 将某污水水样 100 mL 置于重量为 46.471 8 g 的古氏坩埚中过滤，过滤后的坩埚在 103～105℃下烘干后称重为 46.503 6 g。试计算该水样的悬浮固体为（　　）g/L。

A. 0.514　　　　B. 0.196　　　　C. 0.318　　　　D. 0.188

12. 原子荧光法测定水样中的砷，常采用（　　）进行消解。

A. 硝酸消解法　　　　　　　　B. 硝酸-硫酸消解法

C. 硝酸-高氯酸消解法　　　　　D. 干法灰化消解法

13. 对某试样进行多次平行测定，获得试样中硫的平均含量为 3.25%，则其中某个测定值（如 3.15%）与此平均值之差为该次测定的（　　）。

A. 相对偏差　　　B. 系统误差　　　C. 绝对偏差　　　D. 绝对误差

二、判断题

1. 系统误差定义是：测量结果与在重复性条件下，对同一被测量进行无限多次测量所得结果的平均值之差。（　　）

2. 有效数字是由全部准确数字和一位不确定数字构成的。（　　）

3. 几个近似数相加、减时，以有效数字位数最少的那个数为准，其余的数均比它多保留一位，多余位数应舍去。（　　）

4. 全程空白试验是指用纯水（溶剂）代替标准溶液完成同绘制标准曲线的标准溶液相同的分析步骤。（　　）

5. 对污染较严重的水，如含有大量的油或乳化物等，不需经过滤后再测定 pH。（　　）

6. 用重铬酸钾法测定 COD_{Cr} 时，加入的硫酸银是还原剂。（　　）

7. 水温升高，氧的溶解度减小，反之，溶解度增大。（　　）

8. 氨氮测定中，酒石酸钾钠是作为金属离子的掩蔽剂参与测定的。（　　）

9. 分光光度计应放在避光处。（　　）

10. 按照《城镇污水处理厂污染物排放标准》（GB 18918—2002）的规定，城镇污水处理厂取样频率为至少每 2 h 一次，取 24 h 混合样，以日均值计。（　　）

11. 对于污水采样，测定生化需氧量、油类、有机物、余氯、粪大肠菌群、悬浮物等项目的样品，可以取混合样。（　　）

12. 对桶装液体氯化铁产品采样时，应将的采样器深入桶内，从上、中、下部位采样量不少于 100 mL。将所采样品混匀，从中取出约 500 mL。（　　）

三、问答题

1. 对于污水排放源，怎样布设采样点？

2. 水样有哪些保存方法？试举例说明。

3. 水样在分析之前为什么要进行预处理？预处理有哪些方法？

4. 测定化学需氧量时，在回流过程中如溶液颜色变绿，说明什么问题？应如何处理？

5. 说明稀释法测定水样 BOD_5 的原理，怎样估算水样的稀释倍数？

6. 化验分析时如何减少误差？

参考答案

第5章　安全管理与应急处置

【本章学习目标】

1. 能够辨识污水处理厂常见危险源。
2. 会正确穿戴劳动防护用品。
3. 熟悉生产现场安全作业标准。
4. 了解污水处理厂各种突发事件处理处置措施。

5.1　污水处理必备安全知识

5.1.1　污水处理厂常见危险源

污水处理厂危险点源的管理与控制是安全生产管理的重要方面。污水处理厂常见危险源主要包括职业中毒、触电、火灾、爆炸、溺水、坠落、机械伤害等。

5.1.1.1　职业中毒危险源

污水处理厂的原水来自城市生活污水和工业废水，在市政管网输送时已经处于缺氧状态，在处理过程中污水中的硫化氢、沼气等有毒有害气体将产生、溶解、沉积或逸出，因此工作人员进入以下区域时会发生中毒事件：进水格栅、提升泵房、沉砂池、配水井、工艺闸井和箱涵、贮泥池、消化池、沼气柜、脱水机房、雨污水管道和检查井等。生产过程中使用的液氯、硫酸、化学絮凝剂和化验室使用的分析试剂被人体接触或吸入也将发生中毒事件。

5.1.1.2　触电危险源

污水处理厂是用电大户，设计有高低压变配电系统、设备的控制箱等，操作人员在维修和操作过程中，由于操作不当、设备故障及接地防雷保护系统不在安全状态时容易发生触电伤亡事故。主要部位为高低压变电所、进水泵房配电室、加药间配电室、鼓风机房配电室、紫外线消毒渠配电室、污泥控制室配电室、脱水机房配电室、中心控制室、设备控制箱等。

5.1.1.3 火灾危险源

污水处理厂除工艺构筑物外还配套建设附属构筑物，构筑物中不仅存放易燃物品，而且建设材料也具有可燃性，当构筑物电源老化、雷击、电器使用不当、使用明火作业及其他不安全行为时，会发生火灾危险。主要部位为库房、综合办公楼、高低压变电所、提升泵房、机修车间、鼓风机房、加药间、污泥控制室、脱水机房等。

5.1.1.4 爆炸危险源

在污泥消化处理过程中产生的沼气不仅是有毒有害气体，而且是易燃易爆气体，因此，工作人员进入消化池、沼气柜、污泥控制室区域工作时必须采取有效措施，由保卫安技部门开具动火令后方可作业。生产过程使用的带有高压容器或管道的设备（脱水机房空压机、鼓风机、稳压罐）会因安全装置失效而发生爆炸事故。

5.1.1.5 溺水危险源

污水处理过程需要一定的停留时间，处理构筑物的有效水深一般为 3～6 m，人落入后由于水中含有有毒有害气体和污泥，可能造成溺水伤亡事故。主要构筑物是进水格栅渠道、沉砂池、初沉池、生物池、二沉池、消毒池（渠）、进出水泵房集水池、贮泥池等。

5.1.1.6 坠落危险源

污水和污泥处理的构筑物具有容积大的特点，为保证处理过程实现重力流，在高程设计时构筑物顶部一般距地面 2～3 m，部分构筑物甚至超过 10 m，构筑物的池深一般也有 3～7 m，操作人员不慎坠落池内或地上，可能造成摔伤事故。主要构筑物是进水格栅渠道、沉砂池、初沉池、生物池、二沉池、消毒池（渠）、泵房集水池、贮泥池、消化池、沼气柜、污泥料仓。

5.1.1.7 机械伤害危险源

污水处理是机械化、自动化生产流程，每座污水处理厂有上千套机械设备（粗格栅和压榨机、细格栅和压榨机、初沉池刮泥机、鼓风机、二沉池刮泥机、加药泵、消化池投泥泵、脱水机进泥泵、高密度泵、行车、电动闸门），其转动部件会对人员造成机械伤害，天车吊装的物品或钢丝绳断裂会造成起重伤害。

5.1.2 劳动防护用品穿戴

在污水处理厂工作时，劳动防护用品对保护工作人员的安全和健康起到至关重要的作用。根据实际的工作环境和风险特点，选择适合的劳动防护用具，并正确佩戴使用，是保障工作人员安全的重要措施。

5.1.2.1　不同作业场景的佩戴要求

1）有限空间作业必须穿戴防砸、绝缘、耐酸碱安全鞋，佩戴安全帽、警戒带、线手套、工作服、风机、安全行灯、口罩或防毒面具、接地线。

2）动火作业必须穿戴纯棉工作服、防火安全鞋，佩戴警戒带、焊帽、焊工手套、灭火器、接地线、风机。

3）高处作业必须穿戴工作服、防滑安全鞋，佩戴安全帽、警戒带、线手套、安全带、安全绳。

4）吊装作业必须穿戴防砸安全鞋、工作服，佩戴安全帽、警戒带。

5）停送电作业必须穿戴长袖工作服、绝缘安全鞋，佩戴绝缘手套、接地线、验电器。

6）切割作业必须穿戴防砸安全鞋、长袖工作服，佩戴护目镜、线手套。

7）在声音超过 70 dB（A）的场所作业必须戴上耳塞。

5.1.2.2　各种防护用品佩戴标准

（1）安全帽

安全帽是重要的防护用品，由帽衬、帽壳、帽箍、下颏带和附件等组成。正确佩戴安全帽可以防止飞来物体对头部的打击、从高处坠落时头部受伤害、头部遭电击、化学品和高温液体从头顶浇下时头部受伤、头发被卷进机器里或暴露在粉尘中等。

安全帽正确佩戴要求：

1）佩戴前，应检查安全帽各附件有无破损、装配是否牢固、帽衬调节部分是否卡紧、插口是否牢靠、绳带是否系紧等，若帽衬与帽壳之间的距离不在 25～50 mm，应用顶绳调节到规定的范围。确保各部件完好后方可使用。

2）佩戴时，将下颏带放置帽舌上，调大后箍，戴正安全帽，以帽子不能在头部自由活动，自身又未感觉不适为宜。根据佩戴人的头型调紧后箍，拴紧下颏带。避免因刮风、障碍物碰撞或者头部摆动导致安全帽脱落。女生佩戴安全帽应将头发放进帽衬。

3）安全帽在使用过程中，会逐渐损坏。所以要定期检查，检查有没有龟裂、下凹、裂痕和磨损等情况，发现异常现象要立即更换，不可再继续使用。任何受过重击、有裂痕的安全帽，不论有无损坏现象，均应报废。

（2）工作服

污水处理厂工作人员需要正确穿戴工作服以保护自身皮肤不受到污染和伤害。机修、电工作业人员穿戴的工作服必须为纯棉制作。在室内作业必须穿戴室内作业工作服，室外作业必须穿戴室外作业工作服。

工作服正确穿戴要求：

1）工作服应保持干净整洁，没有污渍、脏乱的外观。应及时更换破损的工作服。

2）工作服应合身，既不过紧也不过松，以确保工作时的舒适度和灵活性。

3）领口整齐，必须向下翻，不可卷曲或竖起，领口扣要扣紧。

4）袖口扣、衣襟扣必须紧扣。

（3）安全鞋

安全鞋可以防止物品切割、穿刺、撞击等对脚部造成伤害。

安全鞋正确穿戴要求：

1）必须根据自身情况穿戴合适型号的安全鞋。

2）必须按作业工种穿戴相应要求的安全鞋。

3）必须将鞋带系紧，不得踩到后跟，防止作业时鞋带钩挂、鞋脱落。

4）如出现安全鞋破损、油污酸碱严重污染，影响穿戴安全必须更换新鞋。

（4）安全带

安全带的作用是防止高处作业人员发生坠落或发生坠落后将作业人员安全悬挂。根据操作、穿戴类型的不同，可以分为全身安全带及半身安全带。

安全带正确穿戴要求：

1）检查安全带、安全绳是否起毛、断裂、断股，各金属配件是否齐全，是否有断裂、裂纹现象。

2）穿戴时要束紧腰带，腰扣组件必须系紧系正，不得在身体负重时使用。

3）利用安全带进行悬挂作业时，必须高挂低用，防止摆动碰撞，不准将绳打结使用或将挂钩直接钩在安全带绳上，应钩在安全带绳的挂环上。

4）禁止将安全带挂在不牢固或带尖锐棱角的构件上。

5）受到严重冲击的安全带，即使外形未变也不可再使用。

6）安全带要挂在上方牢固可靠处，高度不得低于腰部。

7）使用完毕后，应储存在干燥通风、不易接触明火或酸性物质的地方。

（5）护目镜

护目镜又称防护眼镜，主要用于保护眼睛，避免光辐射，防外伤冲击和化学物质损伤。

护目镜的正确佩戴要求：

1）选择护目镜应根据脸型判断规格大小。

2）护目镜可调节头带与面部的合适程度。

3）选用的护目镜要经产品检验机构检验合格的产品。

4）护目镜的宽窄和大小要适合使用者的脸型。

5）镜片磨损粗糙、镜架损坏，会影响操作人员的视力，应及时更换。

6）焊接护目镜的滤光片和保护片要按规定作业需要选用和更换。

7）防止重摔重压，防止坚硬的物体摩擦镜片和面罩。

8）可用柔软干净的眼镜布擦干，存放于干净区域。

9）当镜片受到刮擦，留下刮痕后影响佩戴者的视线时，或护目镜整体变形，需要更换护目镜。

10）受化学品飞溅后应及时清洗并擦拭干净，必要时更换。

（6）耳塞

耳塞的主要作用包括保护听力、减少外界噪声干扰或防止水进入耳朵。

耳塞正确佩戴要求：

1）搓：将耳塞搓成长条状。

2）塞入：拉起上耳廓，将耳塞的 2/3 塞入耳道中。

3）按住：按住耳塞约 20 s，直至耳塞膨胀并堵住耳道。

4）拉出：用完后取出耳塞时，将耳塞轻轻地旋转拉出。

5）严禁水洗，否则将使耳塞的慢回弹特性消失而无法佩戴。

6）建议使用前将耳道清洁干净，可延长耳塞的使用寿命。

（7）防毒面具

防毒面具戴在头上，可以保护人的呼吸器官、眼睛和面部，防止毒气、粉尘、细菌或蒸汽等物质伤害。防毒面具从造型上可以分为全面具和半面具，全面具又分为正压式和负压式。

防毒面具正确佩戴要求：

1）使用前需检查防毒面具是否有裂痕、破口，确保面具与脸部贴合密封性。

2）检查防毒面具呼气阀片有无变形，破裂及裂缝。

3）检查防毒面具头带是否有弹性。

4）检查防毒面具滤毒盒座密封圈是否完好。

5）检查防毒面具滤毒盒是否在使用期内。

6）将面具盖住口鼻，然后将头带框套拉至头顶。

7）用双手将下面的头带拉向颈后，然后扣住。

8）风干的面具请仔细检查连接部位及呼气阀、吸气阀的密合性，并将面具放于洁净的地方以便下次使用。

9）清洗时请不要用有机溶液清洗剂进行清洗。

（8）安全行灯

安全行灯是一种特种照明设备，用于为施工现场提供充足的照明条件，以保障工程施工的安全和顺利进行。有限空间作业安全行灯应满足防爆要求。

安全行灯正确使用要求：

1）电压不得超过 36 V。

2）在金属容器和金属管道内使用的行灯，其电压不得超过 12 V。

3）行灯应有保护罩，手柄应绝缘良好且耐热、防潮。

4）行灯的电源线应采用橡套软电缆。

5）行灯变压器必须采用双绕组型，行灯变压器一、二次侧均应装熔断器，金属外壳应做好保护接地措施。

6）严禁将行灯变压器带进金属容器或金属管道内使用。

7）行灯变压器应经常保持干燥，绝缘良好，使用时不得将行灯软线绕在手臂和身体上。

8）行灯变压器的一次电源线不宜超过 3 m。

5.1.3 生产现场危险作业安全标准

危险作业是指当生产任务紧急或特殊，且不适合执行一般性的安全操作规程，作业过程中容易发生人身伤害或财产损失且事故后果严重，需要采取特别控制措施后才能进行作业的活动。污水处理厂涉及的危险作业主要包括有限空间作业、动火作业、封堵盲板作业、涉爆粉尘作业、设备检修作业、高处作业、临时用电作业、吊装作业、动土作业 9 项。

5.1.3.1 有限空间作业安全操作规程

1）上岗前确保劳动保护用品穿戴整齐，不得酒后上岗，严格执行班组安全管理制度。作业前应办理相关手续并执行其相关规定。

2）在未准确测定氧含量浓度、粉尘浓度、设备温度、易燃气体置换、易燃油物清除前严禁进入有限空间作业。

3）在有限空间作业必须保持通风良好，必要时采取强制通风。定时持续检测氧含量浓度等方面是否达标并在可控范围内。

4）作业人员进入有限空间设备设施内作业必须设置专人进行现场监护，进出清点作业人数。

5）进入有限空间设备设施内作业，作业人员与岗位监护人员必须随时保持联系，事先明确联络信号。

6）严禁无关人员进入有限空间设备设施内，应在醒目位置设置警示标识。

7）有限空间设备设施内作业使用的电器设备必须符合用电安全技术操作规程，安全照明应使用 12 V 以下的安全灯，使用超过安全电压的手持电动工具，必须按规定配备漏电保护器。

8）做好职业卫生安全管理工作。进入有限空间作业确保劳动保护用品穿戴整齐，诸如安全帽、防尘口罩、防护眼镜等，必须佩戴氧气表，进行定时监测，每隔 20～30 min 进行轮换作业。

9）作业结束，必须清点人数，做好人员、临时工具、设备等清点收尾工作。

5.1.3.2 动火作业安全操作规程

1）上岗前确保劳动保护用品穿戴整齐，不得酒后上岗，严格执行班组安全管理制度。作业前应办理相关手续并执行其相关规定。

2）动火作业前，应检查电焊、气焊、手持电动工具等动火工器具安全程度，保证安全可靠。使用气焊、气割动火作业时，乙炔瓶应直立放置；氧气瓶与乙炔气瓶间距不应小于 5 m，二者与动火作业地点不应小于 10 m，并不得在烈日下暴晒。

3）动火作业前，操作者必须对现场进行安全确认，明确高温熔渣、火星等火种散落或者喷溅的区域，10 m 内严禁存在易燃物品。

4）动火作业应有专人监护，动火作业前应清除动火现场及周围的易燃物品，或采取其他有效的安全防火隔离措施，配备足够、适用的消防器材。

5）高处动火作业前，操作者必须辨识火种可能或潜在落下的区域，确认作业周围作业环境，严禁存放易燃可燃物品，避免火灾事故发生，必须采取有效的隔离措施或彻底清理易燃可燃物品。

6）易燃易爆场所的动火作业，地面如有可燃物、可燃气体等，应检查检测确认，距用火点 15 m 以内的，应采取清理或封盖等措施；对于用火点周围有可能泄漏易燃、可燃物料的设备，应采取有效的空间隔离措施。

7）5 级风（含 5 级风）以上天气，无防雨措施的雨天，禁止露天动火作业。

8）动火作业完毕，动火人和监护人以及参与动火作业的人员应清理现场，监护人确认无残留火种后方可离开。

5.1.3.3　抽堵盲板作业安全操作规程

1）上岗前确保劳动保护用品穿戴整齐，不得酒后上岗，严格执行班组安全管理制度。作业前应办理相关手续并执行其相关规定。

2）抽堵盲板操作前，对作业现场进行清理，清除无关的物品和杂物。设置警戒线或者安全护栏，并有专人监护，禁止无关人员进入作业区域。确保作业现场的通风良好，必要时应采取强制通风措施。准备好应急救援所需的物资，如灭火器、急救药品、防护用品等。

3）检查盲板胶圈有无破损，盲板阀是否正常，确认无误后开始作业。

4）按照作业方案的步骤进行操作，先关闭上下游的阀门，并进行泄压、排空等处理。

5）在拆卸法兰螺栓时，应按照对称的原则，逐步松开，防止管道内的残余压力突然释放造成危险。

6）安装盲板时，应确保盲板与法兰之间的密封良好，无泄漏。

7）作业过程中必须有专人进行监护，监护人员应熟悉作业流程和应急处置措施，密切关注作业人员的状态和作业现场的情况，发现异常应立即停止作业。

8）有可能存在易燃易爆介质的场所作业时，应使用防爆工具，并采取防火防爆措施，如清除现场的火源、使用防爆电器等。

9）在进行易燃易爆介质的盲板抽堵作业时，应进行气体检测，确保作业环境的安全。

10）作业结束后，应仔细检查刻板的安装是否牢固，密封是否良好，有无泄漏。清理作业现场的工具、杂物等，恢复现场的原状。确认作业现场安全后，拆除警示标识。

5.1.3.4　涉爆粉尘作业安全操作规程

1）上岗前确保劳动保护用品穿戴整齐，不得酒后上岗，严格执行班组安全管理制度。作业前应办理相关手续并执行其相关规定。

2）进入涉爆粉尘区域的任何人不得吸烟。

3）临时用电线路或灯具必须采用防爆型的，并且线路走向规范。

4）动火作业应有专人监护，动火作业前应清除动火现场的易燃物品或现场积聚的煤粉，配备足够、适用的消防器材。

5）动火作业前，应检查电焊、气焊、手持电动工具等动火工器具安全程度，保证安全可靠。

6）使用气焊、气割动火作业时，乙炔瓶应直立放置；氧气瓶与乙炔气瓶间距不应小于 5 m，二者与动火作业地点不应小于 10 m，并不得靠近粉尘区域作业。

7）在安装检修工作中如有不安全因素发生，应立即停止作业，待排除不安全因素后，再进行工作。

8）动火作业完毕，动火人和监护人以及参与动火作业的人员应清理现场，现场做好检查确认，监护人确认无残留火种后方可离开。

5.1.3.5 设备检修作业安全操作规程

1）上岗前确保劳动保护用品穿戴整齐，不得酒后上岗，严格执行班组安全管理制度。作业前应办理相关手续并执行其相关规定。

2）检修前对设备检修项目的要求要明确，检维修单位应制定设备检修方案，落实检修方案中应有安全技术措施，并明确检修项目安全负责人。检维修施工单位应提前办理各类作业票。检修前，施工单位要做到检修组织落实、检修人员落实和检修安全措施落实。

3）检修前，岗位与检修单位应进行检维修作业前的安全教育。检修项目负责人应组织检修作业人员到现场进行检修方案交底。

4）检修作业人员应遵守工种安全技术操作规程。检修作业现场和检修过程中存在的危险因素和可能出现的问题及相应对策。

5）从事特种作业的电工、焊工等检修人员应持有特种作业操作证。

6）作业现场多工种、多层次交叉作业时，各项目负责人联合商定，现场监管把关，统一协调，采取相应的防护措施，确保安全作业。

7）对运转的设备进行检修时要切断动力电源，并挂"有人操作，禁止合闸"检修牌，并设专人监护。

8）夜间检修作业及特殊天气检修作业，须安排专人进行安全监护，临时灯、临时电源要规范。

9）当生产装置出现异常情况可能危及检修人员安全时，设备使用单位应立即通知检修人员停止作业，迅速撤离作业场所。经处理，异常情况排除且确认安全后，检修人员方可恢复作业。

10）检修结束后的安全要求因检修需要而拆移的盖板、扶手、栏杆、防护罩等安全设施应恢复其安全使用功能。

11）检修所用的工器具、脚手架、临时电源、临时照明设备等应及时撤离现场。

12）检修完工后所留下的废料、杂物、垃圾、油污等应清理干净。

5.1.3.6 高处作业安全操作规程

1）上岗前确保劳动保护用品穿戴整齐，不得酒后上岗，严格执行班组安全管理制度。作业前应办理相关手续并执行其相关规定。

2）高处作业前，作业单位现场负责人应对高处作业人员进行必要的安全教育，交代现场环境和作业安全要求以及作业中可能遇到意外时的处理和救护方法。

3）严禁在 6 级以上强风、浓雾等恶劣气候下的露天攀登与悬空高处作业。雨天和雪天进行高处作业时，应采取可靠的防滑、防寒和防冻措施。

4）高处作业用的脚手架的搭设应符合安全要求。高处作业应根据实际要求配备符合安全要求的吊笼、梯子、防护围栏、挡脚板等。跳板应符合安全要求，两端应捆绑牢固。作业前，应检查所用的安全设施是否坚固、牢靠。夜间高处作业应有充足的照明。

5）作业中应正确使用防坠落用品与登高器具、设备。高处作业人员应系用与作业内容相适应的安全带，安全带应系挂在作业处上方的牢固构件上或专为挂安全带用的钢架或钢丝绳上，不得系挂在移动或不牢固的物件上；不得系挂在有尖锐棱角的部位。安全带不得低挂高用，系好后应检查扣环是否扣牢。

6）作业场所有坠落可能的物件，应一律先行撤除或加以固定。高处作业所使用的工具、材料、零件等应装入工具袋，上下时手中不得持物。工具在使用时应系安全绳，不用时放入工具袋中。不得投掷工具、材料及其他物品。易滑动、易滚动的工具、材料堆放在脚手架上时，应采取防止坠落措施。高处作业中所用的物料应堆放平稳，不妨碍通行和装卸。作业中的走道、通道板和登高用具应随时清扫干净；拆卸下的物件及余料和废料均应及时清理运走，不得任意放置或向下丢弃。

7）高处作业应与地面保持联系，根据现场情况配备必要的联络工具，并指定专人负责联系。尤其是在煤气设备设施场所高处作业时，应为作业人员配备必要的防护器材（如空气呼吸器、过滤式防毒面具或口罩等），应事先与车间负责人取得联系，确定联络方式。

8）不得在不坚固的结构（如彩钢板屋顶、石棉瓦、瓦楞板等轻型材料等）上作业，登不坚固的结构作业前，应保证其承重的立柱、梁、框架的受力能满足所承载的负荷，应铺设牢固的脚手板，并加以固定，脚手板上要有防滑措施。

9）高处作业与其他作业交叉进行时，应按指定的路线上下，不得上下垂直作业，如果需要垂直作业时应采取可靠的隔离措施。

10）发现高处作业的安全技术设施有缺陷和隐患时，应及时解决；危及人身安全时，应停止作业。作业人员在作业中如果发现情况异常，应发出信号，并迅速撤离现场。

11）因作业必需，临时拆除或变动安全防护设施时，应经作业负责人同意，并采取相应的措施，作业后应立即恢复。

12）高处作业完工后，临时用电的线路应由具有特种作业操作证书的电工拆除。作业现场清扫干净，作业用的工具、拆卸下的物件及余料和废料应清理运走。

5.1.3.7 临时用电作业安全操作规程

1）上岗前确保劳动保护用品穿戴整齐，不得酒后上岗，严格执行班组安全管理制度。作业前应办理相关手续并执行其相关规定。

2）在涉爆粉尘、易燃、煤气危险区域接临时线要采用防爆型的灯与线路，同时线路必须是绝缘良好的导线，无裸露的线路。不得私拉乱接，避免因与设备乱搭产生静电，造成着火爆炸的危险性。

3）临时用电设施必须安装符合规范要求的漏电保护器，移动工具、手持式电动工具应一机一闸一保护。

4）临时用电线路架空时，不能采用裸线，架空高度在装置内不得低于 2.5 m，穿越道路不得低于 5 m。横穿道路时要有可靠的保护措施，严禁在树上或脚手架上架设临时用电线路。

5）采用暗管埋设及地下电缆线路必须设有"走向标志"及安全标志。电缆埋深不得小于 0.7 m，穿越公路在有可能受到机械伤害的地段应采取保护套管、盖板等措施。

6）对现场临时用电配电盘、配电箱要有防雨措施，配电盘箱门必须能牢靠关闭。

7）临时用电结束后，要与所属岗位结合进行拆除，将临时灯具线收好归库存放。

5.1.3.8 吊装作业安全操作规程

1）上岗前确保劳动保护用品穿戴整齐，不得酒后上岗，严格执行班组安全管理制度。作业前应办理相关手续并执行其相关规定。

2）起吊前对吊车自身车况各部位安全防护装置、指示仪表信号、各油位高低、车轮胎气压、支腿、钢丝绳等进行全部检查确认是否齐全、有效、完好，符合使用要求。

3）起吊前要正确掌握吊件重量，不允许起重机超载使用。

4）起吊前严格检查吊耳、绳扣捆绑物件是否拴绑牢固，避免重物脱钩、滑钩。必要时在吊物上拴绑溜绳，防止在起吊中摇摆和旋转。

5）当起重臂吊钩或吊物下面有人，吊物上有人或浮置物时，不得进行起重操作。利用两台或多台起重机械吊运同一重物时，升降、运行应保持同步；各台起重机械所承受的载荷不得超过各自额定起重能力的 80%。

6）吊装作业前应明确指吊人员，指吊人员应佩戴明显的标志，严禁多人同时指挥起吊。

7）吊装时无法看清场地、吊物情况和指挥信号时，不得进行起吊。

8）起重机械及其臂架、吊具、辅具、钢丝绳、缆风绳和吊物不得靠近高低压输电线路。在输电线路近旁作业时，应按规定保持足够的安全距离，不能满足时，应联系电力主管部门停电后再进行起重作业。

9）吊装作业中，夜间应有足够的照明。室外作业遇到大雪、暴雨、大雾及 6 级以上大风时，应停止作业。

10）吊车在停工和休息时，不得将吊物、吊笼、吊具和吊索吊在空中。

11）吊装作业吊索、吊具应收回放置到规定的地方，并对其进行检查、维护、保养。

5.1.3.9 动土作业安全操作规程

1）上岗前确保劳动保护用品穿戴整齐，不得酒后上岗，严格执行班组安全管理制度。作业前应办理相关手续并执行其相关规定。

2）根据破土作业的特点制定相应的安全技术措施，编制专项安全施工组织设计。

3）作业前，检查工具、现场支撑是否牢固、完好，发现问题立即上报。

4）作业现场采取维护安全、防范危险、预防火灾等措施；并实行封闭管理。

5）动土作业现场必须设置专人进行监护，且监护人员不得从事其他活动，要坚守岗位。

6）作业现场对毗邻的建筑物、构筑物和特殊作业环境可能造成损害的，必须采取安全防护措施。

7）作业现场采取控制和处理各种粉尘、废气、废水、固体废物以及噪声、振动、环境污染的危害措施。

8）破土前可能损坏道路、管线、电力、邮电通信的；需要临时停电、停水、中断道路交通的；进行爆破作业的必须按规定办理申请批准手续。

9）破土作业现场必须悬挂或张贴安全警示标志，如"禁止通行""注意安全"等。

10）施工结束后，应及时填回土石，并恢复地面设施。

5.1.4 污水处理厂（站）违章作业案例

5.1.4.1 厦门某公司违规电焊引发闪爆事故

2024 年 1 月 11 日 8 时 55 分许，位于福建厦门的某制药公司污水处理站发生一起违规施工焊接引发污水处理池内可燃气体闪爆事故，造成 4 人死亡、2 人重伤，直接经济损失约 530 万元的严重后果。

事故发生的直接原因是电焊工芦某华在位于污水处理池面东北角观察井上方搭建遮雨棚过程中进行焊接作业时，持续溅落的火花引燃覆盖在下方观察井盖板上的麻袋和污水循环管与不锈钢盖板之间缝隙的橡塑保温材料，外部燃烧的能量通过污水循环管和不锈钢盖板之间的缝隙进入污水处理池，因污水处理池内部有达到爆炸极限的可燃气体浓度，继而引发污水处理池闪爆。

经核查，该次作业共有以下 6 处违章行为：

1）实际动火作业实施时间早于作业许可证上的动火作业实施时间，在作业许可证审批并经当班班长验证之前就已经开始实施动火。

2）申请单位审核审批人江某城在 7 车间办公室完成审批，未到现场审批；安全管理部门审核审批人罗某友在安全环保部办公室完成审批，未到现场审批，审批前未对气体采样分析；审核审批人江某城、罗某友均未到现场对安全措施落实情况进行确认。

3）作业许可证上动火人与实际动火人不一致。

4）动火前岗位当班班长赵某建并未在作业现场，未进行安全交底，未查验许可证，作业许可证上"安全交底人"和"动火前，岗位当班班长查验许可证情况"涉及赵某建的内容均为作业申请人、安全措施确认人谢某刚代签。

5）动火作业许可证审核审批期间，安全环保部经理杨某辉在岗，未根据公司制度履行审批职责。

6）动火作业许可证上安全措施情况表述为"并已采取覆盖、铺沙等手段进行隔离"，但现场仅采取覆盖麻袋浇水淋湿的手段，并未采取铺沙等其他手段进行隔离。

5.1.4.2 四川某公司有限空间作业中毒窒息事故

2021年6月13日10时30分许，位于四川省大邑县的某食品公司污水处理站生物接触氧化工序间在准备抽排污水作业时，发生一起有限空间中毒和窒息事故，造成6人死亡，直接经济损失超542万元。

事故发生的直接原因：作业人员在接触氧化间准备抽排污水作业时，在未开启抽风机进行通风、未采取个体防护措施的情况下，进入硫化氢等有毒有害气体逸出积聚的相对密闭空间，吸入硫化氢等有毒有害气体导致中毒窒息，施救人员盲目施救导致事故扩大。

经调查，涉事企业存在以下问题：

1）对安全生产工作不重视。未建立健全企业安全生产责任制，未设置专职安全管理人员，虽编制了部分安全生产管理制度，但均未严格落实。

2）未建立健全和落实有限空间作业安全管理制度。未建立有限空间管理台账和有限空间作业台账，未落实有限空间作业安全审批制度，未依法组织对接触氧化间进行环保设施改造后形成的密闭空间进行安全风险辨识评估，未设置明显的安全警示标志，现场未配备个人防护用品。

3）企业管理人员安全风险意识差。事故发生当日准备抽排污水作业前，未落实有限空间作业"先通风、再检测、后作业"的原则，未开展有限空间作业安全条件确认，未对进入有限空间作业人员进行相应的安全教育培训和安全风险提示，未安排相关管理人员进行现场监护作业，第三方劳务承包管理不规范、不到位。事故发生后，企业人员在未采取任何个人防护措施的情况下开展事故救援，导致死亡人数增加。

5.2 污水处理厂突发事件应急处置

作为重要的城市基础设施，异常停电、进水超标等突发事件会导致污水处理厂处理效率下降甚至无法工作，造成污水外溢，污染生态环境；危险化学品泄漏、有毒有害气体中毒等则会造成人员伤亡和巨大的财产损失。

为避免和最大限度地减轻突发事件所造成的损失和危害，污水处理厂应根据岗位职责分工，组成突发事件应急组织机构；通过实行安全生产责任制，将应急工作与岗位职责相结合；制定适合本单位的突发事件应急预案，就可能发生的突发事件，给出明确的判断方法和处置措施。

为确保在发生突发事件时，各项应急工作能够快速启动、高效有序开展，污水处理厂应保证安全生产所必需的资金投入和物资准备，并且定期对安全防护设施、应急抢险物资进行检查、检验和更新，保证其完好有效；加强对安全生产隐患、重大危险源的排查和监管，在设备设施要害部位、危险化学品储存使用部位，设置明显的安全警示标志和告知牌（卡）（图 5-1～图 5-3）；定期组织安全教育培训和突发事件应急演练，使每一位员工知晓各种突发事件的应对方法和处置流程，在遇到突发事件时能够做出及时、正确的响应。

图 5-1　安全警示标志张贴示例

图 5-2　有限空间作业安全告知牌

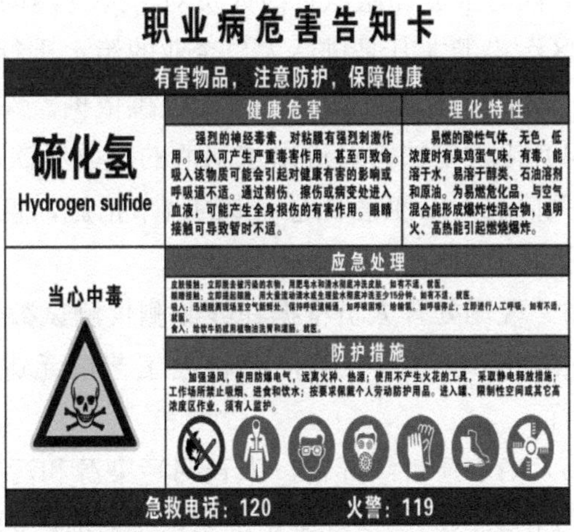

图 5-3　职业病危害告知卡

5.2.1 进水水质超标应急管理

微生物的生长、繁殖与 pH、水质有着密切关系，当 pH 超出一定的范围，进水含有毒物质和油污时，微生物的活性都会明显下降，严重时会导致微生物死亡，增大出水超标排放风险。

5.2.1.1 进水水质超标原因

导致进水水质超标的原因有以下几种：

1）上游管网沿线工业企业发生火灾，消防在进行灭火的过程中，挟带污染物的消防水可能会进入污水处理厂的收集管网，最终进入污水处理厂。

2）危险化学品在生产、运输、储存过程中出现泄漏，泄漏的危险化学品可能会进入污水处理厂。

3）上游管网沿线工业企业在生产经营过程中，对产生的工业废水不处理或处理不达标的情况下进行排放。

4）进水量长时间不足，突然恢复大量供应时引起的管道内沉积污染物超量涌入污水处理厂。

5.2.1.2 进水水质超标应急管理流程

1）值班人员应立即上报当班主管。

2）当班主管到达现场应立即安排取样检测，同时应留存报送相关部门检测所需的足够数量的水样（进出水口和主要工艺单元出水口即时水样），对现场情况和取样过程利用定位拍照、录像等方式进行取证，在确认进水水质异常后立即上报应急指挥部。

3）应急指挥部应及时与辖区排水主管部门和生态环境部门联系，上报进水水质异常情况，同时应立即组织管线人员对厂外管网的污水进行多次采样，并根据进水异常的特点对辖区污染源尤其是排污大户企业的污水进行重点排查、采样，以确定具体的污染源，掌握第一手资料，为厂内生产调控提供依据。

4）化验室加密对进出水水质的化验频次，随时监测和观察进水水质状况和生化系统的有关情况，以便采取进一步的调节措施，直至进水水质和整个生化系统恢复正常，再转常规操作。

5）现场处置人员根据在线监测仪测试数值、化验测试结果、工艺运行参数、出水水质数据进行科学性分析，对相关工艺单元进行及时调整。加强巡视，保障处理设施有效运行。

6）当水质持续异常，未查明污染源和污染物时，应由应急指挥部向上游泵站提出减小或停止进水的申请，避免生化系统崩溃，同时启动停止进水时的应急措施。

5.2.1.3 进水 pH 超标的现场处置措施

（1）进水 pH 高于 8.5 或低于 6.5

1）在厂区进水井投加稀酸或稀碱溶液，将进水中和至 pH 6.8 左右。

2）取样检测污水碱度，确保满足生物池硝化所需数值。

（2）进水 pH 高于 9 或低于 6

除按上述措施进行处置外，应立即上报辖区排水主管部门和生态环境部门，同时减少进水量或停止进水，适当增加外回流量，减少排泥，增加微生物镜检频次和好氧池状态观测，确保出水达标。

5.2.1.4 进水颜色、气味、浊度明显异常的现场处置措施

污水处理厂正常进水颜色浑浊，呈深灰色或灰褐色，有一定透明度，气味略带粪水味，腥臭但无强烈刺激性味道。当进水出现明显有别于正常污水的颜色（如红色、橙色、黑色、白色或无色）、有明显的刺鼻或恶臭味道、浊度加深等情况时，污水处理厂应立即对异常情况取样进行判断。

1）首先排除厂内综合废水排放带有活性污泥后（二沉池放空阀打开，脱泥下滤液携带污泥进行回流等均属于厂内水回流，此时进水颜色发黄），再观察污水是否有分层，是否有絮体。若有明显分层，则视为管网清淤或泥浆水冲击，此时根据泵房液位减少进水量，组织上游管网排查，切断异常来水水源，同时按进水 SS 浓度超过设计值的情况进行处理；若无明显分层，则视为工业废水排入，此时应视泵房液位减少进水量或停止进水，增加外回流量，提高抗冲击能力。

2）查看进水在线仪表 pH、COD、氨氮、总氮、总磷有无超标，若有单一指标不符合工艺条件，按照对应指标进行调控。

5.2.1.5 进水中含油污的现场处置措施

1）立即与上游泵站协调，暂时停止进水。

2）在厂区预处理段布设围油栏拦截油污，对集中大片油污进行人工清捞，同时在厂区进水井、进水泵房、沉淀池、生物池进水口等处放置吸油棉、吸油毡吸附油污。

3）设有曝气沉砂池的污水处理厂可以通过增大曝气量和连续运行吸砂机撇除浮渣的方式去除油污。

4）对沾有油污的格栅，及时进行清洗，尽快恢复过水能力。

5）若油污进入生物池，可先停止曝气和搅拌，让生物池污泥静止沉淀，用自来水稀释系统剩余污水，并将其排入生物池，顶出生物池上清液，最大限度地减少生物池中油脂含量。恢复曝气后，将 DO 先控制在一个较高的水平，向生物池投加一些营养物，促进污泥繁殖。增加排泥，在生物池补充一些新的污泥。

6）采用膜工艺的污水处理厂，油污影响膜过水能力时，可采用一定浓度的次氯酸钠

或氢氧化钠溶液对膜丝进行清洗。

5.2.1.6　进水中含有毒物质的现场处置措施

当含有毒物质的污水进入生化系统后，首先会导致生物池硝化功能出现异常，生物池溶解氧会快速上升，同时出水氨氮也会快速上升。此时应：

1）与上游泵站协调减少进水或停止进水。

2）增加微生物镜检频次，观察活性污泥状态，检测污泥比呼吸速率等指标，判断污水处理系统的应对能力，并应据此调整系统运行方式。

3）污泥中毒明显时，可适当投加新鲜活性污泥并进行闷曝。

4）对于设有膜系统的工艺，当进水铁、锰异常时，应加强检测，并提前投加絮凝剂将其沉淀，以免对后续膜系统造成损害。对膜系统应增加氧化剂、酸等清洗药剂的维护性清洗频次，避免重金属结垢、堵塞膜孔。

5）在确定进水水质恢复正常后，采用少量进水、出水的方式，将有毒物质排出系统。

6）在采取上述措施后，如果生物池 DO 有下降趋势，说明进水中有毒物质浓度已经下降，微生物的活性正在逐步恢复，此时需要适当加大曝气量，为微生物恢复提供较好的环境，直到出水氨氮恢复到正常水平。

5.2.1.7　进水 SS 浓度高于设计值的现场处置措施

1）加强对栅渣、沉砂、浮渣的清理。

2）调整沉砂池、初沉池等工艺单元的运行参数，根据沉淀池泥位调整排泥时间，提高排泥能力。

3）调整深度处理单元反洗频次、提高排泥量。

4）进水 SS 浓度过高并已经影响沉淀池沉淀效果时，应及时减少进水量，增加絮凝剂投加量。

5.2.1.8　进水 COD（BOD_5）浓度高于设计值的现场处置措施

（1）当进水 COD（BOD_5）浓度超过设计值 20%时，应：

1）及时调整鼓风机频率，增大生物池供氧量，保证好氧池出口 DO 达到设计值。

2）当鼓风机风量已调整至最大，生物池 DO 量仍显示不足时，应通过减少进水量，确保出水达标。

3）有初沉池单元的污水处理厂，可充分发挥其缓冲、调蓄和减负荷的功能。

（2）当进水 COD（BOD_5）浓度超过设计值 40%时，应：

1）与上游泵站协调，减少进水或停止进水。

2）核算进水 BOD_5 与 COD 之比、COD 与总凯氏氮之比，判断污水的可生化性，并据此确定碳源、化学药剂投加量。

3）适当增加外回流量以降低污泥负荷，增大曝气量，减少排泥，增加微生物镜检频次和好氧池状态观测,确保出水达标。

5.2.1.9 进水氨氮、总氮浓度高于设计值的现场处置措施

1)与上游泵站协调暂时停止进水。

2)关闭生物池进水阀门,增大曝气量,通过增强硝化反应来降低生物池中的氨氮。

3)加大混合液回流量,增加碳源投加量,通过反硝化反应最大限度地削减污水中的硝态氮,从而降低出水总氮。

4)检查进水、出水 pH 和生物池出水碱度,如果碱度偏低,需要考虑投加碱液来提高碱度。

5)在采取上述措施的同时,应对流程中各段氨氮、硝态氮等指标进行持续分析。若生物池氨氮浓度出现不降低甚至有上升趋势,同时上游泵站污水已达到蓄水上限,应与泵站协商,对污水处理厂少量进水以维持泵站水位进出平衡。

6)若污水处理厂无法停止进水,可采取将进水全部进入部分生物池,其余生物池暂停进水并进行闷曝的方式使其恢复硝化能力。待出水氨氮浓度降至 2 mg/L 以下,再逐步调整各生物池进水分配平衡。

5.2.1.10 进水总磷浓度高于设计值的现场处置措施

1)核算进水 BOD_5 与总磷之比,据此确定碳源投加量。

2)适当增大曝气量,增加排泥量,减小外回流量,充分发挥生物除磷能力,也可以采取在现有除磷剂投加点位增加投药量的方法。

5.2.2 进水水量超标应急管理

当雨季或上游排污单位排水量较多时,进水量超过污水处理厂设计的处理规模,对污水处理系统造成冲击,会增大出水超标排放风险。

5.2.2.1 进水水量超负荷应急管理流程

1)值班人员应立即上报当班主管,由当班主管上报应急指挥部,根据水量大小及时上报辖区排水主管部门和辖区生态环境部门。

2)通知上游泵站减少进水,随时注意进水泵房的液位变化,水位超过预警水位时值班人员应立即向应急指挥部汇报。

3)为保证工艺系统平稳运行,在保证上游污水不外溢的前提下,适当调整提升泵变频以降低进水流量。加强进水、出水以及各设施运行情况的巡视。

4)化验室加密对进出水的化验检测,并将水质、水量变化情况及时反馈给生产运行、机修等相关部门。

5)现场处置人员根据在线监测仪测试数值、化验测试结果、工艺运行参数、出水水质数据进行科学分析,对相关工艺流程进行及时调整,如调整鼓风机频率、增大生物池供

氧量等，在确保总出水达标排放的情况下，尽量多处理污水，减少向外排放。

6）如因夏季暴雨导致污水处理厂来水量大幅增加，除采取上述应急处理措施外，还需要组织人员用沙袋、铁锹等工具对配电室等重要部位入口进行强化封堵，防止雨水灌入，影响设备运行。若瞬时流量过高使所有构筑物处于超负荷运行时，在征得相关部门同意后，开启预处理区域超越阀应急排放污水，以确保全厂构筑物、工艺运行正常。

5.2.2.2 进水水量不足应急管理流程

1）值班人员应立即上报当班主管，由当班主管上报应急指挥部。

2）当班主管收集相关数据资料后立即联系上游泵站及辖区排水主管部门，了解进水水量减少原因及预计恢复时间，安排运行值班人员持续观察进水水量情况，将进水泵房提升泵保持平稳进水，注意避免提升泵低液位运行。

3）若进水量约为设计量的 50%，须实施间歇曝气，减少曝气量，维持合适的污泥浓度，加大外回流，补足水量，提高水力负荷。当污泥活性不高时，减少排泥，投加碳源，维持生物生长，保持合适的污泥浓度。此外，每日加强对进出水水质检测和生化系统运行参数变化的监控，及时进行调整，确保出水达标排放。

4）若进水量严重不足，生物池可只运行其中几个廊道，单组运行，生物池后二沉池也可实施单个运行。同时实施间歇曝气，减少曝气量，减少排泥，维持合适的污泥浓度，加大外回流补充进水量，并精确投加碳源维持生物池微生物的生长。每日加强对进出水水质检测和对生化系统运行参数变化的监控，及时进行调整，确保出水达标排放。

5）若进水量不足时间较长，可视情况减少设施设备投运数量，并对停运设施设备进行全面检修。

6）恢复水量后，要注意水位状况，避免进水量突然增大冲击进水设备，应逐步提高进水量，并调整各种设备运行，恢复正常运行状态。若进水恢复后，污泥活性不高，污泥浓度偏低，可投加一些新污泥来恢复污泥活性。

7）处置结束应将应对进水量不足的处理情况书面报告相关部门备案。

5.2.3 异常停电应急管理

污水处理厂异常停电，将产生多方面的影响：一是作为公用工程设施，如果长时间因为停电不运行，则有可能使入网企业停产；二是进水泵房提升泵停止运转，导致管网积水，污水从管网外溢，影响周围环境；三是突然停电带来的感应电流导致厂内设备损坏。

5.2.3.1 突然停电应急管理流程

1）现场值班人员应立即将现场设备退出自动运行状态情况上报当班主管，由当班主管上报应急指挥部。

2）应急管理小组应立即到现场排查停电原因。

如外网双回路皆断电，应立即致电供电部门询问断电原因及恢复时间，并做好相关记录和上报辖区排水主管部门和辖区生态环境部门。值班人员立即将进水阀门手动切换至手动状态，并手动适当关闭进水阀门。通知辖区排水主管部门，要求入网企业暂时停止向市政管网中排放污水，请求上游泵站暂停向污水处理厂送水。若污水处理厂水位已达到高水位，在征得相关部门同意后，开启预处理区域超越阀应急排放污水。

如停电为厂内原因造成，应安排维修人员将有故障的设备退出电网，排查故障原因，进行检修。若短时间内无法修复，须启动备用线路。

3）停电后应开启 UPS，一方面供电给现场各投入运行仪表，仪表上传数据仍可在中控室进行监测；另一方面供电给中控室内的服务器、监控机、模拟屏。若不确定停电时间跨度，则应关闭一台监控机的电源以延长工作时间。

4）观测监控机上数据表格中的高压数据，以便来电时能及时恢复生产。

5）供电恢复后，应通知电工到配电间送电。运行人员在确定各构筑物送电后，按有关操作规程及时开启设备，恢复运行。

5.2.3.2 计划停电应急管理流程

1）若厂内配备双回路供电，在供电部门计划停电前厂内进行倒闸作业，将厂内用电切换至另一路电源，同时值班人员保持与供电部门的联系，跟踪恢复送电时间。若厂内无双回路供电，在供电部门计划停电前应与上游泵站进行沟通，在尽可能的情况下，停电前开启抽水设备将管道内的污水降至最低水位，以充分利用管网的容积贮水。人员提前到进水阀门、配电室等关键位置待命，保持厂内生产，尽量减少进水量。

2）一旦停电，各岗位人员及时操作设备，关闭进水阀门和所有设备，中控室做好监控系统保存与安全退出工作。

3）值班人员与供电部门保持联系，掌握恢复送电时间。

4）厂外恢复送电后，厂内第一时间按照操作规程启动生产。

5.2.4 进出水在线监测设备数据异常应急管理

5.2.4.1 进出水在线监测设备数据异常原因

若进出水水质无显著变化，在线监测设备数据显示异常，则可能是以下两个原因：

（1）设备故障

在线监测设备包括传感器、分析仪器、采样器等几部分，传感器损坏、分析仪器失灵、采样器堵塞等都会导致废水数据无法采集或采集的数据失准。设备故障的主要原因是使用不当、质量不可靠或老化、维护不当等。

（2）数据传输故障

在线监测设备需要将采集的数据传输到数据处理平台，网络传输故障或传输设备损坏都会导致数据传输失败或延迟。此外，对传输设备的配置或维护不当也会引起数据传输故障。

5.2.4.2　进出水在线监测设备数据异常应急管理流程

1）值班人员应立即上报当班主管，由当班主管上报应急指挥部。

2）通知在线运维单位技术人员及时到达现场进行故障排除。

3）对于一些容易诊断的简单故障，如电磁阀控制失灵、泵损坏、管路堵塞、电源故障、数据采集传输故障等，可携带工具或者备件到现场进行针对性维修，故障维修时间不超过 8 h。若数据存储/控制仪发生故障，应在 12 h 内修复或更换，并保证已采集的数据不丢失。对不易诊断和维修的故障，限时 48 h 内解决，并向辖区生态环境部门报告，记录其故障原因与事故状态，说明因维修、更换、停用、拆除等将影响自动监测设备正常运行。若故障 48 h 内无法排除的，应安装备用设备。安装备用设备或更换备用主要关键部件（如光源、分析单元）后，应根据国家有关技术规定对设备重新调试，经检测比对合格后方可投入运行。在线运维单位要通过企业向辖区生态环境部门提交书面报告，说明故障原因和恢复运行的期限等情况，并递交人工监测报送数据的替代方案，取得批准后实施人工监测，并将每日结果报送环境监控中心。数据报送每日不少于 4 次，间隔不得超过 6 h。监测设备的维修、更换、停用、拆除等操作均须符合国家的相关标准。

4）设备经过维修后，在正常使用和运行之前，必须确保维修内容全部完成，性能通过检测程序，按照国家有关技术规定对设备进行校准检查。若在线监测设备进行了更换，在正常使用和运行之前必须进行一次比对实验和检验。

5）定期清点备品、备件数量，根据实际需要及时进行增补。

6）对辖区生态环境部门下达的异常情况处理单及时进行响应。

7）重大故障处理完毕后，3 日内写出书面专题报告，将故障的现象、原因、处理过程、经验、教训等上报辖区生态环境部门。

5.2.5　危险化学品泄漏应急管理

危险化学品在卸料、储存、使用过程中，由于操作不当都有可能造成泄漏事故。事故的处置危险性大，难度也大，必须周密计划、精心组织、科学指挥、严密实施，防止事故扩大。

5.2.5.1　危险化学品泄漏应急管理流程

1）第一发现人应立即上报当班主管，当班主管立即上报应急指挥部并通知周围人员迅速从事故上风向撤离。当撤离无法进行时，应指挥建筑物内的人关闭所有门窗，并关闭所有通风、加热、冷却等系统。

2）由应急指挥部发布启动应急预案信息并组织队伍进行事故处理。应急处置时严禁单独行动，严格按应急指挥部制定的方案执行。

3）接到消息后各应急小组立即赶赴现场。

4）抢险救援组进入泄漏现场进行处理时，应注意人员的安全防护，现场救援人员必须佩戴必要的个人防护器具。

5）设置现场警戒线，严禁无关人员进入现场。

如果泄漏物是易燃易爆介质，事故中心区域应严禁火种、切断电源、禁止车辆进入、立即在边界设置警戒线。根据事故情况和事故发展，确定事故波及区人员的撤离。

如果泄漏物是有毒介质，应使用专用防护服、隔离式空气呼吸器。根据不同介质和泄漏量确定夜间和日间疏散距离，立即在事故中心区边界设置警戒线。根据事故情况和事故发展，确定事故波及区人员的撤离。

5.2.5.2　伤员急救

1）迅速使受伤人员脱离现场，抬至通风、空气新鲜处进行现场救护。

2）对骨折、危重人员应立即进行包扎、固定或心肺复苏等急救措施，并及时送往医院救治。

3）对皮肤接触危险化学品的伤员，应立即脱去或剪去污染衣物，用干净的毛巾或纸巾迅速将皮肤上的化学品擦拭干净（在擦拭过程中需注意动作轻柔，避免皮肤破损），之后用大量清水彻底冲洗皮肤。若出现烧伤，应用干净湿毛巾保护受伤部位，及时前往医院烧伤科处理。

4）对眼睛接触危险化学品的伤员，应立即翻开上下眼睑，转动眼球，用大量流动清水或生理盐水彻底冲洗至少 15 min。之后立即去医院眼科就诊。

5）对吸入中毒伤员，应保持呼吸道通畅，必要时给氧，如呼吸及心跳已经停止，应立即进行人工呼吸和心肺复苏，并及时送往医院救治。

5.2.5.3　泄漏源控制

（1）喷雾稀释

对溶于水或稀碱液的气体，可利用水或稀碳酸钠（或氢氧化钠）溶液喷雾稀释。对于不溶于水的气体，可用正压强力水雾排烟机或涡喷消防车将可燃或有毒气体驱散。条件不具备时也可用喷雾水枪驱散，如果有蒸汽管线，用水蒸气驱散不燃气体效果更佳。

（2）引流燃烧

有火炬点燃系统的可通过火炬点燃。没有火炬系统的可以通过临时管线，引流到安全地点点燃。对于罐体燃烧或爆炸后的稳定燃烧，应由水枪进行控制，使燃烧控制在一定范围内。

（3）堵漏处置

如果泄漏部位上游有可以关闭的阀门，首先应关闭阀门。对于发生泄漏的储存容器可以利用倒罐技术，用自流的方法将物料输送到其他容器或罐车中，倒罐时不能使用压缩机，压缩机会使泄漏容器压力增加，加剧泄漏。

对泄漏点进行标记，及时封堵。封堵可以采用楔塞法、捆扎法、注胶法等方法。

1）楔塞法：设备焊缝气孔、砂眼等较小孔洞引起的泄漏、管线断裂等可用楔塞堵漏。

用于堵漏的楔塞有木楔、充气胶楔等。

2）捆扎法：小型低压容器、管线破裂可用捆扎法堵漏。捆扎堵漏的关键部件是密封气垫，气垫充气压力应大于泄漏介质压力。

3）注胶法：管道破裂、阀门盘根填料老化、法兰盘垫片失效泄漏等可用注胶堵漏方法。不同的泄漏部位应选用不同的卡具，不同的泄漏介质应选用不同的密封胶。

5.2.5.4　泄漏物处理

化学品泄漏后，除受过特别训练的人员外，其他任何人不得试图清除泄漏物。现场处置人员可采取以下措施进行处理：

1）围堤堵截：围堤堵截泄漏液体或者引流到安全地点。封堵雨、污下水口，阻止污染物蔓延扩散至厂外。

2）稀释与覆盖：对于气体泄漏，为降低大气中气体的浓度，向气云喷射雾状水稀释或驱散气云。对于液体泄漏，为降低物料向大气中的蒸发速度，根据物料的性质确定用干粉、泡沫（或抗溶性泡沫）或其他覆盖物品覆盖外泄的物料，在其表面形成覆盖层，抑制其蒸发。

3）收容（集）：对于大型容器和管道泄漏，可选择用泵将泄漏出的物料抽入容器内或槽车内；当泄漏量小时，可用沙子、吸附材料、中和材料等吸收中和。

4）废弃处理：将收集的泄漏物运至废物处理场所处置。用消防水冲洗剩下的少量物料，冲洗水排入污水处理系统。

5.2.5.5　扩大应急

若事故升级和影响范围超出本单位控制能力范围，应急指挥部应立即向上级主管部门、属地政府等申请援助。

政府专业救援队伍进场救援期间，应急指挥部应做好协助和配合工作，调配公司救援力量和资源参与救援工作，做好各方面人员的接待工作，及时向上级部门汇报救援进度。

5.2.6　触电事故应急管理

发生人员触电伤害事故后，现场有关人员应及时上报当班主管，由当班主管上报应急指挥部，应急指挥部及时组织救援人员进行紧急救援。

触电事故发生后，严重电击引起肌肉痉挛使触电者可能从线路上或带电设备上摔落，但更多的是被"吸附"在带电体上，导致电流不断通过人体。由于电流作用时间越长，伤害越重，因此触电急救首先是使触电者脱离电源。

5.2.6.1　低压触电应急管理流程

1）电源开关或插头在触电地点附近时，立即拉开或拔出插头，断开电源。如果电源开关或者插头距离较远时，可用有绝缘柄的电工钳等工具切断电线，防止短路伤人，还可以用木板等绝缘物插入触电者身下，以隔断电流的通道。若电线搭落在触电者身上或被压在身下，可用干燥的绳索、木棒等绝缘物作为工具，拉开触电者或排开电线，使触电者脱离电源。

2）救护人员可戴上手套或在手上包缠干燥的衣服、围巾等绝缘物品拉拽触电者，使之脱离电源。如果触电者的衣服是干燥的，又没有紧缠在身上，可以用一只手抓住触电者不贴身的衣服，拉离电源。

3）未采取绝缘措施前，救护人员不得直接接触触电者的皮肤和潮湿的衣服。

5.2.6.2　高压触电应急管理流程

1）立即通知电源管理部门切断电源。

2）如果电源开关离触电现场不远，戴上绝缘手套，穿上绝缘鞋，采用相应等级绝缘工具拉开高压断路器，或用绝缘棒拉开高压跌落式熔断器，以切断电源。紧急情况时，可采用抛掷搭挂裸金属线，人为造成线路短路，迫使继电保护装置动作，从而使电源开关跳闸。

3）若触电者触及断落在地上的高压线，且尚未确认线路无电，救护人员不可进入断落点 8～10 m 范围内，防止跨步电压触电，进入范围的救护人员应穿上绝缘靴，使触电者脱离带电导线后，应迅速将其带至安全地带，立即开始救护。

4）触电者位于高处时，应采取防坠落措施，防止其脱离电源后摔伤。

5）救护队员在救护时，一定注意不要直接用手或金属及潮湿的物件作为救护工具，必须使用适当的绝缘工具。未采取绝缘措施前，救护人员不得直接接触触电者皮肤和潮湿的衣服。拉拽触电者脱离电源时，宜单手操作，以防自身触电。如事故发生在夜间，应迅速解决临时照明问题，以利于抢救。

6）触电者脱离电源后，应尽量在现场抢救。先救后运，要根据情况及时进行相应的救治，触电急救的基本原则：迅速、就地、准确、坚持。

对于受伤严重者，进行初步急救时，应迅速拨打急救电话，将重伤员及时送往医院抢救。如触电者未失去知觉，仅在触电过程中一度昏迷，只是心慌、头晕、面色苍白、出冷汗、恶心、呕吐、心跳不规律、四肢发软、全身乏力等感觉，这种触电者脱离电源后，应在通风暖和的地方静卧休息，派人严密观察，等待救护医生赶到处理或送往医院。

如果触电者已经失去知觉，但呼吸和心跳尚正常，应使触电者平卧，解开衣服以利呼吸，可以让其闻点氨水或在其身上泼点冷水摩擦全身，促使其身体发热。

触电者周围不能围人，以保持空气流通。如天气寒冷，应注意保暖，立即请急救医生前来救治或送往医院。

如果触电者触电时间较长，出现呼吸困难、心跳失常、不时发出抽筋现象，在其心脏停止跳动或呼吸停止时，应立即进行心肺复苏。

心肺复苏时，首先使猝死者仰卧，抢救者一手托住脖子，一手按住前额，使头向后仰，舌头离开喉头入口处，口自然张开，从而保障呼吸道畅通，在肩胛骨下垫上衣服或其他物件，进行胸外按压或人工呼吸抢救。

若触电者同时受到电伤伤害，应在现场进行预处理，防止细菌感染、损伤扩大。一般性外伤创面，可用生理盐水或清洁的温开水冲洗，再用消毒纱布等包扎，送往医院救治，如果伤口大出血，应立即设法止住，再送往医院救治。

7）抢险人员在及时救治触电人员的同时，对出现故障或紧急情况的设备要进行应急处理。

5.2.7　有毒有害气体中毒应急管理

当发现有限空间作业人员发生中毒窒息事故时，应按以下步骤开展抢险工作：

1）现场有关人员应及时上报当班主管，由当班主管上报应急指挥部，应急指挥部通知各应急抢险小组携带装备尽快到达现场，根据现场情况进行救援。

2）抢险作业前，必须使用"四合一"气体检测仪对作业空间有毒有害气体浓度进行检测。检测时间不得早于作业开始时间 30 min。作业空间内空气氧含量须高于 19.5%、硫化氢含量低于 10 mg/m³、一氧化碳含量低于 20 mg/m³ 以及甲烷含量低于 5%的情况下方可进行作业。

3）架设大功率通风设备进行强制通风，禁止采用纯氧通风换气。抢险作业过程中，通风设备须持续运转，保持空气流通。随时注意各种气体含量值，当发现通风设施停止运转、氧含量低于规定值或有毒有害气体浓度高于规定值时，应立即停止抢险作业，清点作业人员，撤离作业现场。

4）若作业空间内污泥、污水过多，应组织安装临时水泵排水，降低水位至安全水位，必要时加自来水冲洗、排空后方可救援。

5）抢险作业现场，必须采用防爆型照明设备、电力电缆和安全电源，其供电交流电压不得高于 12 V。

6）抢险队员必须佩戴正压式空气呼吸器或送风式长管呼吸器或防毒面具，系好全身式安全带和安全绳，戴好手套，由现场负责人检查合格后方可进入抢险空间作业。其他人员做好井上监护工作，监护人员拉紧安全绳，随时注意绳子的状况来确定救援人员的安全状况，严禁向井下观望，避免二次中毒。

7）抢险人员连续作业时间不得超过 30 min，如抢险时间超过 30 min，抢险人员应轮班。抢险人员如出现头晕、腿软、憋气、恶心等不适症状，必须立即脱离作业现场休息。

8）作业工具、配件传递必须使用工具袋吊接，严禁抛扔。

9）悬吊受伤人员应使用安全带或救援捆扎器具绑扎，严禁仅仅使用绳索悬吊。必须使用移动式三角吊架、移动式四角吊架、移动式龙门架等移动吊架并悬挂手拉葫芦，严禁直接人力拖拽施救。严禁使用电动吊装工具、气动破拆工具和一切切割工具，防止硫化氢、磷化氢等易燃气体遇火花爆燃。

10）若现场情况恶劣，要立即停止救援，拨打 119 火警电话、120 急救电话，请求公共专业救援队支援施救。

11）现场应急救援小组应及时组织救护伤员和中毒人员，对中毒人员应根据中毒症状及时采取相应的急救措施。

12）将伤员迅速抬离中毒现场至空气新鲜处，立即吸氧并保持呼吸道通畅。呼吸抑制时给予呼吸兴奋剂，心跳及呼吸停止者，应立即施行人工呼吸和胸外按压，直至送达医院。凡硫化氢、一氧化碳、氰化氢等有毒气体中毒者，切忌对其口对口人工呼吸（二氧化碳等窒息性气体除外），以防施救者中毒，宜采用胸外按压式人工呼吸。有创伤、出血、骨折等情况时，应根据伤者的情况，进行止血、包扎、固定。用车辆运送伤员时，应采取措施避免车辆颠簸对伤员造成进一步伤害。

13）运行部门应根据事故严重程度协调工艺运行，做好水量调配及污泥处置工作的监控，特别是大水量及汛期的运行调整。

5.2.8 污水处理厂应急管理案例

5.2.8.1 昆山某污水处理厂受强还原性废水冲击应急管理案例

（1）突发事件基本情况

昆山某污水处理厂现处理规模 $2×10^4 \text{ m}^3/\text{d}$，采用改良卡鲁塞尔氧化沟（$A^2/O$）+混凝沉淀+过滤+消毒处理工艺，出水水质执行《城镇污水处理厂污染物排放标准》（GB 18918—2002）的一级 A 标准。

2017 年 9 月 16 日 23：00 出水总磷浓度由 0.24 mg/L 突然升至 0.69 mg/L，COD、氨氮及总氮浓度稳定达标排放，并未出现异常。污水处理厂立即启动应急预案，取样保存（二期总磷 2.71 mg/L，三期总磷 7.54 mg/L，四期总磷 2.61 mg/L），虽然进行了工艺调整、水量调节、药剂投加和泵站调度，出水总磷依然呈上升趋势，但 COD、氨氮及总氮达标排放，并未受到影响。

上述事件发生后，发现污水处理厂进水 COD 为 311 mg/L，BOD_5 为 131 mg/L，氨氮为 16.6 mg/L，总氮为 23.7 mg/L，总磷为 7.05 mg/L，pH 为 7.02，各项进水水质与年平均浓度基本持平，无明显异常。同时从 9 月 17 日零点开始增加聚合硫酸铁投加量，发现絮凝池内生成白色沉淀，此时二期总磷为 12.8 mg/L，三期总磷为 10.6 mg/L，四期总磷＞20.0 mg/L，虽然加大了聚合硫酸铁投加浓度，但出水总磷指标持续走高，初步判定进水中含有强还原性废水是导致出水总磷异常的直接原因。

废水进入污水处理厂后，生产环节明显出现异常，主要表现在以下 3 个方面：

1）混凝池絮体颗粒细小，同时生成的絮体颜色由黄褐色变成白色；斜管沉淀池出水浑浊，含有大量白色悬浮颗粒，说明 Fe^{3+}（黄褐色）被还原，因此初步确定废水中含有强还原性物质。

2）二沉池出水总磷浓度高出进水总磷浓度数倍，这说明该废水进入生活污水处理厂后导致生物除磷作用完全丧失，同时活性污泥中的磷也释放到水体中。因为聚磷菌只有在厌氧环境（还原环境）下会释放自身的磷至水体中，所以更加确定废水中含有强还原性物质。

3）排放口出水中含有大量的白色悬浮颗粒，浑浊，总磷严重超标。

（2）应对措施

1）取各工段废水水样保存化验，观察各工段生产数据，根据这些数据调整工艺；通过减小进水量，减轻生物池负荷、增加曝气池鼓风量来提高好氧池 DO；通过加大外回流量和剩余污泥排放量减少污泥在二沉池的停留时间；通过增加聚合硫酸铁配比浓度和投加量来提高除磷药剂的投加浓度，同时加强泵站调度，关闭工业区输水泵站，只开启居民区输水泵站，进一步稳定进水水质。

2）若通过以上手段后，出水依然难以达标排放，则须关闭污水处理厂进水阀门，切断异常水源，同时将污水处理厂构筑物内废水放空至集水井，进行二次处理，避免超标废水污染外围水体。

3）利用聚合硫酸铁投加量试验，定性分析废水中含有的物质。试验结果显示，投加聚合硫酸铁至废水中生成白色的絮体，说明该类废水中含有强还原性物质；增加聚合硫酸铁投加浓度生成的白色絮体颗粒反而更加细小，并不能生成黄褐色的絮体。

4）向水体中投加强氧化剂次氯酸钠，以此确定利用次氯酸钠氧化水中还原性物质。试验结果显示，提高次氯酸钠的投加浓度，絮体颜色由白色逐渐变成黄褐色，当次氯酸钠投加浓度＞6 mL/L 时，生成的絮体开始变为黄色。

5）先投加次氯酸钠，再投加聚合硫酸铁，确定能否去除水体中的总磷。

6）根据试验得出的次氯酸钠、聚合硫酸铁投加浓度，结合实际的进水流量，在二沉池出水口先投加次氯酸钠，15 d 后污水处理厂逐步恢复正常运行。

5.2.8.2　郑州某污水处理厂供电线路故障应急管理案例

（1）突发事件基本情况

2024 年 5 月 17 日 8 时 18 分，由于厂外供电线路突发故障，郑州某污水处理厂一期生产停运。该厂设计污水处理规模 60 万 m³/d，服务范围为郑州市金水路以北、中州大道以西、京广铁路以东、黄河文化公园以南，以及龙湖部分区域。

（2）应对措施

事件发生后，该污水处理厂及上级公司立即启动异常停电专项应急预案，并开展应急处置工作。根据故障情况及停运带来的影响，市城市管理局立即协调市电业局一台 1 000 kW 10 kV 高压应急电源车，对接市政中心协调应急移动电源车辆、龙吸水排涝车辆，采取多种措施防止污水管网外泄发生。后续累计协调 5 台低压应急电源车和 1 台高压应急电源车到厂，保障厂区应急供电。同时，协调市政排水管理部门对污水处理厂服务范围内地势较低的国基路片区污水井进行巡查，避免发生污水井溢流现象。

经排查，发现一处疑似故障点位于厂外高压金洼干沟北侧电缆井内，电缆接头处存在故障情况，对该处故障点立即开展维修，另外安排维修人员继续对厂外供电线路进行检查。后陆续发现一段线路贾鲁河北岸至厂内、二段线路电缆井至迎宾东路同样存在电缆故障。分公司立即安排三组抢修队伍昼夜不停对厂外供电线进行抢修。

5 月 17 日 18 时 30 分，一期高压恢复临时供电，逐步恢复一期正常生产。同时，安排人员现场值守，加强一期工艺调控力度，提高设备巡检频次，确保一期出水水质达标排放。20 时 10 分，污水处理厂协调厂外 500 m 供电线缆到达施工现场，并于 5 月 18 日 5 时 10 分，完成临时电缆中间接头对接及耐压测试。

5 月 18 日 7 时，厂外供电线路一段恢复供电，10 时 30 分，一期 30 万 m^3/d 污水处理规模全部恢复运行。

5 月 19 日 11 时 30 分，厂外供电线路二段完成抢修，恢复供电，应急电源车退出。5 月 20 日 20 时 20 分，厂外供电线路一段正式电缆恢复正常供电。

习　题

一、单选题

1. （　　）以上高空作业，必须系好安全带，严禁高空抛料或杂物。

A. 1 m　　　　　　B. 2 m　　　　　　C. 3 m

2. 严格执行停机停电，（　　）挂牌制度，严禁不挂牌实施清扫作业。

A. 单方确认　　　B. 双方确认　　　C. 三方确认

3. 在易燃易爆场所进行盲板抽堵作业时，作业人员应穿戴防静电工作服、工作鞋，距作业地点（　　）内不得有动火作业。

A. 10 m　　　　　　B. 20 m　　　　　　C. 30 m　　　　　　D. 40 m

4. 总排口出水浑浊，严重超标，其原因可能是生物池进水水质发生突变，有悬浮物质进入使污泥发生中毒现象，针对这种现象，应采取的合理化措施是（　　）。

A. 向生物池投加片碱，将生物池混合液 pH 调节至 9，增加菌胶团的凝聚性

B. 向生物池投加尿素，提高生物池氨氮含量

C. 停止进水，加大曝气量，引入清水或生活污水，闷曝数小时使污泥复壮

D. 加大进水量，将悬浮物冲走

5. 预处理单元提升泵站突然停电采取的措施错误的是（　　）。

A. 立即手动关闭出水阀门，防止污水倒灌

B. 及时通知厂区及相关管理部门

C. 切断电源开关

D. 关闭生物池上所有设备及仪表

6. 对于进出水在线监测设备，一些容易诊断的简单故障，如电磁阀控制失灵、泵损坏、管路堵塞、电源故障、数据采集传输故障等，可携带工具或者备件到现场进行针对性维修，故障维修时间不超过（　　）h。

A. 10　　　　　B. 6　　　　　C. 8　　　　　D. 12

7. 化学酸碱烧伤的急救原则是（　　）。

A. 立即送医院治疗　　　　　B. 就地用大量流动清水冲洗

C. 就地采用中和疗法

8. 对无心跳、无呼吸触电假死者应采用（　　）急救。

A. 送医院　　　　　　　　　B. 胸外挤压法

C. 人工呼吸法　　　　　　　D. 人工呼吸与胸外挤压同时进行

9. 对硫化氢中毒，呼吸、心脏骤停者，立即进行（　　）。对休克者应让其取（　　）。

A. 心肺复苏　　平卧位，头仰起

B. 心肺复苏　　侧卧位，头稍低

C. 心肺复苏　　平卧位，头稍低

10. 佩戴空气呼吸器工作时，要注意观察压力表，当压力表指示值为（　　）MPa 时，无论报警器是否发出报警声响，应立即脱离作业场所，更换气源后方可重新进入。

A. 5.5～4.5　　　B. 6.0～5.5　　　C. 5.0～4.0　　　D. 5.0～3.5

11. 排水管道下井作业必须采用防爆型照明设备，其供电电压不得大于（　　）V。

A. 36　　　　　B. 12　　　　　C. 18　　　　　D. 20

二、多选题

1. 常发生泄漏的设备部位有（　　）。

A. 阀门　　　　B. 法兰　　　　C. 人孔　　　　D. 管道焊接处

2. 氯气泄漏的处置过程中常采用的措施有（　　）。

A. 勿使泄漏物与可燃物接触

B. 喷稀释液稀释

C. 气瓶泄漏为孔洞时，用竹签、木塞、止泄器处置

D. 从下风向撤离

3. 甲醇泄漏的处置措施一般有（　　）。

A. 切断火源　　　　　　　　　　　B. 划定警戒区

C. 戴正压式空气呼吸器并穿静电工作服处置　　　D. 收容泄漏物

4. 下列区域可能集聚硫化氢的是（　　）。

A. 污水池　　　B. 窨井　　　C. 污水管线　　　D. 污水泵房

三、判断题

1. 污泥中毒时，生物池溶解氧会快速下降。（　　）

2. 当进水总磷浓度高于设计值时，应增大曝气量，减少排泥量。（　　）

3. 冬季气温低，为保证脱氮效果，应提前提高污泥浓度，并将生物池溶解氧控制在较高水平。（　　）

4. 当进水氨氮、总氮浓度高于设计值 20%时，应减小混合液回流，增加碳源投加量。（　　）

5. 污水处理厂进水水量减少，此时应将进水泵房提升泵保持低液位运行。（　　）

6. 夏季暴雨导致污水处理厂来水量大幅增加，若瞬时流量过高使所有构筑物处于超负荷运行时，在征得相关部门同意后，可开启预处理区域超越阀应急排放污水。（　　）

7. 皮肤上、面部溅有毒物，可以用大量的流动清水不间断地冲洗。注意，不能使用热水，以防增加毒物吸收的机会，并做好防冻保温工作。（　　）

8. 出现有人中毒、窒息的紧急情况，抢救人员必须佩戴隔离式防护器具进入有限空间，并应至少有一人在外部做联络工作。（　　）

9. 进入有毒现场工作，便携式报警仪应暴露在空气中，不能将其放在衣物、口袋内等，防止滞后报警。（　　）

10. 使用空气呼吸器时，切勿使头发卡在面罩和脸部之间，以免影响密封性。（　　）

11. 一旦发生硫化氢中毒应迅速将患者移至新鲜空气处，立即施行口对口法人工呼吸。（　　）

12. 发生火灾、爆炸事故应停止一切施工作业，所有施工人员迅速疏散到紧急集合点。（　　）

13. 下井、下池操作必须先通风，并检查爬梯是否牢固，确认无问题后，方可下井、下池。（　　）

14. 动火作业应有专人监护，动火作业前应清除动火现场及周围的易燃物品，或采取其他有效的安全防火隔离措施，配备足够、适用的消防器材。（　　）

15. 严禁在 6 级以上强风、浓雾等恶劣气候下的露天攀登与悬空高处作业。雨天和雪天进行高处作业时，应采取可靠的防滑、防寒和防冻措施。（　　）

四、问答题

1. 举例说明污水处理厂的危险源有哪些。

2. 酸碱喷溅眼睛的应急处理办法是什么？

3. 污水处理厂突然停电应如何处理？

4. 水污染源在线监测仪器因故障或维护等原因不能正常工作时，运营公司应该怎么做？

参考答案

参考文献

[1] 张自杰. 排水工程（下册）（第五版）[M]. 北京：中国建筑工业出版社，2015.

[2] 高廷耀，顾国维，周琪. 水污染控制工程（上册）（第五版）[M]. 北京：高等教育出版社，2022.

[3] 国家环境保护总局，国家质量监督检验检疫总局. 地表水环境质量标准：GB 3838—2002[S]. 北京：中国环境出版集团，2019.

[4] 国家环境保护局，国家技术监督局. 污水综合排放标准：GB 8978—1996[S]. 北京：中国环境科学出版社，1997.

[5] 国家环境保护总局，国家质量监督检验检疫总局. 城镇污水处理厂污染物排放标准：GB 18918—2002[S]. 北京：中国环境科学出版社，2003.

[6] 江苏省生态环境厅，江苏省市场监督管理局. 城镇污水处理厂污染物排放标准：DB 32/4440—2022[S]. 北京：中国标准出版社，2022.

[7] 环境保护部，国家质量监督检验检疫总局. 电镀污染物排放标准：GB 21900—2008[S]. 北京：中国环境科学出版社，2008.

[8] 国家市场监督管理总局，国家标准化管理委员会. 生活饮用水卫生标准：GB 5749—2022[S]. 北京：中国标准出版社，2023.

[9] 国家市场监督管理总局，国家标准化管理委员会. 城市污水再生利用　城市杂用水水质：GB/T 18920—2020[S]. 北京：中国标准出版社，2021.

[10] 国家市场监督管理总局，国家标准化管理委员会. 城市污水再生利用　景观环境用水水质：GB/T 18921—2019[S]. 北京：中国标准出版社，2019.

[11] 住房和城乡建设部，国家市场监督管理总局. 室外排水设计标准：GB 50014—2021[S]. 北京：中国计划出版社，2021.

[12] 住房和城乡建设部. 城镇污水处理厂运行、维护及安全技术规程：CJJ 60—2011[S]. 北京：光明日报出版社，2011.

[13] 环境保护部. 城镇污水处理厂运行监督管理技术规范：HJ 2038—2014[S]. 北京：中国环境出版社，2014.

[14] 住房和城乡建设部. 城镇排水管道维护安全技术规程：CJJ 6—2009[S]. 北京：中国建筑出版社，2010.

[15] 徐亚同，黄民生. 废水生物处理的运行管理与异常对策[M]. 北京：化学工业出版社，2003.

[16] 金必慧，黄南平，等. 城镇污水处理厂运行管理[M]. 北京：中国建筑工业出版社，2011.

[17] 张建丰. 活性污泥法工艺控制（第三版）[M]. 北京：中国电力出版社，2021.

[18] 尚宝月. 城市污水处理厂出水氨氮超标原因分析及处理[J]. 水处理技术，2017，43（12）：123-127.

[19] 赵晓娟，张智瑞，刘东洋. A²O 工艺活性污泥黏性膨胀原因及控制措施[J]. 工业水处理，2024，44（4）：198-204.

[20] 杨越辉，夏志新，熊宪明，等. 污水处理厂设备运行管理[M]. 北京：中国环境出版集团，2022.

[21] 王建利，陈克森，宗德森，等. 污水处理厂仪表与自动化控制[M]. 北京：中国环境出版集团，2022.

[22] 刘世勇，王宇. 非金属链条式刮泥机故障分析与改进方法[J]. 城镇供水，2023（2）：74-77，21.

[23] 国家环境保护总局. 水和废水监测分析方法（第四版）[M]. 北京：中国环境科学出版社，2002.

[24] 奚旦立. 环境监测（第五版）[M]. 北京：高等教育出版社，2019.

[25] 税永红，吴国旭. 环境监测技术（第二版）[M]. 北京：科学出版社，2022.

[26] 国家质量监督检验检疫总局，国家标准化管理委员会. 食用葡萄糖：GB/T 20880—2008[S]. 北京：中国标准出版社，2018.

[27] 工业和信息化部. 生化法处理废（污）水用碳源 乙酸钠：HG/T 5959—2021[S]. 北京：中国标准出版社，2021.

[28] 国家质量监督检验检疫总局，国家标准化管理委员会. 数值修约规则与极限数值的表示和判定：GB/T 8170—2008[S]. 北京：中国标准出版社，2008.

[29] 国家质量监督检验检疫总局，国家标准化管理委员会. 水处理剂 氯化铁：GB/T 4482—2018[S]. 北京：中国标准出版社，2018.

[30] 国家市场监督检验管理总局，国家标准化管理委员会. 水处理剂 聚氯化铝：GB/T 22627—2022[S]. 北京：中国标准出版社，2022.

[31] 国家质量监督检验检疫总局，国家标准化管理委员会. 水处理剂 阴离子和非离子型聚丙烯酰胺：GB/T 17514—2017[S]. 北京：中国标准出版社，2017.

[32] 住房和城乡建设部. 城镇污泥标准检验方法：CJ/T 221—2023[S]. 北京：中国计划出版社，2024.

[33] 国家市场监督管理总局，国家标准化管理委员会. 个体防护装备配备规范 第1部分：总则：GB 39800.1—2020[S]. 北京：中国标准出版社，2020.

[34] 国家市场监督管理总局，国家标准化管理委员会. 危险化学品企业特殊作业安全规范：GB 30871—2022[S]. 北京：中国石化出版社，2022.

[35] 住房和城乡建设部. 建筑与市政工程施工现场临时用电安全技术标准：JGJ 46—2024[S]. 北京：中国建筑工业出版社，2022.

[36] 中国城镇供水排水协会. 城镇污水处理厂进水异常应急处置规程：T/CUWA 50052—2022[S]. 北京：中国计划出版社，2022.

[37] 朱师杰. 强还原性废水进入生活污水处理厂的应急处理措施[J]. 中国给水排水，2018，34（20）：119-122.

AIGC污水综合治理指南

「码」上获取

AI水污染防治专家
- 即时答疑解惑
- 提供防治方案

习题答案
同步精准解析，疑难及时解答。

专业课程
讲解原理方法，构建知识框架。

案例分析
深度解读案例，增进知识理解。